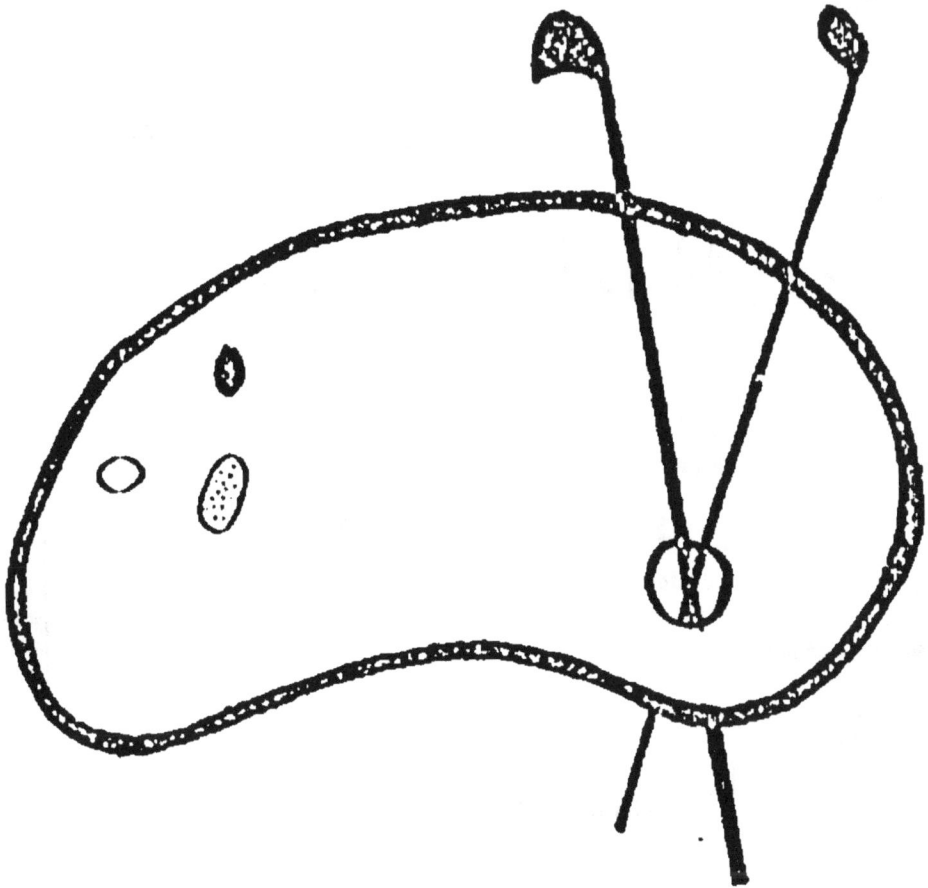

COUVERTURE SUPERIEURE ET INFERIEURE
EN COULEUR

COURS COMPLET D'ÉTUDES
rédigé conformément aux programmes
DES ÉCOLES NORMALES PRIMAIRES

COURS
D'AGRICULTURE

PAR

HENRY SAGNIER

Rédacteur en chef du *Journal de l'Agriculture*

OUVRAGE CONTENANT 19 FIGURES

PARIS
LIBRAIRIE HACHETTE ET Cie
79, BOULEVARD SAINT-GERMAIN, 79

1886

13759. — Imprimerie A. Lahure, rue de Fleurus, 9, à Paris.

COURS COMPLET D'ÉTUDES

RÉDIGÉ CONFORMÉMENT AUX PROGRAMMES

DES ÉCOLES NORMALES PRIMAIRES

———

AGRICULTURE

DU MÊME AUTEUR

Notions d'agriculture et d'horticulture, rédigées conformément aux programmes de l'enseignement primaire du 27 juillet 1882, par J.-A. BARRAL et H. SAGNIER.

Cours élémentaire. 1 volume avec 95 figures, cartonné. . . . 0 60

Cours moyen. 1 volume avec 110 figures, cartonné. 0 90

Cours supérieur. 1 volume avec 158 figures, cartonné 1 50

13759 — Imprimerie A. Lahure, 9, rue de Fleurus, à Paris.

COURS

D'AGRICULTURE

PAR

HENRY SAGNIER

Rédacteur en chef du *Journal de l'Agriculture*

OUVRAGE CONTENANT 19 FIGURES

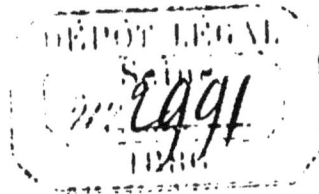

PARIS

LIBRAIRIE HACHETTE ET Cie

79, BOULEVARD SAINT-GERMAIN, 79

1886

PRÉFACE

Le *Cours d'agriculture* est rédigé conformément au plan général adopté par le Conseil supérieur de l'instruction publique.

D'après l'ordre des études des écoles normales primaires, les leçons sont données à la fois aux élèves de deuxième et de troisième année réunis. Il en résulte que l'enseignement commence pour les élèves, une année sur deux, par la deuxième année de cours. Il était donc nécessaire de diviser les matières de telle sorte que les leçons de chaque année correspondent à des sujets assez distincts pour que l'enseignement pût commencer sans inconvénient par la première ou la seconde année. C'est ce qui a été prévu dans le programme élaboré par le Conseil supérieur, et il a été tenu compte ici, avec un grand soin, de cette division.

D'autre part, le programme général s'adresse à toutes les écoles normales du pays. Pour son application, les départements ont été divisés en trois grandes régions, savoir :

Région des herbages et des céréales du Nord, comprenant dix-neuf départements : Aisne, Ardennes, Calvados, Côtes-du-Nord, Eure, Eure-et-Loir, Finistère, Ille-et-Vilaine, Manche, Mayenne, Morbihan, Nord, Oise, Orne, Pas-de-Calais, Sarthe, Seine-et-Oise, Seine-inférieure, Somme.

Région de la vigne, comprenant cinquante-cinq départements : Ain, Allier, Alpes (Basses-), Alpes (Hautes-), Ariège, Aube, Cantal, Charente, Charente-Inférieure, Cher, Corrèze, Côte-d'Or, Creuse, Dordogne, Doubs, Garonne (Haute-), Gers, Gironde, Indre, Indre-et-Loire, Jura, Landes, Loir-et-Cher, Loire, Loire (Haute-), Loire-Inférieure, Loiret, Lot, Lot-et-Garonne, Lozère, Maine-et-Loire, Marne, Marne (Haute-), Meurthe-et-Moselle, Nièvre, Puy-de-Dôme, Pyrénées (Basses-), Pyrénées (Hautes-), Rhône, Saône (Haute-), Saône-et-Loire, Savoie, Savoie (Haute-), Seine, Seine-et-Marne, Sèvres (Deux-), Tarn, Tarn-et-Garonne, Vendée, Vienne, Vienne (Haute-), Vosges, Yonne, arrondissement de Belfort.

Région des oliviers, comptant treize départements : Alpes-Maritimes, Ardèche, Aude, Bouches-du-Rhône, Corse, Aveyron, Drôme, Gard, Hérault, Isère, Pyrénées-Orientales, Var, Vaucluse.

Le *Cours d'agriculture* devant s'appliquer à ces trois régions, comprend nécessairement toutes les cultures dans un cadre unique. Mais il n'en résulte pas que toutes ces cultures doivent être étudiées partout avec les mêmes détails. Si les principes généraux restent partout les mêmes, leur application varie : par exemple, il ne peut être question actuellement d'approfondir ce qui concerne la culture de la betterave à sucre dans la troisième région, de même que, dans la première, on n'a pas à s'occuper d'une étude complète des magnaneries, des amandiers, etc.

Ainsi que le Conseil supérieur l'a indiqué, il appartient au professeur, dans chaque département, d'approprier le programme général aux besoins spéciaux de la culture dans ce département, et de choisir les questions spéciales sur lesquelles il doit donner, dans son cours, des développements étendus, que ces questions ne comportent pas dans d'autres régions.

Le véritable caractère de l'enseignement agricole est une application des principes acquis par les sciences physiques et naturelles. Il a été parfaitement défini par Léonce de Lavergne dans les termes suivants : « La pratique proprement dite ne s'enseigne pas ; ce qu'il faut enseigner, c'est ce qui nous manque, l'emploi de la science et du capital. Qui peut croire encore, devant ces engrais artificiels, ces analyses de sols, ces machines compliquées, ces instruments de précision, ces animaux pétris à volonté par la main de l'homme, que la chimie, la physique, la zoologie, la botanique, la mécanique, toutes les sciences n'ont rien de commun avec l'exploitation du sol? »

Les leçons d'agriculture ont pour complément les visites faites par les élèves-maîtres, sous la direction de leurs professeurs, dans les fermes les mieux tenues de la région, et des exercices pratiques qui suivent les leçons de théorie.

———————

Le cours d'horticulture fruitière et potagère, étant donné à part aux élèves de première année, fait l'objet d'un volume spécial du *Cours complet d'études*.

COURS
D'AGRICULTURE

PREMIÈRE ANNÉE

ÉTUDE DU SOL. — PRODUCTION VÉGÉTALE

1re LEÇON

OBJET DU COURS

Sommaire. — Définition de l'agriculture. — Population qui s'y adonne. — Influences sous lesquelles elle est placée. — La routine et la science. — Rôle de l'enseignement agricole dans les écoles primaires. — Méthodes à suivre.

Résumé

L'*agriculture* est l'art de retirer de la terre, de la manière la plus avantageuse, la plus grande quantité possible de produits utiles à l'homme.

Au premier rang de ces produits se placent ceux qui servent à la nourriture des populations; ils proviennent tous, soit directement, soit indirectement, du sol. C'est aussi du sol que proviennent la plupart des matières premières qui servent à faire les vêtements ou à meubler et à orner les habitations. L'agriculture fournit directement des végétaux ou des animaux comestibles; elle livre à l'industrie les autres produits après qu'ils ont reçu une première préparation, mais sans qu'ils aient été transformés. Par exemple, c'est elle qui donne le blé avec

1

lequel on fait le pain ; les bois, avec lesquels on fabrique les charpentes, les meubles, etc.; les graines oléagineuses, dont on extrait de l'huile; la laine, la soie, le chanvre, le lin, avec lesquels on prépare des tissus, etc.

L'agriculture est une des industries les plus importantes, non seulement par les produits qu'elle fournit, mais aussi par la population qu'elle occupe et par la valeur des capitaux qu'elle met en œuvre.

Le territoire agricole de la France occupe les neuf dixièmes de l'étendue totale du pays. Le prix des produits qu'il fournit dépasse cinq milliards de francs chaque année. Sur une population totale de trente-huit millions d'habitants environ, on en compte dix-neuf à vingt millions occupés aux travaux des champs ou qui en vivent diversement. Le capital que les cultivateurs mettent en œuvre n'atteint pas moins de onze à douze milliards de francs, en dehors de la valeur même du sol cultivé. Aucune autre industrie ne peut rivaliser avec l'agriculture sous tous ces rapports.

Si l'agriculture est la première des industries humaines, elle n'est pas une industrie indépendante. En effet, elle est dans la dépendance absolue des agents naturels, elle doit compter avec le climat de la contrée où elle s'exerce, avec les circonstances variables des saisons, avec les lois naturelles qui régissent la vie animale ou la vie végétale. Tandis que le filateur, par exemple, peut accroître presque indéfiniment sa production, en augmentant la force de ses machines ou le nombre de ses ouvriers, l'agriculteur ne peut pas faire deux moissons ni deux vendanges dans la même année. Si la chaleur, par exemple, vient à faire défaut, les fruits de ses arbres mûriront mal ou ne mûriront pas, et il lui faudra attendre une autre année pour avoir une récolte.

Toutefois, si l'agriculteur ne peut pas se soustraire à l'influence des agents naturels, il est dans son intérêt de bien connaître cette influence afin de s'en servir pour tirer du sol le meilleur parti. Pendant longtemps, l'art de cultiver le sol a été un art de tradition qui se transmettait de père en fils, sans qu'il y fût apporté de changements. Peu à peu l'observation scientifique y a été introduite; la nécessité du concours des sciences physiques et des sciences naturelles dans les opérations agricoles a été mise en lumière et a été comprise.

Il suffit de quelques exemples pour montrer l'utilité de ce concours. De tout temps, on a su que les caractères des sols cultivés ne sont pas uniformes, que certains sols sont plus favorables à la production de certaines plantes; la géologie moderne a expliqué la cause de ces différences, en apprenant comment la surface de la terre se modifie. De même la physiologie végétale a indiqué les lois du développement des plantes et elle a révélé le secret des récoltes abondantes. La chimie, de son côté, a appris aux cultivateurs les besoins des plantes et des animaux et elle leur a donné les moyens de satisfaire à ces besoins par l'emploi de bons engrais. La physique, en dévoilant le rôle de la chaleur et de la lumière, a donné des armes pour créer aux plantes cultivées des climats artificiels ou pour en améliorer les produits. La connaissance des lois de la mécanique a permis de construire des instruments de culture qui allègent et accélèrent les rudes labeurs des champs. L'agriculture a donc profité de toutes les découvertes modernes de l'esprit humain; d'un art elle est devenue une science, science qui s'enrichit tous les jours et qui, en se développant, enrichit de plus en plus la société tout entière.

Ce n'est pas à dire que l'application des idées scientifiques doive entraîner une condamnation absolue de toutes les anciennes pratiques agricoles. On est quelquefois séduit par des apparences brillantes, et on se laisse aller à réunir sous une même réprobation ces pratiques qu'on appelle la routine. C'est une exagération contre laquelle on doit se tenir en garde.

On doit considérer la routine comme l'ensemble de toutes les méthodes fournies par la tradition agricole. Parmi ces méthodes, il en est de bonnes et il en est de mauvaises. Il y a une bonne routine et une mauvaise routine. On doit conserver la première et se débarrasser de la seconde. Le moyen de distinguer la bonne routine de la mauvaise est d'ailleurs bien simple. La bonne routine est celle qui se trouve d'accord avec les enseignements de la science; la mauvaise, au contraire, est celle qui est en contradiction avec les observations et les règles fournies par la science. Par exemple, le cultivateur a de tout temps pul-

vérisé la terre arable par des labours avant de procéder aux
semailles; c'est une routine, mais c'est une bonne routine.
Autre exemple : dans un grand nombre de villages, on a l'habitude d'enfermer les animaux dans des étables mal aérées, sales
et dont on ne renouvelle presque jamais les litières; c'est
encore une routine, mais une mauvaise routine.

Il ne faut donc pas condamner d'une manière absolue les
procédés de la routine; mais il faut s'élever avec énergie contre
la routine elle-même, parce qu'elle accuse toujours soit un défaut d'instruction, soit une paresse dans l'esprit. Il est nécessaire que les bonnes routines, au lieu d'être de simples habitudes transmises ou contractées par l'usage, deviennent des
pratiques raisonnées, reposant sur l'observation des faits et sur
la connaissance des lois naturelles. L'esprit instruit rejette
ainsi ce qui est mal, conserve et même améliore ce qui est
bien.

C'est ce discernement entre les bonnes et les mauvaises pratiques que l'enseignement de l'agriculture doit faire naître dans
l'esprit des élèves de l'école primaire. Le but de cet enseignement
n'est pas d'apprendre le métier de cultivateur à ceux qui sont
appelés à s'y adonner, il est bien plutôt de leur faire apprécier
les avantages de ce métier et de leur donner des armes pour
l'exercer avec profit.

Le rôle de l'instituteur dans les écoles rurales est de dévoiler
aux enfants les phénomènes de la vie des plantes cultivées et
des animaux domestiques. En leur montrant les lois qui président au développement régulier des plantes et des animaux,
il fera ressortir les conditions les plus propres à leur prospérité,
à leur amélioration et à leur multiplication. Tel est le véritable
enseignement basé sur l'observation rigoureuse des faits et sur
les lois naturelles que la science a su dégager.

Dans cet enseignement, une difficulté se présente à laquelle
il ne faut pas se heurter. L'instituteur chargé d'enseigner les
notions d'agriculture aux enfants de l'école n'est pas lui-même
un agriculteur. Il rencontrera immédiatement devant lui des sen-
timents de défiance, s'il veut se poser en réformateur de routines anciennes dont il doit signaler les abus. Pour peu qu'il se
trompe dans une de ses affirmations, il perdra immédiatement à

jamais la confiance. Il doit donc agir avec la plus grande pru-
dence, et ne s'exposer à aucune erreur; il ne doit pas attaquer de
front les pratiques vicieuses, mais les détruire par des observations raisonnées dont la justesse arrive toujours à frapper les
esprits même les moins cultivés. Pour réussir dans cette mission
délicate, l'instituteur doit posséder à fond les principes fondamentaux qui régissent la production végétale et animale; ce
n'est qu'avec une instruction très solide que son enseignement
agricole peut être réellement fructueux. Ce n'est pas qu'il puisse
avoir la prétention de donner à ses élèves des connaissances
aussi complètes que celles qu'ils acquerraient dans une école
d'agriculture; mais il doit pouvoir répondre à toutes les
questions que suggéreront aux enfants les pratiques dont ils
sont les témoins depuis leur plus bas âge.

En même temps que des notions précises sur l'agriculture,
l'instituteur doit inculquer aux enfants l'amour de la campagne
et de la vie rurale. On se plaint avec raison que les populations
des campagnes deviennent moins nombreuses, que beaucoup de
jeunes gens émigrent dans les villes pour y trouver une vie
plus facile et des salaires plus élevés. La vie est sans doute plus
dure dans les champs, mais elle ménage des agréments que
n'ont jamais connus les citadins; elle assure au corps une santé
et une vigueur exceptionnelles, elle laisse à l'esprit toute sa
liberté pour étudier, comprendre et admirer les phénomènes de
la nature qui se déroulent sous les yeux du cultivateur. L'esprit humain est, par penchant instinctif, curieux de la nature;
il a une tendance à observer les mystères de la vie animale
et de la vie végétale, du développement des plantes, des insectes, des oiseaux, etc. Si une instruction appropriée tend à
favoriser ces tendances, au lieu de les étouffer, si elle a pour
effet de rendre plus vivace la curiosité naturelle à l'enfant, elle
aura fait beaucoup pour le retenir aux champs, elle aura im-
primé à son esprit des habitudes dont le premier effet sera de
lui inspirer le goût de l'agriculture, dans laquelle il ne verra
plus une routine aveugle et sans but, mais bien une application
raisonnée des lois de la nature, application qui assure le succès quand elle est bien comprise et conduite avec persévérance.

C'est dans cette voie que l'influence de l'instituteur sera entièrement féconde. S'il inculque à ses élèves, de telle manière qu'ils ne l'oublient jamais et qu'ils l'appliquent, ce principe fondamental que la pratique de l'agriculture doit être conduite conformément aux principes des sciences physiques et naturelles, il aura rempli son rôle de la manière la plus complète et la plus utile pour les enfants dont l'instruction lui est confiée.

Quelques exemples permettront de bien comprendre la voie dans laquelle l'instituteur doit pousser son enseignement agricole.

En ce qui concerne le sol même sur lequel le cultivateur exerce son industrie, sol qui se montre plus ou moins rebelle aux travaux de culture ou à la production des plantes, le rôle de l'instituteur est de donner des notions précises sur ce que l'on entend par la fertilité, et sur les causes qui l'augmentent ou la diminuent; il doit montrer comment, en germant et en se développant, les plantes enlèvent au sol les principes dont elles sont constituées, et comment elles l'appauvrissent de ces principes; il doit faire comprendre la nécessité de restituer ces principes au sol pour en maintenir la fertilité, et indiquer les méthodes par lesquelles la restitution s'opère; il doit montrer l'importance de ne laisser perdre aucun élément de fertilité, et faire saisir à ses élèves le chiffre élevé des pertes que sa négligence à cet égard fait subir au cultivateur. La démonstration ressortira d'ailleurs de quelques exemples pris dans la contrée même, exemples qui montreront, en prenant bien garde toutefois de se heurter à des personnalités, les avantages de la culture bien conduite et d'une restitution bien faite des éléments de fertilité nécessaires aux plantes.

La méthode sera analogue quand il s'agira de l'étude des plantes. L'instituteur montrera d'abord le but que l'on veut atteindre en cultivant certaines variétés de plantes; il donnera quelques indications sur les méthodes à suivre dans l'amélioration des espèces végétales; il ressortira de ses exposés que le succès n'est possible qu'à la condition de subordonner les essais du cultivateur aux lois de la physiologie des plantes. D'un autre côté, il démontrera l'intérêt, pour les agriculteurs, de se tenir au courant des expériences faites dans d'autres contrées, afin de doter la production agricole de plantes plus productives ou plus rustiques. Par exemple, il montrera comment le choix ou l'amélioration des variétés indigènes de froment, de façon à obtenir une production de 100 litres de grain de plus par hectare, ce qui est bien peu, se traduirait d'abord par un gain pour chaque cultivateur, et puis par un bénéfice total de 160 à 180 millions de francs pour l'ensemble de l'agriculture française. Voilà un exemple saisissant; mais il est facile d'en trouver d'autres, non moins remarquables, pour la plupart des plantes cultivées.

L'étude de la production des animaux domestiques sera conduite d'après la même méthode. Les races que l'agriculteur élève ont été modifiées plus ou moins lentement; elles sont devenues, grâce à ces modifications, plus aptes aux services qu'on leur demande, ou bien elles ont donné plus rapidement des produits plus abondants et de meilleure qualité. Pour obtenir ces résultats, on doit, dans la pratique, se conformer aux lois de la physiologie animale, car la nature n'obéit à l'homme que lorsqu'il obéit lui-même à ses lois. Le rôle de l'instituteur est ici le même que pour ce qui concerne la production végétale. Il fait connaître par quelles méthodes on peut obtenir de bonnes variétés d'animaux, et quels avantages on en peut retirer. Il montre le rôle extrêmement important que jouent l'hygiène et une bonne alimentation dans l'élevage et l'entretien du bétail; il indique les moyens, souvent peu coûteux, par lesquels on peut obtenir des résultats très avantageux, les procédés par lesquels on peut réaliser des profits plus considérables des fourrages qu'on a récoltés. Aujourd'hui la production du bétail est une des branches les plus importantes de l'agriculture française; c'est celle qui donne les bénéfices les plus certains et les plus élevés; mais des progrès considérables sont encore à réaliser pour en obtenir la plus grande somme possible de produits. Par exemple, une économie d'un centime sur la ration journalière des moutons élevés en France, soit par une meilleure préparation des aliments, soit par l'amélioration de la machine animale de manière à lui permettre de tirer un meilleur parti de sa nourriture, assurerait aux agriculteurs un bénéfice annuel qui pourrait se calculer par plusieurs millions de francs.

C'est par une étude attentive et une interprétation rigoureuse des faits que l'instituteur réalisera les résultats dont on vient de donner un aperçu. Il doit, en tout état de cause, se garder avec soin de toute interprétation hasardée, ne se laisser guider que par les observations les plus positives. Il montrera, avec méthode et avec critique, comment s'appliquent, à l'organisation des fermes ou des métairies de la région, les principes fondamentaux qui régissent la production animale et végétale.

Sans doute, les fruits de cet enseignement ne se montreront que lentement, mais ils seront certains. Les principes déposés dans l'esprit de l'enfant, y germeront peu à peu; comme il pourra en constater lui-même la solidité, par les applications dont il est le témoin constant, il sera moins rebelle à les mettre lui-même en pratique. C'est ainsi que, sans être absolument professionnel, l'enseignement des notions d'agriculture dans les écoles primaires est la meilleure préparation à la vie agricole; il en élargit les horizons, il en fait comprendre le but et les moyens de l'atteindre.

Ce n'est pas d'ailleurs dans l'intérieur de l'école qu'il faut confiner l'enseignement de l'agriculture; le jardin de l'instituteur servira de terrain pratique sur lequel les notions données par le maître trouvent leur application naturelle. On peut y organiser, sur une petite échelle, des expériences intéressantes dont les résultats confirmeront ce qui est dit aux enfants. Outre qu'elle sert pour faire mieux comprendre les principes exposés, cette constatation donne aux élèves la preuve palpable de la solidité des principes, elle leur inspire une confiance que l'enseignement abstrait seul ne peut pas donner.

En dehors du jardin de l'école, dont l'importance est très grande, l'instituteur a d'ailleurs un autre domaine d'observations presque journalières pour venir à l'appui de son enseignement : ce sont les champs et les fermes du voisinage. Il peut, dans les promenades, montrer aux enfants les résultats obtenus par une culture bien conduite, mettre sous leurs yeux, dans les étables, dans les bergeries, dans les laiteries, des exemples qui viennent à l'appui de ses leçons. Toujours donner la preuve palpable de la vérité des principes qu'il enseigne, telle est la méthode qu'il doit toujours s'appliquer à suivre, la méthode dont il ne doit jamais s'écarter.

A l'école Normale, le cours d'agriculture porte sur deux années scolaires; les élèves de deuxième et de troisième année s'y trouvent réunis.

La première partie du cours est consacrée à l'étude du *sol* et à la *production végétale*.

La deuxième partie du cours a pour objet la *production animale*, que l'on fait suivre des principes de l'*économie rurale*.

2ᵉ LEÇON

SOL ET SOUS-SOL

Sommaire. — Définitions. — Nature et composition du sol. — Origine et formation de la couche arable. — Rôle des actions mécaniques et chimiques.

Résumé

L'*agrologie* est la partie des sciences agricoles qui a pour objet la connaissance des terrains dans leurs rapports avec l'agriculture.

Il est facile de faire ressortir l'importance de l'étude des terrains. En effet, la terre est le premier outil du cultivateur; c'est à en retirer des produits avantageux qu'il consacre son temps et sa peine. Elle est plus ou moins rebelle à ses soins; mais, quelles que soient les circonstances dans lesquelles on se trouve placé, elle exige toujours des travaux persévérants pour donner des produits avantageux.

L'agrologie comprend l'étude du sol et du sous-sol, l'examen de leurs caractères, la connaissance des moyens propres à en modifier la composition ou les propriétés physiques. Ces moyens sont nombreux : les principaux sont les amendements et les engrais, les irrigations, les procédés d'assainissement, les travaux mécaniques de défrichement, de labour, etc. L'application de ces moyens varie suivant les circonstances : le bon agriculteur est celui qui sait les combiner suivant les besoins de son sol.

Le *sol* est la partie supérieure des roches qui constituent la surface de la terre. La couche superficielle, celle dans laquelle pénètrent les racines de la plupart des plantes herbacées, porte le nom de *terre arable*. On lui a donné ce nom parce que c'est la portion du sol qui est remuée par les instruments de labour[1]. La terre arable est formée principalement par la réduction, en parties fines et ténues, des roches qui forment la surface de la partie solide du globe terrestre.

Le *sous-sol* est la couche sur laquelle repose directement la terre arable. Il est parfois de la même nature, parfois d'une nature différente de celle de la terre arable.

La composition du sol et du sous-sol dépend des phénomènes géologiques qui ont produit à la surface de la terre des roches de formation très diverse, remontant à des âges plus ou moins éloignés, composées d'éléments très variables.

Il en résulte que la nature des terres arables est très variable suivant les localités, et parfois dans une même localité. Les terres diffèrent, soit par leur constitution, c'est-à-dire par les éléments dont elles sont formées; soit par leur profondeur, c'est-à-dire par l'épaisseur de la couche superficielle dont la nature est uniforme; soit enfin par leur situation en plaine, en coteau ou en montagne.

Les éléments qui entrent dans la formation des terres arables sont très nombreux; mais au milieu de cette diversité, il en est quelques-uns dont l'importance est capitale pour l'agriculture. Ces substances sont l'*argile*, le *sable* et le *calcaire* ou carbonate de chaux.

De la présence ou de l'absence de l'une ou l'autre de ces trois substances, de leur mélange en proportions variables, il résulte des terres dont les propriétés sont très différentes. Prise isolément, chacune de ces substances est impropre à fournir une production végétale importante; mais suivant les proportions

1. Du latin *aratrum*, charrue.

dans lesquelles elles sont mélangées, leurs propriétés se modifient, et elles donnent naissance aux nombreuses variétés de terres arables avec lesquelles le cultivateur est aux prises.

Les agents qui contribuent à former la terre arable, c'est-à-dire à désagréger la partie superficielle des roches, sont nombreux. Les principaux sont d'ordre météorologique : ce sont l'eau des pluies, l'air, la chaleur.

L'*eau* des pluies s'infiltre dans la masse des roches; elle en dissout quelques-unes des parties, elle sépare les unes des autres celles qui ne sont pas dissoutes. En outre, l'eau alimente les sources, forme les rivières et les fleuves, qui exercent une action constante sur les roches sur lesquelles la pente du sol les entraîne; les parcelles des terrains les plus élevés sont détachées, entraînées et déposées peu à peu dans les vallées.

L'action de l'*air* n'est pas moins importante que celle des eaux. L'air pénètre dans toutes les fissures des roches; il s'y combine avec quelques-unes de leurs parties constituantes, pour former des composés plus ou moins sensibles à l'action de l'eau et de la chaleur.

La *chaleur* est aussi un agent de désagrégation des roches. Sous l'action d'un soleil ardent, les combinaisons chimiques sont plus actives, la dissolution par l'eau se fait plus énergiquement. Les gelées et les dégels, en augmentant ou en diminuant le volume de l'eau absorbée par les roches, déterminent l'éclatement ou l'émiettement des minéraux.

Ces actions sont rapides sur les roches tendres ou friables; elles sont lentes, au contraire, sur les roches compactes et dures, par exemple sur le granit.

La *vie végétale* est aussi un agent de désagrégation des roches. Les lichens, les mousses, les plantes herbacées poussent dans les fissures les plus étroites; leurs racines s'y développent et, par leur action continue, elles amènent la désagrégation des matériaux qui composent les roches. Les débris de ces plantes, ceux des animaux qui ont vécu à la surface du sol, se mêlent aux parcelles des roches, et constituent les matières organiques qui existent toujours, en quantité plus ou moins grande, dans les terres arables. On donne souvent le nom d'*humus* aux malières organiques décomposées qui entrent dans la formation de la terre arable.

A ces actions naturelles peut enfin s'ajouter l'action de l'homme. Par des travaux divers, celui-ci peut, dans quelques circonstances, aider puissamment la nature pour transformer la constitution des terres arables, comme il sera expliqué dans la suite de ce cours.

· *N. B.* — Pour cette leçon et les suivantes qui se rapportent aux terres arables, consulter le *Traité de la détermination des terres arables*, par Paul de Gasparin ; la *Géologie agricole*, par Eug. Risler.

- - - -- - -

5ᵉ LEÇON

CLASSIFICATION PHYSIQUE DES TERRAINS

Sommaire. — Caractères qui servent à déterminer les terrains d'après leurs propriétés physiques. — Analyse des terres. — Puissance productive du sol ou fertilité.

Résumé

Les fonctions de la terre arable pour la vie végétale sont définies comme il suit par les agronomes.

La terre doit donner aux racines des plantes une attache suffisamment solide, tout en leur permettant de se ramifier ; elle doit leur fournir l'air, l'eau et la chaleur nécessaires à leurs fonctions ; elle doit renfermer les principes organiques et minéraux nécessaires pour les besoins des plantes, elle doit provoquer la décomposition des engrais organiques, en en conservant les produits utiles.

Les éléments qui entrent dans la composition des sols exercent, sous ces divers rapports, des actions différentes, parfois opposées. Leurs combinaisons sont extrêmement variables.

Pour faire une classification des terres arables, on s'est occupé d'abord principalement de leurs qualités physiques. Ces qualités physiques sont celles qui ont, de tout temps, préoccupé le plus les cultivateurs; ceux-ci, en effet, sont frappés tout d'abord par la résistance plus ou moins grande que les terres opposent aux instruments de labour, et par conséquent par la facilité ou la difficulté qu'on éprouve à les cultiver.

Les principaux éléments qu'on retrouve dominants dans les terres arables sont l'argile, le sable, le calcaire et l'humus. Suivant la prédominance de l'un ou de l'autre, les terres présentent des caractères différents. C'est d'après leur proportion qu'a été établie la classification des terres d'après leurs propriétés physiques.

L'argile donne au sol de la ténacité, de l'humidité; elle conserve les principes utiles en les absorbant, et elle active la décomposition des engrais.

Le sable donne au sol de la perméabilité; il le rend meuble et apte à conserver la chaleur.

Le calcaire enrichit la terre en chaux, qui est un principe éminemment utile à la végétation; il achève la décomposition des engrais.

L'humus ou terreau enrichit le sol en matières organiques, et il sert aussi à l'ameublir.

Suivant la prédominance de chacun de ces éléments, on a des terres argileuses, sableuses, calcaires ou humifères.

Une terre est argileuse, lorsqu'elle contient plus de 50 pour 100 de son poids en argile; — sableuse, lorsqu'elle contient plus de 70 pour 100 de sable; — calcaire, lorsqu'elle contient plus de 20 pour 100 de carbonate de chaux; — humifère, lorsqu'elle renferme au moins 10 pour 100 de terreau.

Il est possible, et il arrive même le plus souvent, que deux des éléments se trouvent dans un sol, dans des proportions telles que chacun imprime à ce sol, d'une manière sensible, quelques-uns de ses caractères propres. Il en résulte des subdivisions assez nombreuses dans la classification des terrains.

Ainsi, on distingue les terres argilo-calcaires, les terres argilo-humifères, parmi les terres argileuses; les terres sablo-calcaires ou silico-calcaires, les terres sablo-argileuses, parmi les terres sableuses. Les terres humifères sont acides ou douces suivant que leur matière organique provient de substances végétales riches ou pauvres en tanin.

Pour les cultivateurs, les terres argileuses sont des terres fortes, c'est-à-dire difficiles à travailler; les terres calcaires et les terres sableuses sont des terres légères, c'est-à-dire faciles à travailler. Les terres franches sont celles dont les qualités sont pondérées, c'est-à-dire qui ne sont ni trop fortes ni trop légères, et possèdent les qualités des terres fortes et des terres légères, sans en avoir les défauts. Voici un exemple d'une terre franche : terre renfermant de 20 à 50 pour 100 d'argile, de 50 à 70 de sable, de 5 à 10 de calcaire, de 4 à 10 d'humus.

Sous le rapport physique, les caractères principaux des terres sont la continuité, la mobilité, la ténacité. Ces caractères présentent des modifications plus ou moins grandes, suivant la prédominance ou l'absence des trois grands éléments des sols arables : argile, silice et calcaire (consulter le *Traité de la détermination des terres arables*, par P. de Gasparin).

L'analyse des terres arables, sous le rapport physique, permet seule de déterminer rigoureusement la proportion de chacun des éléments qui les constituent. Néanmoins les caractères extérieurs de couleur, de ténacité, permettent de juger approximativement de la proportion des principaux éléments; ce sont ces caractères sur lesquels les cultivateurs se sont surtout guidés jusqu'ici.

Pour procéder à l'analyse d'une terre, il faut d'abord la dessécher à l'étuve pour enlever toute trace d'humidité.

On détermine la proportion d'humus par la calcination. La matière organique étant détruite par le feu, la différence de poids, après cette opération, permet de constater la proportion d'humus.

Pour séparer l'argile du sable, on procède par lévigation. Un poids déterminé de terre est traité par l'eau : toutes les parties que l'eau entraîne sont argileuses, le reste est constitué par du sable.

Pour déterminer la proportion de calcaire, on traite la terre par de l'acide chlorhydrique dont on ajoute la quantité nécessaire peu à peu, jusqu'à ce qu'il n'y ait plus d'effervescence; la différence de poids constatée ensuite représente la proportion d'acide carbonique disparu, et par le calcul on en déduit celle du carbonate de chaux que la terre renfermait.

On appelle *fertilité* d'un sol son aptitude à donner des récoltes abondantes des plantes qu'on y cultive. La fertilité est une qualité relative; un sol peut être fertile pour certaines plantes, sans posséder la même qualité pour d'autres plantes.

La fertilité du sol dépend de sa composition physique, de sa composition chimique, de sa profondeur et de la nature du sous-sol sur lequel il repose.

Application. — Exécuter l'analyse physique de quelques types de terres, parmi celles que l'on rencontre le plus communément dans le département.

Expériences de lévigation pour des terres argileuses et pour des terres siliceuses.

4ᵉ LEÇON

CLASSIFICATION CHIMIQUE DES TERRAINS

Sommaire. — Propriétés chimiques des terrains. — Circonstances qui influent sur les qualités des terres. — Caractères des terrains propres aux diverses cultures.

Résumé

Si les éléments principaux qui constituent le sol : argile, sable, calcaire, humus, servent exclusivement pour en caractériser les propriétés physiques, il n'en est plus de même lorsqu'il s'agit d'en déterminer les propriétés chimiques. Sous le rapport chimique, les terrains doivent renfermer tous les principes nécessaires à la formation des tissus végétaux. Les trois éléments principaux (argile, sable et calcaire) sont souvent surabondants. C'est la présence ou l'absence des autres éléments, existant en petites quantités dans le sol, mais nécessaires à la vie végétale, qui détermine, dans ce cas, la valeur chimique des terrains.

Parmi ces éléments, les principaux sont l'acide phosphorique, la potasse, la magnésie, le fer. Le plus important est l'acide phosphorique; c'est pourquoi la classification des terres, sous le rapport chimique, est subordonnée à la proportion d'acide phosphorique qu'elles contiennent.

La meilleure classification des terres a été donnée par M. Paul de Gasparin dans les termes suivants :

1° Terrain très riche, quand il contient plus de 2 millièmes d'acide phosphorique ;

2° Terrain riche, quand il en contient de 1 à 2 millièmes ;

3° Terrain moyennement riche, quand il en contient de 1 demi-millième à 1 millième ;

4° Terrain pauvre, quand il en contient moins de 1 demi-millième.

Ces classes peuvent se subdiviser en espèces, d'après la richesse des diverses sortes de terre en potasse.

Ce n'est pas seulement de leurs propriétés physiques ou chimiques intrinsèques que dépend la qualité des terres. Elle varie aussi suivant certaines circonstances extérieures. Parmi ces circonstances, les principales sont : le climat du lieu, l'inclinaison du terrain et son exposition, sa profondeur, la nature du sous-sol, la présence ou l'absence de nappes d'eau à une profondeur plus ou moins grande.

Le climat est principalement caractérisé par l'altitude et le régime des pluies.

L'effet de l'altitude sur les qualités des terres est assez variable. D'une manière générale, le climat est plus froid à mesure qu'on s'élève ; par conséquent, les terres qui gardent moins bien la chaleur sont moins bonnes à une altitude élevée que sur les plateaux ou dans les plaines ; celles qui concentrent et gardent la chaleur perdent une moindre proportion de leurs qualités à une altitude élevée.

Sous un climat pluvieux, toutes les terres ne se comportent pas de la même manière ; les terres calcaires ou sablonneuses, suffisamment profondes, ne souffrent pas de pluies prolongées ; il n'en est pas de même des terres argileuses, qui gardent facilement l'humidité, surtout si elles reposent sur un sous-sol également argileux. — Au contraire, sous un climat sec ou par une saison sèche, les terres argileuses se comportent généralement mieux, sous le rapport de la production agricole, que les terres calcaires ou sablonneuses.

L'inclinaison du sol peut exercer une certaine influence sur sa puissance productive. Les eaux s'écoulent rapidement sur les terres inclinées, et elles s'y conservent peu. En outre, si l'inclinaison est assez considérable, le travail des labours est difficile; la terre arable tend à descendre, les engrais qu'on y répand sont rapidement entraînés par les eaux s'ils sont d'une grande solubilité, et ils n'exercent qu'une faible partie de leur effet utile.

Plus un sol est exposé à l'action directe des rayons du soleil et plus il absorbe de chaleur. L'exposition méridionale est donc préférable à celle du nord; l'exposition à l'est est, dans la plupart des régions de la France, moins humide que l'exposition à l'ouest.

L'influence de la profondeur du sol est manifeste; plus une terre est profonde, et plus les racines des plantes peuvent y descendre facilement. Quant au sous-sol, l'importance de son rôle dépend surtout de sa perméabilité ou de son imperméabilité à l'eau.

Les nappes d'eau souterraines existant à une faible profondeur peuvent exercer une grande influence sur la proportion d'humidité que le sol renferme et, par suite, sur sa puissance productive. Si ces eaux sont courantes, elles peuvent apporter, en outre, au.. plantes, des principes utiles à leur développement.

Toutes les terres ne conviennent pas à toutes les plantes. Par exemple, les terres argilo-calcaires sont très bonnes pour la culture du blé; les terres silico-calcaires sont propres à la culture de l'orge et de l'avoine; les terres argileuses sont très bonnes pour les pâturages, le trèfle et la luzerne; mais le sainfoin vient surtout dans les terres calcaires. La vigne prospère dans la plupart des sols, mais beaucoup d'arbres fruitiers exigent des sols calcaires. Les terrains siliceux sont convenables pour la culture forestière, principalement pour les essences résineuses.

A chaque nature de sol correspond une végétation spontanée spéciale qui en dénote la nature et qui peut servir de guide aux cultivateurs.

Application. — Indications sur la répartition, dans le département, des principales natures de terres arables. — Faire ressortir l'influence des formations géologiques.

5ᵉ LEÇON

AMENDEMENTS ET ENGRAIS

Sommaire. — Définition et classification des amendements et des engrais. — Engrais d'origine animale, d'origine végétale, d'origine minérale. — Composts.

Résumé

De tous les moyens propres à modifier la composition du sol et les propriétés physiques des terres, l'emploi des amendements et des engrais est celui qui occupe la première place dans les opérations agricoles.

Dans son sens le plus large, le mot *amendement* s'applique à toute opération qui a pour objet d'améliorer la terre arable, c'est-à-dire de la rendre plus apte à la production des plantes cultivées. C'est ainsi que le labour, le drainage, les irrigations peuvent et doivent être considérés comme des amendements. Mais, dans l'application usuelle de ce mot, l'amendement est une substance qu'on ajoute au sol, principalement en vue d'en modifier la nature physique. C'est ainsi qu'on amende le sol, en y ajoutant des terres de nature différente de la sienne, de la chaux, de la marne, des vases d'étangs ou de mer, etc.

On désigne par le mot *engrais* tout ce qu'on ajoute au sol afin de lui donner les éléments qui lui manquent pour produire des récoltes abondantes. L'engrais est toujours un complément de la terre soit sous le rapport de sa composition, soit sous celui de la nature des récoltes qu'elle est destinée à porter.

La nécessité de l'emploi des engrais ressort de ce fait que chaque récolte emprunte au sol les éléments dont elle est formée, et que, par conséquent, elle l'appauvrit d'autant. Pour en maintenir la puissance de production, il est donc nécessaire de lui restituer ce que la récolte lui a enlevé. Une partie de cette restitution se fait par les agents naturels, mais lentement, de telle sorte que le cultivateur ne peut pas compter sur leur action. Il doit donc avoir recours aux engrais, dans des pro-

portions d'autant plus élevées que ses récoltes sont plus abondantes.

On ne peut cultiver indéfiniment aucune nature de terre sans
y mettre des engrais. Mais, comme le premier but est de com-
pléter les éléments qui entrent dans le sol, la première condition
pour faire un bon usage des engrais, est de connaître la nature du
sol où on les met. La connaissance du sol ressort donc comme
la base indispensable d'une bonne agriculture; l'analyse chimique
donne, dans chaque cas particulier, des indications précises.

Les engrais que le cultivateur doit employer sont très nombreux. Afin d'en faire une étude sérieuse, on peut les grouper
en plusieurs classes.

Pour le cultivateur, la classification la plus simple divise les
engrais en deux groupes : 1° les engrais qu'il recueille ou prépare dans la ferme; 2° les engrais qu'il doit acheter.

Au premier groupe appartiennent les déjections des hommes
et des animaux domestiques, les débris de cuisine, les balayures,
les eaux ménagères, les curures des fossés, les vases des cours
d'eau, les terreaux formés par les débris des plantes herbacées
et par les feuilles mortes. Les déjections des animaux servent
à constituer le *fumier*, à la préparation duquel le cultivateur
doit apporter les plus grands soins. Avec les balayures, les curures de fossés et les débris divers, on forme des mélanges
variés auxquels on donne le nom de *composts*, lesquels, d'après
la manière dont ils sont préparés, constituent des engrais d'une
valeur variable.

Les engrais préparés dans la ferme ne suffisent pas pour
maintenir la fertilité des terres. Une partie des récoltes est toujours vendue, et les substances qui forment cette portion du produit des champs sont perdues pour le sol d'où elles proviennent.
Le cultivateur doit donc acheter des engrais.

On divise les engrais achetés, qu'on appelle aussi engrais
commerciaux, en plusieurs catégories, suivant leur origine animale, végétale ou minérale.

Les principaux engrais *animaux* sont les débris et déchets
provenant des animaux morts, le sang desséché, la poudrette
formée avec les déjections des habitants des villes, les débris et chiffons de laines, les cornes et les sabots, les débris de

poissons ou caqûres, le guano, l'engrais dit flamand, les os cal-
cinés, etc.

Les engrais *végétaux* sont assez nombreux. Les principaux
sont les résidus des industries qui traitent les produits des
végétaux : tourteaux de fruits oléagineux ou de graines olé-
gineuses, vinasses de distillerie, écumes de défécation des sucreries, résidus des féculeries, touraillons et drèches de brasseries,
marcs de raisins, lies. Les cendres des végétaux servent aussi
d'engrais, ainsi que les algues ou varechs récoltés dans la mer.

Les engrais *minéraux* proviennent de roches formant des
gisements plus ou moins considérables, ou bien ils sont produits
par des industries spéciales. A la première catégorie appartiennent surtout les phosphates de chaux, le nitrate de soude, certains sels de potasse, le plâtre et la tangue. A la deuxième catégorie appartiennent le sulfate d'ammoniaque, les eaux ammoniacales des usines, le chlorure de potassium, les engrais composés
avec ces matières premières mélangées en proportions variables,
les cendres de houille, etc.

La valeur des engrais dépend de leur richesse en principes
utiles à la végétation, et de la facilité avec laquelle les plantes
peuvent absorber ces principes. Elle peut donc varier dans de
grandes proportions.

Les végétaux puisent dans le sol les principes nécessaires à
la formation de leurs tissus. Le nombre de ces principes est
assez limité, comme il sera expliqué plus loin (voy. la 19ᵉ leçon
de la première année du Cours). Dans les terres arables, la
plupart des substances nécessaires aux plantes se trouvent en
quantité suffisante pour la production de nombreuses récoltes;
quelques-unes seulement sont en quantité plus faible. Ce sont
celles auxquelles il faut pourvoir par les engrais.

Ces substances sont les combinaisons dans lesquelles entrent
l'azote, l'acide phosphorique, la potasse et la chaux. C'est de
leur richesse en ces divers principes, sous une forme utile à la
végétation, que dépend la valeur des engrais, comme l'usage
que l'on doit en faire pour les diverses cultures.

N. B. — Consulter : *Économie rurale*, par Boussingault; —
Cours de Chimie agricole, par Dehérain. — *Chimie appliquée*

à l'agriculture, par Peligot ; — Cours de Chimie agricole, par Lechartier.

_____

6ᵉ LEÇON

LE FUMIER

Sommaire. — Déjections solides et liquides. — Importance des diverses parties des déjections. — Litières, leur rôle. — Substances qu'on peut utiliser comme litières.

Résumé

Le *fumier* est formé par le mélange de la litière des animaux domestiques avec leurs déjections.

Deux substances entrent donc dans la composition du fumier : les déjections et la litière. De leur nature et de leur proportion dépend la qualité du fumier.

Les déjections sont solides ou liquides. Les déjections solides sont les excréments ; les déjections liquides sont les urines. Les unes et les autres sont les résidus de l'alimentation ; elles sont constituées par les substances ingérées par les animaux et qui n'ont pas été utilisées pour la nutrition.

La composition des déjections solides n'est pas la même que celle des déjections liquides. La composition des unes et des autres varie aussi suivant les espèces d'animaux. Pour une même race, cette composition dépend surtout de la quantité et de la nature des aliments qui constituent la nourriture ; elle n'est donc pas constante.

Enfin la proportion que l'on en peut utiliser dépend du mode d'emploi des animaux ; elle est plus grande quand les animaux séjournent longtemps dans leurs logements, plus faible quand ils sont envoyés dans les pâtures ou qu'ils travaillent dans les champs.

Les déjections solides sont principalement riches en phosphate ; quant aux urines, leur valeur provient surtout de la proportion des substances azotées qu'elles renferment.

Sur cent parties, les déjections des diverses espèces d'herbivores renferment en moyenne (Girardin) :

	EAU	MATIÈRES ORGANIQUES	MATIÈRES MINÉRALES
Vache	79,72	16,05	4,23
Cheval.	78,56	19,10	2,54
Porc.	75,00	20,15	4,85
Mouton.	68,71	23,16	8,13

Pour les urines, la composition moyenne est la suivante :

	EAU	MATIÈRES ORGANIQUES	MATIÈRES MINÉRALES
Cheval.	91,08	4,83	4,09
Bœuf.	91,75	5,55	2,70
Vache.	92,13	4,20	3,67
Mouton	96,00	2,80	1,20
Chèvre	98,20	0,88	0,92
Porc	97,88	0,52	1,60

La litière est la couche que l'on place dans les logements des animaux domestiques, et sur laquelle ceux-ci s'étendent pour se reposer.

Le rôle de la litière est double : elle doit fournir aux animaux un coucher commode, et elle doit absorber les déjections liquides, pour les empêcher de se perdre et pour maintenir la propreté des locaux.

Sous le rapport du coucher, la litière doit être unie et élastique, et se prolonger en arrière des animaux; il faut que le corps puisse en quelque sorte s'y mouler sans qu'aucune de ses parties soit gênée, les parties saillantes étant d'ailleurs protégées. Pour l'absorption des déjections liquides, elle doit présenter une grande puissance d'imbibition, afin d'en retenir la plus forte proportion possible.

La paille des céréales est la substance qui est généralement employée pour former les litières. Elle est souple et elle donne un coucher agréable aux animaux; elle a un pouvoir d'absorption assez considérable, puisque la paille sèche absorbe environ quatre fois son poids de liquide.

En outre, la paille mélangée avec les déjections solides se

décompose assez rapidement et assez complètement pour former une masse homogène.

Quand la paille est rare ou qu'il est plus avantageux de la vendre, on peut avoir recours à d'autres substances pour former la litière. Celles que l'on emploie dans ces circonstances sont les feuilles d'arbre, les bruyères, les fougères, la mousse, les sciures de bois, la tourbe, quelquefois même la terre sèche. Toutes ces substances n'ont pas des qualités égales.

Les feuilles sèches sont assez élastiques pour fourni: un bon couchage aux animaux, mais elles n'ont qu'un pouvoir absorbant assez faible. Ce défaut est plus accentué chez les fougères et les bruyères. La mousse donne une bonne litière; mais il est assez difficile de s'en procurer des quantités suffisantes, surtout pour des troupeaux assez nombreux. Les sciures de bois et la tourbe sont les substances qui remplacent le plus avantageusement la paille.

Les sciures de tous les arbres n'ont pas les mêmes qualités. Celles qu'on doit préférer sont les sciures de bois blancs (tremble, peuplier) et de résineux (pin, sapin); il faut proscrire les sciures de bois de chêne.

Toutes les tourbes ne sont pas propres à fournir des litières. On doit préférer celle qui provient des marais où elle n'a pas encore subi la décomposition nécessaire pour faire un bon combustible; on l'entaille et on la dessèche afin d'enlever la terre et le sable qui sont mélangés aux débris végétaux. Le pouvoir absorbant des sciures et de la tourbe est un peu plus grand que celui de la paille.

La quantité de litière nécessaire pour les animaux varie suivant leur taille et le temps pendant lequel ils sont renfermés. On doit la renouveler assez fréquemment pour que les animaux restent propres. Dans les écuries et les étables, on la change le plus souvent deux fois par semaine, en ajoutant chaque jour une légère couche de paille sur celle qui a été salie par les déjections; dans les bergeries, on peut ne la changer que de deux semaines en deux semaines.

La quantité de fumier que donne dans une année un animal bien nourri et bien pourvu de litière est de vingt fois au moins son poids.

N. B. — Pour cette leçon et les suivantes, consulter : *Les Fumiers et autres engrais animaux*, par J. Girardin. — *Chimie appliquée à l'agriculture*, par Malaguti.

7ᵉ LEÇON

CONSERVATION ET EMPLOI DU FUMIER

Sommaire. — Soins à donner au fumier. — Déperdition des principes utiles. — Production du fumier par les diverses races d'animaux. — Moyens d'augmenter la masse du fumier.

Résumé

Le fumier retiré des étables est disposé en tas régulier dans la cour de la ferme. Le plus souvent, on a creusé une excavation qui constitue la fosse à fumier; quelquefois, on dispose le tas sur une partie du sol de la cour, qu'on a aménagée en plate-forme.

Le tas de fumier résulte peu à peu de la superposition des couches horizontales formées chaque fois qu'on ajoute du fumier nouveau à la masse. On doit isoler le tas de fumier par un rebord plus ou moins élevé qui empêche les eaux pluviales tombant des toits ou coulant des autres parties de la cour, d'atteindre le tas. Une rigole reçoit, d'autre part, le liquide qui s'écoule du fumier; ce liquide est le purin. Elle aboutit, dans les fermes bien aménagées, à une fosse couverte dans laquelle débouchent aussi les conduits qui amènent le purin et les urines de l'étable ou de l'écurie.

Le cultivateur doit apporter le plus grand soin à recueillir tous ces liquides qui constituent la partie la plus riche du fumier.

Il est utile de faire piétiner, par les animaux, la masse du fumier, afin d'obtenir un tassement régulier dans toutes ses parties.

Au bout de peu de temps, le fumier en tas entre en fermentation. La température s'élève, et des vapeurs de couleur blanchâtre s'en échappent. On peut employer plusieurs procédés pour ralentir la fermentation. Le plus simple consiste à recouvrir le tas achevé avec une légère couche de terre. — Pour régulariser la fermentation, on arrose le fumier avec le purin, qu'on extrait de la fosse avec des pompes spéciales ou avec des écoppes. Il est important d'arroser le fumier assez régulièrement, surtout pendant l'été.

Les vapeurs de couleur blanchâtre qui s'élèvent du tas de fumier sont presque exclusivement composées par des matières ammoniacales qui ont une grande valeur fertilisante. En assurant la régularité de la fermentation, on en arrête la déperdition.

Les fumiers qui fermentent rapidement sont appelés fumiers chauds; ceux qui s'échauffent plus lentement sont dits des fumiers froids. Les fumiers de chevaux et de moutons appartiennent à la première catégorie; ceux des autres animaux domestiques sont de la deuxième catégorie.

On distingue aussi les fumiers pailleux et les fumiers courts, suivant la proportion de litière qu'ils renferment.

La composition du fumier dépend de la nature et de l'abondance de l'alimentation des animaux, de la litière qu'on leur fournit, et enfin des soins donnés à sa préparation.

On doit répandre le fumier sur les champs quand il est bien fermenté; mais on doit l'employer avant qu'il soit arrivé à une décomposition complète. Dans ce dernier état, il est, suivant l'expression vulgaire, à l'état de beurre noir, et il a perdu une partie notable de sa valeur fertilisante. Avant d'enfouir le fumier dans le sol, on le dispose souvent en petits tas qui restent exposés à l'air pendant quelque temps; pendant ce temps, une partie des principes volatils du fumier s'échappe dans l'air. On doit donc éviter de laisser le fumier séjourner sur les champs avant de l'enfouir.

Peut-on calculer la quantité de fumier produite annuellement dans une ferme, en raison de la consommation des fourrages par les animaux?

Beaucoup de calculs ont été essayés. Ceux qui paraissent offrir le plus d'exactitude sont dus à Thaer et à Boussingault. La règle qui en résulte est la suivante : On peut évaluer, avec une approximation suffisante, la production du fumier d'après la quantité de fourrages secs ou de leurs équivalents consommés dans l'étable, en ajoutant à leur poids celui de la litière, et en doublant la somme.

Exemple : Une vache du poids de quatre cents à cinq cents kilogrammes, consomme, en une année, cinq mille cinq cents kilogrammes de foin sec; elle reçoit 750 kilogrammes de paille pour litière. La somme de ces deux quantités est six mille deux cent cinquante kilogrammes. En multipliant par deux, on obtient douze mille cinq cents kilogrammes comme représentant la quantité de fumier qu'elle fournit.

Ces calculs s'appliquent à des animaux qui restent pendant toute l'année à l'étable : pour les animaux de trait, et pour ceux qui sont conduits au pâturage, on doit défalquer du total la proportion équivalente au temps pendant lequel ces animaux sont absents de l'écurie ou de l'étable.

D'après Girardin, on peut considérer le rendement approximatif des animaux d'une ferme en fumier comme il suit, pour un an :

Cheval de trait	9 000 kilogrammes.
Bœuf à l'engrais	25 000 —
Bœuf de travail.	11 000 —
Vache laitière nourrie à l'étable. . . .	11 000 —
Mouton allant au pâturage	500 —
Porc adulte	1 400 —

Ces calculs ne peuvent représenter que des moyennes; car la quantité définitive de fumier varie, non seulement suivant les précautions que l'on prend pour le bien aménager, mais encore suivant les aptitudes individuelles des animaux à profiter plus ou moins bien de la nourriture qu'on leur distribue.

Pour accroître la masse du fumier, on y ajoute avec avantage les débris de cuisine, les balayures des cours, les feuilles mortes, les résidus organiques de toute nature. Il est bon de disposer les fosses d'aisances de manière qu'on puisse mêler toutes les déjections de la ferme au fumier.

Afin d'en augmenter la qualité et d'assurer la fixation des sels ammoniacaux, quelques cultivateurs ont pris l'habitude d'ajouter au fumier une petite proportion de phosphates fossiles.

C'est une des méthodes les plus recommandables pour l'emploi fructueux des phosphates naturels.

Exercice. — Expliquer cette pensée de Mathieu de Dombasle : « Tous les soins pour recueillir et conserver convenablement les engrais ne sont nullement dispendieux; ils n'exigent que de la vigilance et de l'attention; mais quand ils entraîneraient à quelques dépenses, ce ne serait pas un motif pour s'en dispenser. »

8ᵉ LEÇON

ENGRAIS DIVERS D'ORIGINE ANIMALE

Sommaire. — Engrais des villes et des villages; mode d'emploi. — Engrais liquides. — Poudrette, colombine. — Déchets des matières animales. — Guano. — Composts.

Résumé

Parmi les engrais d'origine animale que le cultivateur peut utiliser avec le plus de profit, les matières des vidanges des villes et des campagnes se placent au premier rang. Ces substances sont d'une richesse remarquable en principes fertilisants. On a calculé, en effet, que les excrétions solides et liquides, par personne, renferment en moyenne, par jour, 9 grammes 560 d'azote organique et 5 grammes 420 de phosphates, ce qui correspond à 3 kilogrammes 488 d'azote organique et 1 kilogramme 947 de phosphates par an. Si l'on multiplie ces moyennes par le chiffre de la population totale de la France, on arrive à des nombres très élevés. Ces évaluations démontrent l'importance que présente, pour la production agricole, l'utilisation complète des matières des vidanges. Malheureusement cette utilisation laisse encore beaucoup à désirer, principalement dans les campagnes.

On perd ainsi de très grandes quantités d'engrais que l'on pourrait utiliser avec profit.

Les vidanges sont employées directement sur les champs, ou après leur transformation en poudrette.

Pour employer les vidanges directement, on les réunit en masses assez considérables dans des citernes d'une capacité de 300 à 400 hectolitres; on les laisse fermenter pendant quelque temps, en y ajoutant un peu d'eau. On les enlève ensuite dans des tonneaux pour les répandre dans les champs à l'automne ou en hiver. C'est le procédé dit de l'engrais flamand, parce qu'il est usité, depuis des siècles, dans les Flandres. Là, les cultivateurs achètent l'engrais humain dans les villes, et l'emmagasinent dans les citernes creusées dans leurs fermes.

Dans les campagnes, un des meilleurs moyens d'utiliser l'engrais humain est d'ajouter les matières solides au fumier, et les liquides au purin. A cet effet, on se trouve bien d'établir les fosses d'aisances à proximité et en communication avec la fosse à fumier.

La transformation des vidanges en engrais solide se pratique aux environs des grandes villes. Les vidanges sont déposées dans de grands bassins où les matières solides se déposent. On fait écouler les liquides et on fait sécher à l'air les dépôts. On obtient ainsi des engrais de couleur noirâtre, d'une odeur caractéristique, que l'on vend aux cultivateurs sous le nom de *poudrette*. La valeur des poudrettes varie dans d'assez fortes proportions suivant les procédés de fabrication, mais il y a toujours une assez grande déperdition dans leur fabrication.

Les liquides des vidanges ou eaux vannes forment un excellent engrais liquide. Le plus souvent, ces eaux vannes sont traitées par l'industrie, qui en extrait du sulfate d'ammoniaque.

Dans certaines villes, on envoie les matières des vidanges dans les égouts. Les eaux des égouts constituent un excellent engrais liquide, dont on obtient d'excellents résultats, même quand elles n'ont pas reçu de vidanges. Elles sont, en effet, toujours chargées des balayures des rues, des excréments tombés sur la voie publique. L'emploi des eaux d'égout en irrigation est à la fois la meilleure méthode pour les purifier et pour en tirer un profit agricole.

On appelle *colombine* l'engrais formé par la fiente des animaux de basse-cour, et surtout des pigeons. On doit recueillir la colombine avec soin, et l'employer soit isolément, soit en la mélangeant au fumier. C'est un engrais énergique qui ne renferme pas moins de 8 pour 100 d'azote. Quand on utilise la colombine isolément, il est utile de la mélanger avec un poids égal de terre.

Les autres engrais que l'on retire des animaux sont nombreux. Les principaux sont : le sang, les débris de chair, les débris de poissons, les cornes, les poils, les déchets de peaux, les déchets de laine, les os.

Le *sang*, pour servir comme engrais, subit une préparation spéciale. On le recueille dans les abattoirs, pour le faire chauffer dans de grandes chaudières jusqu'à coagulation de son albumine; puis on presse la partie coagulée, et on la fait passer à l'étuve. On obtient ainsi l'engrais désigné par le nom de sang desséché.

On a employé diverses méthodes pour utiliser les *débris de chair*. Autrefois, on les faisait cuire, puis on les desséchait après les avoir débarrassés des matières grasses qu'ils renfermaient. Le docteur Boucherie a préconisé ensuite la dissolution par l'acide chlorhydrique à chaud. Un procédé plus commode, et que l'on peut appliquer à des cadavres entiers, a été indiqué par M. Aimé Girard : c'est la dissolution par l'acide sulfurique à 60 degrés, et le traitement subséquent par le liquide, de phosphates fossiles, de manière à obtenir un superphosphate azoté.

Les *débris de poissons*, notamment les *caques de harengs* ou de *maquereaux*, sont aussi employés comme engrais dans les contrées maritimes.

Avec les *débris des abattoirs* que l'on soumet à la pression, avec les *cornes*, les *poils*, les *plumes*, les déchets de *peaux*, les *laines*, on prépare aussi des engrais actifs. Il est utile de soumettre les cornes, les poils, les laines, à la torréfaction, pour les rendre plus sensibles à l'action de l'eau et des autres agents météoriques.

Les *os* constituent un excellent engrais. Pour les employer à l'état naturel, il suffit de les concasser. Avec les os, on prépare le *noir animal*. On donne ce dernier nom au produit obtenu par la calcination des os en vases clos; on le réduit en poudre pour les usages agricoles. On utilise aussi le noir animal qui a servi, dans les sucreries, à la purification des jus sucrés.

Le *guano* est un des engrais animaux dont la réputation est la plus grande. Il a été formé, dans les nombreuses îles de la côte du Pérou (Amérique méridionale), par les excréments et les débris d'oiseaux de mer qui y sont extrêmement nombreux. Ces dépôts énormes, dont l'épaisseur dépasse parfois 30 mètres, sont exploités comme des carrières. L'engrais qu'on en retire est vendu aux agriculteurs du monde entier, depuis les premières années du dix-neuvième siècle. Plusieurs dépôts ont été complètement épuisés. La valeur du guano est assez variable; les dépôts les plus riches sont ceux de la région où il ne pleut pas, parce que les substances ammoniacales qu'ils renferment n'ont pas été lavés par la pluie. Les principes fertilisants les plus importants que le guano renferme sont l'azote et l'acide phosphorique; les proportions diffèrent suivant les gisements.

On appelle guano phosphaté celui qui provient des îles plus méridionales, et qui a été lavé par les pluies, de telle sorte qu'il a perdu une grande proportion de ses principes azotés. On a trouvé aussi des gisements de guano dans quelques îles du littoral de l'Afrique.

Le *phospho-guano* est un engrais préparé par un mélange de guano avec des os ou d'autres substances riches en principes phosphatés. Le but de ce mélange est d'enrichir le guano en acide phosphorique. On donne souvent, mais improprement, le nom de phospho-guano à des mélanges de matières fertilisantes dans lesquelles il n'entre pas de guano.

Les *composts* sont des mélanges de débris animaux et végétaux de toutes sortes avec de la terre. La préparation des composts est un des meilleurs moyens, pour le cultivateur, de tirer un parti utile de tous les déchets des opérations de la ferme. Toutes les matières organiques entrent avec avantage dans la préparation des composts. On en forme des tas soit dans une cour, soit à l'extrémité d'un champ, et on laisse la décomposition se faire, en soumettant de temps en temps la masse à des pelletages, afin d'en mélanger toutes les parties. On peut ainsi transformer tous les résidus de la ferme en une source de profits considérables.

9ᵉ LEÇON

ENGRAIS D'ORIGINE VÉGÉTALE

Sommaire. — Engrais verts. — Engrais marins. — Tourbe, écobuage, cendres. — Tourteaux. — Résidus des usines.

Résumé

Les engrais d'origine végétale que le cultivateur peut employer sont très nombreux. Les uns sont constitués directement par les plantes qui ont poussé sur le sol, les autres sont formés par les débris ou résidus provenant des usines qui utilisent les matières végétales. A la première catégorie appartiennent les fumures vertes ou engrais verts, la tourbe, les cendres ; à la deuxième catégorie, les tourteaux, les marcs de vendanges, de pommes, les résidus des féculeries, des distilleries, des sucreries, etc.

Les *fumures vertes* résultent de l'enfouissement dans le sol, par le labour, de plantes herbacées qui s'y décomposent. Le plus souvent on sème dans le champ même les plantes que l'on veut y enfouir ; il faut que ces plantes soient d'une croissance rapide ; on les enfouit généralement à l'automne. Les plantes que l'on emploie le plus souvent à cet effet sont le lupin, la navette, les fèves, les pois, le sarrasin, le colza. Quand on laboure les vieux gazons, les prairies qu'on veut convertir en terres arables, on pratique aussi une fumure verte. — Dans les contrées maritimes, on va chercher sur le bord de la mer des provisions d'herbes marines (algues de toute nature, varech, goémon), qu'on enfouit dans les champs ; on pratique ainsi une véritable fumure verte. — Dans le Midi, on coupe les roseaux dans les marais, sur les bords des ruisseaux, et on les emploie aussi comme fumure verte. — Les feuilles d'arbres, celles de betteraves, de carottes, les fanes des pommes de terre, les fougères, etc., constituent enfin de vraies fumures vertes.

Les *cendres* provenant de la combustion des végétaux constituent des engrais appréciés, mais de composition assez variable; elles sont dépourvues de matière organique. Quand elles ont été lessivées, on les désigne sous le nom de charrée.

L'*écobuage* est une opération qui consiste à calciner des plaques de terre gazonnée, après les avoir disposées en tas avec des feuilles sèches et des menues branches. Les cendres d'écobuage sont ensuite répandues sur le sol où les plaques de gazon ont été enlevées. La pratique de l'écobuage se recommande surtout dans les terres à réaction acide.

La *tourbe* est formée par de grandes masses de végétaux en décomposition, formant des bancs souterrains. On exploite la tourbe surtout pour servir de combustible; les cendres de tourbe constituent un bon engrais. On peut se servir aussi de la tourbe comme litière pour les animaux domestiques; elle entre alors dans la composition du fumier.

On appelle *tourteau* de graines ou de fruits oléagineux, la partie solide qui reste après qu'on a soumis les graines à une forte pression pour en extraire l'huile qu'elles renferment. Les tourteaux se présentent le plus souvent sous forme de plaques minces, de dimensions assez variables; ils constituent d'excellents engrais. On les sème à la volée dans les champs, après les avoir réduits en poudre, à des époques qui varient suivant les cultures. On emploie des tourteaux de graines indigènes et des tourteaux de graines exotiques. Ceux qui servent généralement comme engrais sont les tourteaux de lin, de colza, de cameline, de pavot ou œillette, de chènevis, de faînes, de noix, d'arachide, de sésame, de graines de coton. Les marcs d'olive forment aussi des tourteaux. La plupart des tourteaux peuvent servir à l'alimentation du bétail; l'emploi que l'on en fait, soit comme nourriture, soit comme engrais, est réglé par les circonstances dans lesquelles le cultivateur se trouve placé.

Le *marc de vendanges* ou marc de raisin est le résidu qui reste dans les cuves ou les foudres après la fabrication du vin. On l'emploie à la nourriture du bétail ou comme engrais, soit après l'avoir distillé, soit après avoir fait de la piquette.

Le *marc de pommes*, résidu de la fabrication du cidre, est employé dans les mêmes conditions. Le mode le plus général d'usage comme engrais est d'introduire les marcs, par couches salées et plâtrées, dans les composts que l'on prépare pendant l'hiver.

Les *écumes de défécation* provenant des sucreries servent comme engrais, surtout dans les terres argileuses. Elles renferment une proportion considérable de chaux; leur richesse en azote est un peu inférieure à celle du fumier de ferme.

Les *vinasses de distillerie* de betteraves ou de grains renferment, en suspension, des débris végétaux dont la valeur comme engrais est assez grande. On les utilise de deux manières : ou bien on emploie directement les vinasses en irrigation, ou bien on les fait reposer dans de grands bassins, et on se sert comme engrais du dépôt solide qui se forme dans ces bassins.

Les *drèches de brasserie* et celles des distilleries de grains servent comme engrais, après avoir été pressées, quand on n'a pas pu les utiliser à la nourriture du bétail. Les *touraillons*, résidus des orges germées, utilisés le plus souvent à l'alimentation des animaux, sont employés aussi comme engrais, de même que le *marc de houblon*.

Les féculeries fournissent aussi des engrais sous une double forme : d'une part les *pulpes de pommes de terre*, et d'autre part les *eaux de lavage des pulpes*. Les pulpes desséchées constituent un engrais riche en azote. On utilise les eaux de lavage en suivant la même méthode que pour les vinasses des distilleries.

Les *résidus de tannerie* sont constitués par le tan épuisé. On s'en sert comme engrais, après l'avoir arrosé avec du purin, pour en faciliter la désagrégation. On emploie aussi, pour le même usage, les cendres résultant de la combustion du tan épuisé.

D'une manière générale, toutes les industries qui emploient des matières végétales laissent des résidus que l'on peut utiliser avantageusement comme engrais.

N. B. — Consulter : *Chimie agricole*, par Isidore Pierre.

10ᵉ LEÇON

ENGRAIS MINÉRAUX

Sommaire. — Engrais azotés : sels ammoniacaux, nitrates. — Engrais calcaires : chaux, marne, plâtre, tangue, etc. — Engrais phosphatés : nodules, apatite, superphosphates. — Engrais potassiques : sels de potasse, feldspaths, etc.

Résumé

Les *engrais minéraux* sont ceux qui ont leur origine dans le règne inorganique, et par conséquent ne proviennent ni des plantes ni des animaux. — Parmi les engrais minéraux, on distingue ceux que l'on extrait de gisements dans le sein de la terre, et ceux que l'on prépare par des opérations industrielles. Les uns ont une composition variable, mais généralement assez simple, les autres ont une composition définie; on désigne souvent ces derniers par le nom d'*engrais chimiques*.

La méthode la plus générale pour classer les engrais minéraux est de les réunir par groupes, suivant les principes qui y dominent, parmi ceux qui sont nécessaires à la végétation. On distingue ainsi les engrais azotés, les engrais calcaires, les engrais phosphatés, les engrais potassiques. Quand on en opère des mélanges, on obtient des engrais mixtes.

Les *engrais azotés* les plus répandus sont le nitrate de soude et le sulfate d'ammoniaque.

Le nitrate de soude est formé par une combinaison de soude et d'acide azotique; c'est un sel cristallisé, très hygrométrique, d'une grande solubilité; il renferme de 14 à 16 pour 100 de son poids en azote. On trouve des gisements importants de nitrate de soude dans quelques pays, notamment dans l'Amérique du Sud.

Le sulfate d'ammoniaque résulte de la combinaison de l'acide sulfurique avec l'ammoniaque; c'est un sel cristallisé, très soluble dans l'eau; il renferme de 20 à 21 pour 100 de son poids en azote. On obtient le sulfate d'ammoniaque en traitant les eaux vannes des vidanges ou les eaux d'épuration du gaz d'éclairage.

Les principaux *engrais calcaires* sont : la chaux, la marne, le plâtre, la tangue, les faluns.

La chaux employée en agriculture provient des fours dans lesquels on traite les minerais calcaires. On se sert le plus souvent de chaux éteinte, c'est-à-dire saturée d'eau, puis pulvérisée ou au moins réduite en fragments de faible volume. On mélange la chaux avec des composts, ou bien on la répand directement sur le sol.

La marne est une terre formée par un mélange, en proportions variables, d'argile et de calcaire ou carbonate de chaux. Il y a beaucoup d'espèces de marne, suivant la quantité de chacun de ces éléments qu'elle renferme. Une marne est argileuse, quand elle contient plus de la moitié de son poids en argile ; elle est, au contraire, calcaire quand elle renferme plus de la moitié de son poids en carbonate de chaux. La marne s'emploie de la même manière que la chaux.

Le plâtre est du sulfate de chaux. On l'extrait de gisements plus ou moins considérables qu'on rencontre dans certaines formations géologiques. On emploie surtout le plâtre sur les plantes fourragères légumineuses.

La tangue est un sable marin dont on trouve des masses considérables sur plusieurs points des côtes de l'Océan. Ce sable renferme souvent près de la moitié de son poids en calcaire ou carbonate de chaux. On l'emploie comme la marne.

Le maërl ou merl se présente sous forme de concrétions irrégulières et dures, qu'on drague, à marée basse, dans plusieurs localités du littoral de la mer. Ces concrétions renferment de la moitié aux trois quarts de leur poids en calcaire.

Les faluns sont des sables coquilliers marins plus ou moins anciens, plus ou moins désagrégés, dont on rencontre des gisements importants dans plusieurs régions. Ces sables sont riches en calcaire. On procède au falunage comme au marnage.

Les engrais minéraux *phosphatés* proviennent de gisements de phosphate de chaux naturel, que l'on rencontre dans un très grand nombre de pays. Tantôt ces gisements sont formés par des cailloux arrondis irréguliers, qu'on appelle des nodules ;

tantôt ils sont constitués par des pierres plus ou moins volumineuses, qu'on nomme apatites. Le phosphate de chaux est mélangé de terre; on procède d'abord à des lavages, puis à la pulvérisation, avant de l'employer comme engrais.

Le phosphate de chaux naturel est insoluble dans l'eau, mais les réactions produites dans le sol permettent aux plantes de l'absorber; pour en accroître la solubilité, on le traite par l'acide sulfurique et on le transforme ainsi en superphosphate.

La richesse des phosphates naturels varie beaucoup; elle est comprise entre les limites de 25 à 70 et parfois jusqu'à 85 pour 100 de leur poids en phosphate pur.

Les principaux engrais *potassiques* sont le sulfate de potasse et le chlorure de potassium. Ils proviennent, soit de gisements importants qui existent aux environs de Stassfurth (Allemagne), soit du traitement des eaux mères des marais salants. Le chlorure de potassium renferme environ 50 à 55 pour 100 de son poids en potasse; le sulfate de potasse, 30 à 35.

On emploie aussi comme engrais les potasses brutes provenant du traitement des salins de betteraves, et dont la richesse est de 10 à 30 pour 100 de potasse. — Le nitrate de potasse ou salpêtre, qui renferme 44 pour 100 de potasse, est employé parfois, surtout en mélange avec d'autres engrais; il en est de même du carbonate de potasse.

Les sables feldspathiques, qui renferment du silicate de potasse en quantité très variable, peuvent servir comme engrais; mais ils sont d'une décomposition très lente. Ils renferment de 1 à 15 pour 100 de potasse.

Exercice pratique. — *Déterminer la richesse d'une marne en calcaire.* — Faire sécher la marne au four. En prendre 10 grammes qu'on met dans un verre; y ajouter 100 grammes d'eau, et verser lentement, en agitant, 50 grammes d'acide chlorhydrique. — Lorsque l'effervescence a disparu, verser lentement sur un filtre, et faire sécher le résidu restant sur le filtre. — Peser le résidu sec. — La perte de poids sur les 10 grammes de marne indique la proportion de carbonate de chaux qu'elle renferme.

44ᵉ LEÇON

THÉORIE DES ENGRAIS COMPLÉMENTAIRES

Sommaire. — Estimation de la valeur relative des engrais. — Commerce des engrais, tromperies sur les engrais commerciaux. — Rôle des laboratoires d'essais et des stations agronomiques. — Améliorations à réaliser pour accroître la masse des engrais. — Engrais perdus.

Développement

Le fumier de ferme constitue l'engrais qui répond le mieux aux besoins de la culture; on a vu qu'il renferme, sous leur forme la mieux appropriée, les principes nécessaires à la végétation. Si le fumier était produit en quantité suffisante dans une ferme, il n'y aurait pas lieu de chercher à se procurer d'autres engrais, d'autant plus que l'on peut le considérer comme le moins cher, puisqu'il constitue un résidu de l'élevage et de l'engraissement des animaux domestiques.

Mais le fumier est loin de rendre au sol tout ce que les récoltes en ont enlevé. Une partie des produits est vendue, une autre partie est transformée en viande par le bétail; ces produits n'entrent pas dans le fumier, et par conséquent ils ne reviennent pas au sol qui les a fournis. La restitution à la terre par le fumier est donc fatalement incomplète. Une terre cultivée à laquelle on ne donne que du fumier comme engrais, est vouée, au bout d'un temps plus ou moins long, à la stérilité. Cette conclusion arrive d'autant plus rapidement que la terre est mieux cultivée; d'une part on prend davantage par les récoltes, et d'autre part, l'action des instruments de labour facilite davantage l'accès dans le sol de l'air et des agents météoriques propres à entraîner les principes fertilisants.

C'est en vain que l'on compte sur les restitutions naturelles qui se produisent par l'air et par les eaux. Ces restitutions sont trop faibles pour compenser la perte qui résulte de l'insuffisance du fumier de ferme. Par une combinaison de cultures bien appropriées au sol, dont quelques-unes sont séparées par des jachères pendant lesquelles la terre reste en repos, on peut retarder l'épuisement du sol, mais on ne peut pas l'empêcher de s'appauvrir finalement, au point de ne plus pouvoir donner de récoltes. On en a un exemple frappant dans les terres de Sicile, dont la fertilité était réputée au temps de l'empire romain, et qui sont peu à peu devenues absolument stériles.

La nécessité de l'emploi d'autres engrais que le fumier de ferme est ainsi démontrée. Ces engrais sont appelés engrais *complémentaires*. Expression heureuse, parce que, d'une part, ils complètent le fumier, et que, d'autre part, ils servent de complément au sol, eu égard aux plantes qu'on veut y cultiver.

C'est donc à la fois sous le rapport des principes qui manquent au sol, et sous le rapport de ceux qui sont nécessaires à la végétation, que l'on doit étudier l'usage et le rôle des engrais. Pour en faire un emploi judicieux, il faut connaître la composition du sol et celle des plantes qu'on y cultive.

Les sols ont une composition physique et une composition chimique très variables; par conséquent les mêmes engrais ne conviennent pas dans toutes les circonstances. Par exemple, les terres pauvres en humus recevront avec avantage des engrais organiques; les sols pauvres en calcaire deviendront productifs par l'emploi des engrais riches en chaux, etc. Sous un autre rapport, les terres d'une forte consistance se trouveront bien d'engrais qui en facilitent la désagrégation. Les connaissances sur les limites entre lesquelles varie la composition des sols et sur les transformations qu'y subissent les matières fertilisantes ne sont pas encore assez complètes pour qu'on puisse donner des règles précises applicables dans toutes les circonstances.

Il en est autrement en ce qui concerne la composition des végétaux cultivés. Des études nombreuses ont permis de connaître la composition de ces végétaux et les limites entre lesquelles elle varie. On peut en déduire la quantité approximative des principes qu'une récolte enlève au sol qui l'a porté. Les proportions de ces principes varient avec les diverses plantes; il en résulte que toutes les plantes ne tirent pas le même profit de tous les engrais. Bien choisir les engrais suivant les plantes qu'on cultive, est un des principaux soucis du cultivateur instruit.

Ce n'est pas que l'on puisse désigner toujours et avec facilité

les engrais qui conviennent le mieux à toutes les cultures et
à tous les sols; mais, tandis qu'on est obligé d'employer le
fumier tel qu'il sort de la ferme, on peut, au contraire, préparer, par des mélanges bien faits, des matières fertilisantes qui
répondent aux divers besoins. C'est là un des principaux avantages de l'emploi des engrais complémentaires : le cultivateur
peut les combiner comme il veut, s'en servir à telles doses
qu'il lui convient, à telle époque qui lui paraît plus favorable,
de telle sorte qu'il agit toujours à coup sûr, lorsqu'il s'est rendu
compte, préalablement, des besoins auxquels il doit satisfaire.

Des explications qui précèdent il résulte que tous les engrais
n'ont pas la même valeur; par conséquent, on doit, quand on en
achète, suivre des règles déterminées, afin de ne pas s'égarer et
payer cher ce qui n'a qu'une faible efficacité. Ces règles s'établissent comme il suit :

La valeur des engrais dépend de la proportion des principes
fertilisants qu'ils renferment. C'est donc d'après la quantité de
ces principes qu'ils renferment, d'après leur richesse, suivant
le terme consacré, que cette valeur est déterminée. On sait que
les principes fertilisants que l'agriculture doit chercher à se procurer, sont l'azote, l'acide phosphorique, la potasse et la chaux.
Donc, la valeur des engrais dépend de la quantité de ces quatre
principes qu'ils renferment.

Une deuxième condition s'ajoute, c'est que les principes fertilisants soient engagés, dans les matières qu'on emploie comme
engrais, dans des combinaisons où ils puissent être utiles à la
végétation, c'est-à-dire absorbés par les plantes. Par exemple,
l'azote du sulfate d'ammoniaque est très utile à la végétation,
parce que ce sel est très soluble dans l'eau et est facilement ab-
sorbé par les racines; au contraire, on doit éviter l'emploi des
cyanures, malgré leur richesse en azote, parce que ce sont des
poisons pour les végétaux.

Donc, il faut que deux conditions soient remplies pour qu'une
substance soit utilisée comme engrais : 1° présence d'une certaine
quantité de principes fertilisants : 2° utilité, pour la végétation,
des combinaisons dans lesquelles se trouvent ces principes.

L'azote, l'acide phosphorique, la potasse, la chaux n'ont pas
la même valeur commerciale. Les différences de prix sont en

raison de la facilité plus ou moins grande avec laquelle on peut
se les procurer. Dans l'état actuel des choses, l'azote est le
principe qui coûte le plus cher, parce qu'il est le plus rare; la
chaux est le principe qui se vend au meilleur marché, parce
qu'il est le plus commun. Il en est de ces denrées comme de
toutes les autres; leur valeur marchande subit des fluctuations
plus ou moins fréquentes, que l'agriculteur doit connaître pour
acheter les engrais à bon escient.

Pour déterminer la valeur d'un engrais, on doit chercher la
proportion de chacun des principes fertilisants qu'il renferme,
multiplier pour chacun le nombre trouvé par la valeur de
l'unité, et faire la somme de ces produits. Le total représente la
valeur de l'engrais.

Exemple : Soit un guano qui dose 6 pour 100 d'azote, 8
pour 100 d'acide phosphorique à l'état de phosphate monobasique
immédiatement soluble dans l'eau, 4 pour 100 d'acide phosphorique à l'état de phosphate tribasique insoluble dans l'eau
et 2 pour 100 de potasse. Supposons les valeurs commerciales
suivante : azote, 2 francs le kilogramme; acide phosphorique
soluble, 0,75; acide phosphorique insoluble, 0,25; potasse, 0,60.
— Voici la valeur commerciale de cet engrais :

Azote . . . . $6 \times 2^f00, = 12^f,00$
Acide phosphorique soluble dans l'eau. . . . . $8 \times 0^f,75 = 6^f,00$
Acide phosphorique insoluble . . . . $4 \times 0^f,25 = 1^f,00$
Potasse. . . . . $2 \times 0^f,60 = 1^f,20$

Total. . . . . $20^f,20$

La valeur de cet engrais est donc de 20 francs 20 par 100
kilogrammes, ou 202 francs par tonne métrique. Le cultivateur instruit ne doit pas le payer à un prix plus élevé.

La nécessité de connaître de la composition exacte des engrais
ressort de ces explications. Voici, pour les substances les plus
employées comme engrais, le tableau de leur composition
moyenne. Il faut ajouter que ce tableau ne présente une exactitude rigoureuse que pour les substances minérales, car dans
les matières d'origine organique, il se présente toujours des
variations dont on ne peut déterminer les limites que dans
chaque circonstance spéciale.

TABLEAU DE LA COMPOSITION DES ENGRAIS

	POUR 100 PARTIES			
	AZOTE	ACIDE PHOSPHOR.	POTASSE	CHAUX
Engrais animaux.				
Poudrette (desséchée à 110 degrés).	2,60	5,00	»	»
Engrais flamand	0,89	0,51	»	»
Eaux vannes de Paris.	0,14	0,15	»	»
Colombine.	8,10	»	»	»
Sang desséché.	15,00	1,60	»	»
Débris de chair	15,00	0,22	»	»
Débris de poissons (desséchés) . .	10,00	»	»	»
Cornes	16,00	»	»	»
Poils	12,00	»	»	»
Plumes.	11,00	»	»	»
Peaux (déchets).	9,00	»	»	»
Laines.	15,00	»	»	»
Os en poudre	6,00	25,00	»	50,00
Noir animal.	1,50	50,00	»	45,00
Guano (très bon et rare)	14,00	12,50	1,50	»
Engrais végétaux.				
Cendres de chêne	»	5,57	9,75	76,27
— de frêne	»	6,79	15,20	62,14
— de hêtre	»	2,79	14,67	60,25
— de charme.	»	4,10	4,95	75,94
— d'orme.	»	5,08	6,24	77,51
— de tremble.	»	4,10	11,85	74,18
— de sapin.	»	4,81	16,00	74,12
— de pin.	»	6,27	15,10	62,10
— de mélèze.	»	8,24	25,55	48,25
— d'algues.	»	2,00	10,00	12,00
Charrées	»	7,00	»	»
Feuilles desséchées	1,75	»	»	»
Marc de raisin.	0,90	0,15	»	»
— desséché	1,70	0,50	»	»
Écumes de défécation.	0,50	»	»	»
Engrais minéraux.				
Nitrate de soude	14 à 15	»	»	»
— de potasse.	15,00	»	44,00	»
Sulfate d'ammoniaque.	20,00	»	»	»
Carbonate de potasse (pur). . . .	»	»	68,00	»
Carbonate de chaux	»	»	»	52,00
Plâtre.	»	»	»	38 à 40
Phosphate de chaux naturel . . .	»	15 à 40	»	»
Sulfate de potasse.	»	»	43 à 51	»
Chlorure de potassium.	»	»	55,00	»

Pour comparer la valeur de ces engrais à celle du fumier, il faut savoir que 100 kilogrammes de fumier de ferme renferment en moyenne :

Azote.	0,40
Acide phosphorique	0,18
Potasse.	0,50
Chaux	0,56

Le tableau précédent donne la composition des principaux engrais à l'état ordinaire, c'est-à-dire tels qu'on les trouve habituellement; c'est ce qu'on appelle *état normal*. Sous cet état, ils renferment une certaine proportion d'eau. Quand la substance a été desséchée à l'étuve, l'eau a disparu, le poids a diminué; on dit alors qu'elle est à l'*état sec*.

Lorsqu'on dessèche un engrais, la proportion des principes utiles qu'il renferme augmente. Exemple : soit un tourteau de lin qui renferme 6 pour 100 d'azote et 2,20 d'acide phosphorique à l'état normal. On le dessèche et on constate qu'il renfermait 15 pour 100 d'eau. Le poids de 100 kilogrammes est réduit à 85 kilogrammes. Dès lors, la richesse proportionnelle en azote et en acide phosphorique est modifiée comme il suit :

Pour l'azote : $\dfrac{x}{100} = \dfrac{6}{85}$, d'où $x = 7,06$.

Pour l'acide phosphorique : $\dfrac{x}{100} = \dfrac{2,50}{85}$, d'où $x = 2,70$.

La richesse d'un engrais est donc plus grande lorsqu'on la détermine à l'état sec que lorsqu'on l'établit à l'état normal.

L'achat des engrais commerciaux est une affaire extrêmement délicate. On a vu qu'on doit en apprécier le prix d'après leur composition en principes fertilisants, laquelle ne peut se déterminer que par des opérations chimiques. Or, les cultivateurs n'ont ni les connaissances, ni les appareils nécessaires pour exécuter ce travail. Il en résulte qu'ils doivent avoir recours à des chimistes pour déterminer la valeur des engrais qu'on leur propose. C'est pour répondre à ce besoin qu'ont été créés les laboratoires d'essais et les stations de recherches agronomiques. Il en existe aujourd'hui dans un grand nombre de départements.

Ces établissements exercent le contrôle du commerce des engrais. Voici comment ce contrôle se pratique.

Le cultivateur auquel un marchand propose des engrais, exige de ce marchand la garantie d'une richesse déterminée en principes fertilisants. Avant de prendre livraison de la marchandise, il en fait prélever un échantillon qu'il envoie au laboratoire d'essais. Si l'analyse exécutée dans ce laboratoire indique une composition conforme à la garantie, le cultivateur n'a plus qu'à accepter l'engrais. Si, au contraire, l'analyse constate une richesse plus faible, le cultivateur est en droit d'exiger une diminution de prix, et même, si la richesse est beaucoup plus faible que celle qui a été promise, de refuser l'engrais.

Avant la création des laboratoires d'essais, les cultivateurs ont été souvent les victimes de marchands peu scrupuleux qui leur vendaient, souvent à des prix très élevés, sous le nom d'engrais, des substances trop souvent presque inertes ou d'une valeur fertilisante minime. Ces tromperies sont devenues plus difficiles ; toutefois beaucoup de cultivateurs n'ont pas encore recours aux laboratoires, soit par ignorance, soit par un excès de confiance dont ils sont parfois les victimes.

Certains marchands d'engrais essayent toutefois de tromper la vigilance des laboratoires d'essais par une combinaison contre laquelle les cultivateurs doivent se mettre en garde. Ces marchands offrent la garantie de leurs engrais à l'état sec, c'est-à-dire après dessiccation complète et disparition de l'eau qu'ils renferment. C'est une manière d'induire en erreur sur la valeur réelle de ces engrais En effet, comme on l'a vu, la richesse d'un engrais est toujours plus grande à l'état sec qu'à l'état normal. Or, c'est toujours sous ce dernier état que les cultivateurs achètent les engrais et qu'ils s'en servent. C'est donc toujours et exclusivement sur les engrais à l'état normal qu'ils doivent exiger la garantie de la composition.

Une excellente méthode consiste, quand on fait emploi des engrais commerciaux, à acheter séparément les matières premières qui y entrent, et à faire le mélange de ces matières premières à la ferme. Par exemple, si l'on a besoin d'un engrais riche en azote et en acide phosphorique, au lieu d'acheter un engrais composé, on pourra acheter séparément du sulfate d'ammoniaque et du phosphate de chaux; on les mélangera en quantités variables d'après la proportion de chacun des principes que l'on veut obtenir dans l'engrais qu'il s'agit d'appliquer à une culture déterminée.

Le commerce des engrais a pris, depuis un quart de siècle, une grande extension; mais il est encore loin de répondre à tous les besoins de l'agriculture. D'énormes masses de matières fertilisantes sont perdues. C'est surtout dans les égouts des villes que les matières fertilisantes produites dans les grandes agglomérations humaines sont entraînées en pure perte; elles polluent le cours des rivières, au grand détriment de la conservation du poisson et de la salubrité publique, et elles vont se perdre ensuite dans la mer. Il en est de même des eaux vannes d'un grand nombre d'industries; elles empoisonnent des contrées entières, tandis qu'on pourrait les utiliser avec grand profit. Toute usine dans laquelle on traite des matières organiques donne, par ses résidus, de grandes quantités d'engrais, parfois très actifs, qu'on laisse perdre inutilement. Quand on saura les utiliser, on mettra à la disposition des cultivateurs des quantités d'engrais qui atteindront certainement le centuple des quantités disponibles aujourd'hui; le rendement des récoltes s'accroîtra en proportion. Bien plus, les quantités d'engrais disponibles étant devenues beaucoup plus considérables, le prix en diminuera; les cultivateurs seront moins arrêtés par les dépenses qu'entraîne aujourd'hui l'achat des engrais, et ils en emploieront des quantités plus considérables. Il ne faut pas oublier que la prospérité de l'agriculture est liée à un emploi général et constant des engrais commerciaux.

12ᵉ LEÇON

DÉFINITION ET ROLE DES IRRIGATIONS

Sommaire. — Objet des irrigations. — Avantages que l'on en retire. — Conditions nécessaires pour les irrigations. — Choix du terrain, qualités des eaux, droits sur les eaux. — Captation des eaux et mode d'emploi. — Canaux.

Résumé

Les irrigations ont pour objet de répandre sur les terres cultivées, à des époques déterminées, une certaine quantité d'eau. Le but de l'irrigation est double : fournir aux plantes l'eau qui leur est nécessaire pour croître et se développer, apporter au sol des matières fertilisantes. Ces matières sont dissoutes dans l'eau d'irrigation ou bien elles y sont tenues en suspension.

Les irrigations sont plus ou moins nécessaires, mais elles sont toujours utiles. Dans les climats secs, elles permettent d'obtenir des récoltes abondantes sur des sols qui, sans eau, sont soumis à une extrême sécheresse. Sous les autres climats, elles corrigent l'inégalité des saisons, et elles permettent de fournir de l'eau aux plantes aux époques où elles en ont le plus grand besoin. Dans toutes les circonstances, elles accroissent dans de fortes proportions le rendement des récoltes.

Les irrigations sont utiles surtout pour les plantes fourragères et pour les prairies, pour les légumes, pour les pépinières et certaines cultures arbustives. Dans le midi de la France, quand on a de l'eau en quantité suffisante et que le printemps a été sec, on soumet avec avantage à l'irrigation la plus grande partie des plantes cultivées. Les terres irriguées acquièrent toujours une plus-value importante sur les terres non irriguées.

Suivant la saison dans laquelle on les pratique, on distingue les irrigations d'hiver et les irrigations d'été. Les premières se font depuis le mois d'octobre jusqu'au printemps; les secondes, depuis le 1ᵉʳ avril jusqu'à la fin de septembre. Les irrigations d'hiver ont principalement pour objet d'apporter au sol des principes fertilisants renfermés dans les eaux; par les irrigations d'été, on se propose surtout de donner un stimulant à la production végétale.

Une irrigation peut se composer de plusieurs arrosages. On appelle *arrosage* l'opération qui consiste à faire couler l'eau sur le sol pendant un temps déterminé. Si cette opération est répétée plusieurs fois pendant la saison, l'irrigation comporte deux, trois, quatre arrosages.

Toutes les terres ne se prêtent pas aux irrigations. La première condition pour que l'irrigation soit possible, c'est que le sous-sol ne présente pas un excès de perméabilité; lorsque le sous-sol est extrêmement perméable, les eaux filtrent à travers la terre, et elles ne produisent pas les effets utiles que l'on en attend.

La deuxième condition est que le sol s'égoutte sans difficulté, c'est-à-dire que l'excédent d'eau qui n'a pas été utilisé par l'irrigation s'échappe rapidement dès que l'arrosage est achevé. Autant l'eau vive est utile à la régularité de la végétation, autant l'eau stagnante est contraire à la bonne venue des plantes. L'agriculteur qui irrigue doit se préoccuper d'assurer un bon écoulement des eaux qu'il a employées.

Les eaux qui servent aux irrigations ont des origines très diverses. On emploie : les eaux de source, les eaux de rivière, les eaux de puits, les eaux des usines, les eaux d'égout.

La qualité des eaux varie suivant leur origine. Les eaux de source et de puits sont parfois assez froides, surtout pour les irrigations d'été; on les réchauffe en les emmagasinant dans des réservoirs plus ou moins grands, où elles restent pendant quelque temps avant d'être dirigées sur les points où on les utilise. Certaines eaux peuvent renfermer des principes nuisibles à la végétation; il faut éviter de s'en servir; tel est le cas pour les eaux de quelques usines. On peut cependant en utiliser une partie, quand on peut neutraliser les substances délétères qu'elles renferment.

Capter les eaux, c'est en diriger le cours de manière à les conduire sur les points où on veut les utiliser. L'usage des eaux a été réglé par plusieurs lois dont les principales sont celles des 29 avril 1845, 11 juillet 1847, 10 juin 1854, 17 juillet 1856, 21 juin 1865. Les principaux points qu'elles ont consacrés, et qui avaient été déjà en partie du moins déterminées par le Code civil, sont les suivants :

Les eaux de source ou de puits artésiens, celles d'étangs, de pluies, appartiennent en toute propriété à celui sur le sol duquel elles jaillissent ou tombent. Les eaux des rivières ni navigables, ni flottables, donnent lieu à des droits d'usage et non à une propriété absolue ; on doit les rendre à la sortie du fonds, à leur cours ordinaire. Enfin, on ne peut se servir des eaux des rivières navigables et flottables qu'après en avoir obtenu la concession.

Pour capter les eaux de source, on les recueille dans des réservoirs, d'où on les dirige, par des rigoles, sur les points que l'on veut irriguer. C'est par la même méthode qu'on capte les eaux pluviales.

Les eaux des étangs sont utilisées en irrigation, au moyen de bondes ou de vannes qu'on manœuvre à volonté, pour diriger par des rigoles, sur les points convenables, les eaux sortant des étangs.

Les eaux des sources profondes ou des puits sont utilisées au moyen d'appareils élévatoires. Parmi ces appareils, les plus communément employés sont les pompes, les norias, les roues hydrauliques à auget, les rouets hydrauliques, les pompes centrifuges. Le choix, parmi ces engins, est déterminé par la quantité d'eau qu'il s'agit d'élever.

C'est au moyen de dérivations qu'on capte les eaux des rivières. Une dérivation est constituée par une coupure sur la berge de la rivière, de manière à diriger les eaux par une pente douce à la partie supérieure des terres qu'on veut irriguer. On forme ainsi une rivière artificielle, qui reçoit le nom de canal, lorsqu'elle a une certaine longueur et qu'elle est destinée à irriguer de grandes surfaces.

La construction et l'entretien des canaux d'irrigation constituent de grands travaux publics, exécutés soit par l'État, soit par des concessionnaires. L'administration de ces canaux est le plus souvent entre les mains des cultivateurs intéressés, qui forment pour cet objet des associations syndicales ou syndicats autorisés.

N. B. — Consulter : *Traité des Irrigations*, par Charpentier de Cossigny.

15ᵉ LEÇON

PRATIQUE DES IRRIGATIONS

Sommaire. — Préparation du terrain. — Exposé des divers systèmes d'irrigation. — Irrigation des prairies, des terres arables. — Submersion des vignes. — Colmatage.

Résumé

Les irrigations se pratiquent d'après des méthodes assez nombreuses. Quelle que soit celle que l'on adopte, on doit toujours faire sur le sol des travaux préparatoires propres à faciliter l'action de l'eau.

Ces travaux diffèrent suivant que le sol est plan ou qu'il est en pente.

La préparation d'un sol plan consiste à en niveler les parties plus hautes ou plus basses que l'ensemble de la pièce de terre, et à creuser les rigoles nécessaires. Ces rigoles se divisent en trois catégories : rigoles principales qui amènent l'eau à l'entrée de la pièce; rigoles secondaires, pour distribuer l'eau sur tous les points de la surface; et enfin rigoles d'égouttement ou rigoles de colature, destinées à l'évacuation de l'eau après l'arrosage. Ces rigoles sont creusées à la bêche ou à la charrue; on les entretient avec soin pour que l'eau y circule librement.

Sur les terrains en pente, on trace les rigoles en suivant autant que possible les lignes de même niveau sur le sol. Par cette méthode, les rigoles se superposent en quelque sorte les unes aux autres, depuis la partie la plus élevée où les eaux arrivent, jusqu'à la partie la plus basse où elles sont évacuées.

Toutes les méthodes d'irrigation peuvent être ramenées à deux types principaux : *l'irrigation par déversement*, et *l'irrigation par infiltration* ou imbibition.

Dans l'irrigation par déversement, on trace des rigoles de niveau à des distances plus ou moins grandes suivant la pente; la première rigole laisse couler l'eau qui la remplit, en une couche uniforme sur la partie de champ qui la sépare de la deuxième : on dirige ensuite l'eau dans cette deuxième rigole, et ainsi de suite jusqu'à l'extrémité de la surface à irriguer. La disposition des rigoles varie suivant les circonstances, et surtout suivant la forme que présente la surface. On prend le plus souvent ses dispositions pour qu'elles soient parallèles ou à peu près; lorsqu'on est obligé de les diriger en faisant partir les rigoles secondaires en forme d'éventail, on pratique l'irrigation par razes ou par épi. A l'irrigation par déversement, se rattache le système des irrigations par planches en ados; on dispose la surface en planches bombées, sur la crête desquelles on creuse des rigoles, de telle sorte que l'eau qui les remplit, coule uniformément des deux côtés de la planche.

Dans l'irrigation par infiltration ou imbibition, les rigoles secondaires qui partent des rigoles principales sont interrompues et l'eau n'en est pas déversée; elle s'infiltre dans le sol, qu'elle mouille plus ou moins profondément.

On peut, dans des circonstances spéciales, être obligé de modifier et de combiner ensemble ces divers systèmes, suivant la configuration du sol qu'on veut irriguer. Les procédés généralement adoptés pour l'irrigation des prairies sont ceux d'irrigation par déversement; dans les terres arables, au contraire, on applique de préférence l'irrigation par infiltration.

La quantité d'eau employée pour les irrigations varie dans de très grandes proportions, suivant qu'il s'agit d'irrigations d'hiver ou d'irrigations d'été, suivant le climat sous lequel on les pratique et enfin suivant la nature du sol.

Dans les irrigations d'hiver, où l'on répand généralement en une seule fois toute l'eau employée, la quantité nécessaire est, en moyenne, de dix mille mètres cubes par hectare; cette quantité est quelquefois plus que doublée, puisqu'elle atteint de vingt mille à vingt-cinq mille mètres cubes dans certaines circonstances.

Les irrigations d'été sont plus générales. Pour les prairies naturelles, la quantité d'eau employée, dans la plus grande partie de la France, est de quatre mille à cinq mille mètres cubes par hectare, lorsque le sous-sol est argileux, et de neuf mille à dix mille mètres cubes lorsque le sous-sol est perméable. Dans le midi de la France, la règle qui sert pour la distribution des eaux dans les canaux est fixée à un litre par seconde pendant six mois (du 1er avril au 50 septembre); cela correspond à 15550 mètres cubes. Pour les terres arables, on calcule qu'il faut moitié moins d'eau que pour les prairies; mais les jardins et les cultures maraîchères absorbent facilement trois fois plus d'eau.

Ce n'est pas en un seul arrosage que se distribue toute l'eau d'une irrigation d'été. Les arrosages sont plus ou moins nombreux suivant les cultures. Pour les prairies, ce nombre varie de six à vingt; dans les terres arables, surtout pour les cultures maraîchères, il est compris entre des limites plus grandes encore. Les caractères des saisons, suivant qu'elles sont plus ou moins sèches, influent aussi sur le nombre des arrosages. De ces variations résultent nécessairement de grandes différences dans les prix de revient des irrigations.

Aux irrigations, se rattachent la pratique de la submersion des vignes et celle du colmatage.

La *submersion des vignes* a pour objet de recouvrir le sol des vignes d'une couche d'eau permanente, pendant quarante-cinq à soixante jours, après les vendanges, afin de détruire les phylloxeras et leurs œufs sur les racines. La submersion est pratiquée aujourd'hui sur de grandes surfaces de vignes; pour qu'elle soit efficace, il faut que le sous-sol maintienne l'eau à la surface. L'eau est amenée par des canaux ou bien elle est élevée artificiellement; la quantité nécessaire est de huit mille à quinze mille mètres cubes par hectare, suivant la nature du sol.

Le *colmatage* a pour objet d'amener sur un sol pierreux des eaux limoneuses, qu'on y fait séjourner pour qu'elles déposent leur limon, qui forme une couche arable artificielle. La pratique du colmatage est peu répandue.

Application. — Indiquer les améliorations dont l'agriculture du département est susceptible, grâce à un bon aménagement des eaux.

14ᵉ LEÇON

ASSAINISSEMENT DES TERRES. — DRAINAGE

Sommaire. — Inconvénients des sols humides, stagnation des eaux. — Moyens propres à l'élimination des eaux. — Rigoles d'égouttement. – Drainage, travaux préparatoires et exécution. — Résultats du drainage.

Résumé

La surabondance de l'eau dans les terres cultivées en diminue considérablement la puissance productive, surtout lorsque cette eau est stagnante. L'air nécessaire aux fonctions vitales des racines ne circule pas dans le sol, la végétation languit dans une terre qui reste constamment froide. En outre, lorsque la quantité d'eau diminue un peu, les matières organiques que renferme le sol entrent en putréfaction, et dégagent des miasmes dont le principal effet est de causer une insalubrité constante dans la contrée.

La cause principale de la stagnation de l'eau dans la terre arable est l'imperméabilité du sous-sol, laquelle s'oppose à son écoulement dans les couches inférieures.

Les signes extérieurs qui indiquent l'excès d'eau dans le sol sont les suivants : après la pluie, le sol reste couvert de flaques d'eau plus ou moins larges qui ne disparaissent que lentement; si l'on creuse, on voit l'eau apparaître sur les parois du trou, et même en remplir le fond; la végétation spontanée se compose de joncs et d'autres plantes aquatiques ; sous l'action d'une longue sécheresse, de larges crevasses se forment à la surface.

Depuis des siècles, on s'est préoccupé des moyens de débarrasser les terres arables de l'excès d'humidité. La méthode adoptée primitivement, et qui est encore suivie dans beaucoup de circonstances, consiste à creuser, dans les parties les plus basses du terrain, des fossés d'écoulement pour les eaux, et à y faire aboutir des rigoles d'égouttement tracées sur le terrain.

Ce système présente l'inconvénient d'enlever à la production agricole une partie des terres.

Plus tard, on a placé au fond des fossés d'écoulement des fascines et de grosses pierres, et on les a comblés ensuite, en formant ainsi une sorte de canal souterrain pour servir à l'écoulement des eaux.

Depuis le premier quart du dix-neuvième siècle, on pratique le drainage proprement dit. Il consiste à former, dans le terrain, à une profondeur de un mètre à un mètre cinquante centimètres, une sorte de réseau de canaux souterrains aboutissant les uns aux autres, et recueillant les eaux qu'ils amènent à un collecteur souterrain ou à ciel ouvert. Ces canaux sont formés soit par des pierres plates, soit plus généralement par des tuyaux de terre cuite qu'on place bout à bout.

Le drainage comporte deux opérations principales : le tracé, et les travaux d'exécution.

Pour établir un plan de drainage, on procède d'abord au nivellement du sol, puis on détermine l'écartement et la direction des canaux souterrains ; on creuse ceux-ci de telle sorte qu'ils entraînent les eaux de la partie la plus haute à la partie la plus basse, et qu'ils les dirigent finalement dans le collecteur qui doit les entraîner au loin. L'établissement d'un plan de drainage est extrêmement important, car c'est de sa bonne conception que dépend l'efficacité de l'opération.

L'exécution des travaux de drainage a pour objet de réaliser le plan projeté. On trace sur le sol, avec des piquets, la direction des canaux souterrains, on creuse des tranchées aussi étroites que possible à la profondeur déterminée, on y dépose bout à bout les tuyaux, puis on comble la tranchée avec la terre qu'on en a enlevée. A l'intersection des canaux souterrains, on établit de temps en temps des regards, c'est-à-dire de petits puits verticaux, fermés par une pierre, par lesquels on peut surveiller l'écoulement des eaux et se rendre compte des obstructions qui surviendraient.

Le drainage est une opération qui coûte assez cher ; il revient à un prix plus ou moins élevé, suivant l'étendue sur laquelle on l'exécute à la fois ; mais comme il réalise une amélioration foncière importante et permanente, son exécution

Fig. 1. — Plan d'un drainage. Les lignes ponctuées indiquent les courbes d'égal niveau, et les lignes pleines montrent la direction des tuyaux de drainage. Le champ, d'une surface de 14 hectares environ, est divisé en plusieurs systèmes à raison des irrégularités de la surface ; toutes les eaux des drains arrivent en B, où elles peuvent être utilisées pour l'irrigation d'une prairie.

incombe au propriétaire, et non au fermier, à moins qu'un très long bail n'ait été consenti à celui-ci.

Les principaux résultats du drainage sont :

1° L'aération du sol, par suite de l'écoulement des eaux qui en obstruaient les couches, et de l'abaissement de la nappe d'eau souterraine au-dessous du réseau du drainage;

2° Le réchauffement du sol, qui devient plus sensible à l'action de la chaleur et des agents atmosphériques, et qui conserve beaucoup mieux la chaleur;

3° L'ameublissement du sol, que la présence de l'excès d'eau stagnante rendait compact, et par suite une action plus complète et plus rapide des engrais qu'on y dépose, conséquence de l'accroissement du pouvoir absorbant de la terre;

4° L'assainissement de la contrée, par la disparition des miasmes qui occasionnent des maladies pour l'homme et les animaux; les dessèchements opérés ainsi sur une grande échelle ont fait disparaître le caractère insalubre de contrées entières;

5° La plus-value du sol, dont la fertilité est assurée par le drainage.

En présence de ces avantages, il n'est pas surprenant que l'on se soit préoccupé des moyens propres à faciliter le drainage. La loi du 10 juin 1854 a créé des servitudes spéciales; un propriétaire est obligé de recevoir et de laisser passer les eaux de drainage d'un terrain supérieur. La loi du 28 mai 1858 a décidé que des prêts pouvaient être consentis par l'État pour l'exécution de ces travaux. Des avantages ont été créés, en outre, en faveur des syndicats de propriétaires formés pour l'exécution des travaux de drainage.

Applications. — 1° Donner un modèle de plan de drainage.

2° Indiquer les améliorations dont le département est susceptible sous le rapport du drainage.

N. B. — Consulter : *Traité du Drainage*, par Barral.

15ᵉ LEÇON

DES LABOURS

Sommaire. — Définition, conditions d'un bon labour. — Diverses sortes de labours. — Labours en billons, en planches, à plat. — Labours profonds et labours ordinaires. — Labours de défoncement, défrichements.

Résumé

Les labours sont des travaux qui ont pour objet principal de briser la couche arable, et de l'émietter ou de l'ameublir, c'est-à-dire de la réduire en mottes plus ou moins grosses.

Le but de ce travail est de préparer un sol favorable au développement des plantes cultivées, et parfois d'incorporer à la terre les engrais nécessaires à une bonne végétation.

La terre labourée est plus accessible à l'action des météores; elle est plus facilement pénétrée par l'air, l'eau, la chaleur. Elle est dans les conditions les plus propices pour la germination des graines; elle n'oppose pas d'obstacles à la croissance des racines, les principes utiles qu'elle renferme sont mis directement à la portée des plantes. Les mauvaises herbes sont détruites par le labour.

Les conditions d'un bon labour sont les suivantes :

La bande de terre atteinte par l'instrument de labour est remuée, de telle sorte que la partie qui formait la surface se trouve enfouie, et réciproquement que la partie inférieure vienne à la surface; la bande de terre est ainsi complètement retournée.

Le labour est fait à une époque telle que la terre reste ensuite en repos pendant quelque temps avant d'être travaillée de nouveau. Pendant ce temps, les météores exercent leur action sur la bande de terre retournée; les diverses parties se modifient, et l'action ultérieure des instruments de culture est plus efficace.

On doit étudier les labours, d'une part sous le rapport de la forme qu'ils donnent à la surface du champ, d'autre part sous le rapport de la profondeur à laquelle ils attaquent la terre arable.

Dans le premier cas, on distingue les labours à plat, les labours en planches et les labours en billons.

Les labours à plat sont ceux dans lesquels la surface du champ reste nivelée après ce travail. On obtient ce résultat en conduisant les instruments, de telle sorte que toutes les bandes de terre soient retournées toujours dans le même sens, chaque bande prenant la place de celle qui a été précédemment enlevée.

Dans les labours en planches, le sol est partagé en longues bandes bombées plus ou moins larges, séparées par une sorte de rigole. On obtient ce résultat, en retournant les bandes de terre du même côté, à droite et à gauche de la ligne qui forme le milieu de la planche.

Les labours en billons sont ceux dans lesquels les bandes de terre sont rejetées alternativement de droite à gauche et de gauche à droite. Deux bandes de terre sont ainsi juxtaposées, et elles forment le billon. Les billons sont séparés les uns des autres par des rigoles dont la profondeur est égale à celle des labours.

Les labours à plat et les labours en planches sont généralement adoptés pour les terres franches, bien assainies; ceux en billons sont réservés aux terres froides et argileuses, où l'excès d'eau est à craindre. Il n'y a d'exception que pour certaines cultures qui exigent une disposition spéciale du sol Les deux premières sortes de labours sont les plus propices pour l'usage des instruments perfectionnés inventés pour la culture des diverses plantes.

Sous le rapport de la profondeur qu'on leur donne, les labours sont dit superficiels, ordinaires ou profonds.

Les labours superficiels sont ceux dans lesquels on ne dépasse pas une profondeur de 10 centimètres. Les circonstances dans lesquelles on exécute ces labours sont les suivantes : pour enlever les chaumes après les récoltes des céréales, pour détruire les mauvaises herbes, pour recouvrir des graines confiées au sol, pour enfouir des engrais pulvérulents.

Dans les labours ordinaires, on atteint une profondeur de 15 à 20 centimètres. Ces labours constituent le travail le plus usuel du cultivateur. On les pratique après chaque récolte, pour préparer la terre à recevoir une nouvelle semence. Le nombre de ces labours varie suivant la nature du sol et suivant les plantes que l'on veut cultiver.

Les labours profonds sont ceux qui descendent à plus de 20 centimètres. Le but de ces labours est d'augmenter l'épaisseur de la terre arable, et d'accroître ainsi l'étendue dans laquelle les racines des plantes cultivées peuvent se développer avec facilité. Ces labours sont de la plus grande importance pour augmenter la puissance de production du sol.

Lorsque le labour atteint et même dépasse une profondeur de 50 centimètres, on dit que c'est un labour de défoncement. On ne peut l'exécuter le plus souvent que par un double travail, c'est-à-dire par une succession de deux labours dont le deuxième attaque la couche à laquelle le premier s'est arrêté. Dans le labour de défoncement, on atteint le plus souvent le sous-sol. Suivant la nature du sous-sol, on retourne la bande de terre tout entière, ou bien on attaque le sous-sol sans le ramener à la surface. On a recours à ce deuxième procédé, lorsque la nature du sous-sol est telle que son mélange avec la couche arable soit de nature à diminuer la qualité de celle-ci. Dans les autres circonstances, on peut mélanger sans inconvénient la partie attaquée du sous-sol avec la couche arable.

Les labours de défrichements sont ceux qui ont pour objet de transformer une terre inculte en champ cultivé. Ces labours présentent des difficultés spéciales, parce qu'il faut débarrasser la surface des broussailles, des souches d'arbres, des pierres qui parfois les recouvrent. Ces labours sont ceux qui exigent la plus grande quantité de travail.

16ᵉ LEÇON

INSTRUMENTS DE LABOUR

ᴇᴅ. .   ᵉ. — Instruments à main : bêches, pioches, houes. — Instruments à traction animale. — Qualités que doivent avoir ces instruments. — Araires, charrues, fouilleuses. — Charrues bisocs et polysocs. — Instruments du labourage à la vapeur.

Résumé

Les labours s'exécutent à bras ou avec des instruments mus par des animaux. Les appareils employés diffèrent naturellement dans les deux cas.

Pour les labours à bras, on se sert de la bêche, de la houe ou de la pioche.

La bêche sert surtout dans les terres meubles et faciles à travailler; pour les défoncements et dans les terres pierreuses, on se sert surtout de la pioche; pour les labours superficiels, on emploie la houe. La forme de ces divers outils varie suivant les contrées.

La charrue est l'instrument de labour traîné par les animaux. Le type de la charrue moderne perfectionnée est la charrue Dombasle. Elle se compose d'un bâti ou age sur lequel sont fixées plusieurs pièces : le coutre, le soc, le sep, le versoir.

L'age est une pièce horizontale, en bois et en fer, qui se termine à sa partie postérieure par deux manches ou mancherons servant au laboureur pour diriger la charrue, et à sa partie antérieure par le régulateur. Ce régulateur est une petite pièce verticale, munie de crans, à laquelle on attache le crochet d'attelage; en faisant glisser cette pièce dans une mortaise, on abaisse ou on élève la ligne de tirage, suivant que l'on doit labourer plus ou moins profondément.

Le coutre est un couteau vertical fixé sur l'age; il coupe verticalement la bande de terre qu'attaque la charrue.

Derrière le coutre est le soc. C'est un couteau placé horizontalement sous l'age, auquel il est fixé par un talon; il entre dans le sol, et il détache par le dessous, quand la charrue travaille, une bande de terre égale à sa largeur.

Au soc se rattache le sep, pièce en bois muni de fer, ou en fer, placée derrière le soc, et qui glisse au fond du sillon, en appuyant dessus. Cette pièce sert à assurer l'équilibre de la charrue.

Enfin le versoir est une pièce métallique, qui accompagne le soc, et dont la surface est recourbée de manière à rejeter sur le côté, en la retournant, la bande de terre détachée par l'action du soc et du coutre.

Lorsque la charrue n'est pas garnie de roues, c'est une charrue simple ou araire. Lorsqu'elle est munie d'une paire de

Fig. 2. — Modèle de charrue simple.

roues, c'est une charrue à avant-train. L'avant-train est formé par deux roues montées sur un essieu. L'extrémité antérieure de l'age est fixée à l'essieu, et c'est sur l'essieu qu'est adapté le régulateur qui reçoit alors une forme spéciale.

La valeur d'une charrue dépend de la disposition du coutre et du soc, et de la forme donnée au versoir. Une bonne charrue est celle dans laquelle ces pièces sont combinées de manière à vaincre la résistance du sol avec le moins de force possible. La ligne du tirage doit être telle que le soc soit maintenu dans une position absolument horizontale. Son poids n'exerce pas une grande influence sur le tirage de la charrue; il ne représente jamais qu'une faible portion de la résistance opposée par la terre au travail de l'instrument. Les charrues à avant-train dépensent généralement plus de tirage que les charrues simples ou araires.

On construit un grand nombre de modèles de charrues qui diffèrent par leurs dimensions et leur solidité. On distingue généralement les charrues pour labours légers, les charrues pour labours ordinaires, les charrues pour labours profonds, les charrues de défoncement.

En outre, diverses modifications ont été apportées au type ordinaire de la charrue. On a obtenu ainsi la charrue tourne-oreilles, la charrue brabant double, la charrue fouilleuse, la charrue bisoc, la charrue trisoc. On construit aussi des charrues appropriées à des cultures spéciales; telles sont la charrue vigneronne, la charrue forestière, etc.

La charrue tourne-oreilles est une charrue dans laquelle le soc, le sep et le versoir sont reliés à une pièce unique qui les rattache à l'age; cette pièce est mobile, de telle sorte qu'on peut faire basculer le tout autour de l'age à l'extrémité de chaque sillon. La charrue verse ainsi la terre toujours dans le même sens, en allant et en revenant d'une extrémité du champ à l'autre.

La charrue brabant double est formée par deux corps de charrue fixés l'un au-dessus de l'autre, et portés par un age commun. En faisant tourner l'age, on peut faire travailler tantôt l'un, tantôt l'autre de ces corps; on obtient le même résultat qu'avec la charrue tourne-oreilles.

La charrue fouilleuse est une charrue sans versoir, dont le soc présente la forme d'un coin allongé. Le soc pénètre dans la terre, qu'il ameublit sans la retourner. La charrue fouilleuse, qu'on appelle aussi charrue à sous-sol, sert principalement pour approfondir les labours, en marchant derrière la charrue dans le sillon qu'elle a creusé (voir la 15ᵉ leçon, page 55). On l'emploie surtout quand on veut ameublir le sous-sol sans le mélanger à la terre arable.

La charrue bisoc est formée par deux corps de charrue montés parallèlement sur un bâti qui remplace l'age. Elle ouvre deux sillons à la fois; on l'emploie surtout pour les labours légers, qu'elle permet d'exécuter plus rapidement. On construit aussi des charrues à trois socs ou charrues trisocs.

Pour le labourage à vapeur, on emploie surtout des charrues à bascule. Ce sont des charrues polysocs basculant autour d'un bâti central. On les fait marcher alternativement sous l'action de câbles qui s'enroulent et se déroulent sur des tambours dont sont munies les machines à vapeur.

Applications. — Indiquer les principales améliorations que l'on peut apporter à l'outillage adopté, dans le département, pour les labours.

17ᵉ LEÇON

LES MOTEURS AGRICOLES

Sommaire. — Définitions, moteurs employés aux labours. — Travail du mulet, du cheval, du bœuf. — Moteurs inanimés, vapeur, électricité. — Comparaison des prix de revient.

Résumé

Les moteurs employés pour les labours sont animés ou inanimés.

Les moteurs animés sont les bêtes de trait : chevaux, ânes, mulets, bœufs et vaches.

L'emploi de telle ou telle catégorie d'animaux dépend des circonstances au milieu desquelles le cultivateur exerce son industrie. En général, il n'a pas avantage à user complètement les animaux de trait à son service ; il s'en sert tant que leur valeur se maintient ou augmente, et il les remplace avant que cette valeur commence à diminuer. La meilleure bête de trait est celle dont l'énergie lui permet de dépenser, à un moment donné, un maximum d'effet, au meilleur marché possible.

C'est surtout d'après le climat et d'après l'organisation de son système de culture que le cultivateur doit choisir les bêtes de trait qu'il emploie. Ainsi, dans le midi de la France, le mulet est précieux à cause de sa résistance aux grandes chaleurs, de sa rusticité, de sa sobriété et de l'économie avec laquelle on peut le nourrir.

L'âne et la vache sont surtout les bêtes de trait de la petite culture.

Le bœuf sert d'une part dans les pays d'élevage, d'autre part dans les régions où les industries agricoles laissent de grandes quantités de résidus que les chevaux ne peuvent pas consommer, par exemple des pulpes de sucrerie, de distillerie, etc. Le bœuf doit toujours finir par la boucherie; en conséquence, on doit limiter le travail qu'on lui demande au temps pendant lequel il peut gagner du poids. Le bœuf est précieux par sa solidité, sa ténacité, son adresse dans les chemins ou dans les terres difficiles.

Le cheval est essentiellement bête de trait. Suivant sa constitution et son poids, on dit qu'il est cheval de trait léger ou cheval de gros trait. Le cheval est d'allure plus rapide que les autres bêtes de trait; le bœuf ne marche qu'au pas, tandis que le cheval peut traîner des fardeaux au trot.

Suivant les diverses catégories de bêtes de trait qu'on emploie on obtient des résultats très variés.

Un bon cheval de trait peut travailler pendant dix heures à la vitesse de $0^m,90$ à 1 mètre par seconde, avec un effort de traction compris entre 30 et 50 kilogrammes, suivant qu'il est de trait léger ou de gros trait. Il résulte d'expériences faites avec soin qu'un cheval du poids de 320 kilogrammes, travaillant à des labours profonds, à la vitesse de $0^m,46$ par seconde, et avec un effort de traction de 98 kilogrammes, développe en dix heures un travail mécanique équivalent à 1 622 880 kilogrammètres.

Un mulet attelé peut faire de 50 à 80 kilomètres par jour, suivant l'allure. Un mulet du poids de 340 kilogrammes, travaillant à des labours d'ensemencement, à la vitesse de $0^m,95$ par seconde, avec un effort de tirage de 53 kilogrammes, développe en dix heures un travail mécanique égal à 1 812 600 kilogrammètres.

Le bœuf attelé marche généralement à la vitesse de $0^m,75$ à $0^m,95$ par seconde; l'allure de la vache est un peu plus rapied, et peut atteindre $1^m,15$. L'effort de traction dépend du

poids de l'animal ; il est environ de 50 kilogrammes pour un
bœuf de taille moyenne marchant au pas. Pour la vache, l'effort
de traction est égal aux deux tiers de celui que donne le bœuf
de même poids. Un bœuf, attelé à la charrue, produit en
moyenne 1 500 000 kilogrammètres de travail par jour. Un
bœuf traînant sur une bonne route une charge de 1500 kilogrammes, à la vitesse de 0ᵐ,84 par seconde, développe un
effort de traction de 49 kilogrammes, et produit, en dix heures,
un travail mécanique de 1 485 360 kilogrammètres.

La force de la vapeur est le principal moteur inanimé employé au labour. Quelques expériences ont été faites également,
non sans succès, pour utiliser la transformation de l'électricité
en travail mécanique. Le vent et l'eau sont aussi employés
comme moteurs, dans des circonstances déterminées.

Le cheval-vapeur est l'unité adoptée pour évaluer la puissance
motrice des machines à vapeur et en général de tous les moteurs inanimés. Cette unité représente la force nécessaire pour
lever par seconde un poids de 75 kilogrammes à la hauteur d'un
mètre. On dit : une machine de 4 chevaux, de 10 chevaux, etc.

La principale différence entre les moteurs animés et les moteurs inanimés est que les premiers ne peuvent pas travailler
sans discontinuité. Le travail entraîne chez eux une perte de
forces qui ne se répare que par un repos plus ou moins prolongé. A durée égale, le moteur animé peut donner autant de
travail que le cheval-vapeur, à la condition qu'il reçoive une alimentation en rapport avec le travail qu'on lui demande.

L'agriculteur doit s'organiser pour faire travailler ses moteurs
animés dans des conditions telles que les frais d'entretien soient
couverts par l'accroissement de valeur des animaux. Dans ces
conditions, le travail qu'ils produisent coûte le plus souvent
moins cher que le travail des machines. Il n'y a d'avantage, en
faveur de ces dernières, que lorsqu'il s'agit de produire un travail considérable en peu de temps et à intervalles éloignés, par
exemple dans le battage des grains, l'élévation de l'eau pour les
irrigations, etc.

18ᵉ LEÇON

AMEUBLISSEMENT DE LA COUCHE ARABLE

Sommaire. — Objet de l'ameublissement du sol. — Instruments employés. — Herses, rouleaux. — Scarificateur, extirpateur.

Résumé

En retournant la couche arable, la charrue brise la terre en mottes assez grosses, surtout lorsque la terre est argileuse. Après qu'elles ont été exposées pendant quelque temps aux agents atmosphériques, ces mottes se désagrègent ou se délitent peu à peu; mais cet effet se produit lertement, et le cultivateur ne pourrait pas confier, en temps utile, la semence à la terre, s'il ne hâtait, par un travail spécial, l'émiettement ou l'ameublissement du sol.

Ce travail s'exécute avec les herses et les rouleaux.

Une *herse* est un instrument formé par un châssis muni de dents droites ou recourbées qui brisent les mottes de terre, quand on traîne la herse sur le sol. — La herse sert aussi à extirper les mauvaises herbes, à enlever les cailloux et les pierres, à recouvrir la semence jetée sur le sol.

Les dents de la herse sont disposées sur le bâti, de manière à tracer des raies parallèles, chaque dent traçant une raie indépendante des autres. On les espace de sorte qu'elles ne puissent pas s'engorger.

Les anciennes herses sont constituées par des bâtis triangulaires, avec dents en bois, qu'on attelait par un des angles. La plupart des herses modernes sont formées par des bâtis quadrangulaires, en bois ou en fer, mais avec des dents en fer.

La herse de Valcourt est le type de la herse à bâti quadrangulaire en bois avec des traverses parallèles aux côtés du bâti. Le bâti porte, en dessus, deux traverses obliques qui servent de traîneau pour conduire l'instrument dans les champs. Elles sont munies généralement de 20 à 28 dents. Une chaîne fixée au bâti sert à atteler. On peut accoupler ensemble plusieurs herses, par des anneaux, et constituer ainsi ce qu'on appelle un jeu de herses.

Il existe plusieurs types de herses à bâti en fer : herses parallélogrammiques, herses en zigzag, herses à chaînons.

Les herses parallélogrammiques sont constituées par un bâti dont toutes les pièces sont boulonnées, de manière à constituer un ensemble rigide. Les dents sont fixées à des traverses parallèles aux côtés du bâti, comme dans la herse à bâti en bois.

Les herses en zigzag ou herses articulées sont formées par des châssis en fer, portant généralement vingt dents, indépendants les uns des autres, mais reliés à une seule barre d'attelage, et réunis par des chaînes à leur extrémité postérieure. La herse ordinaire se compose de trois châssis; les grandes herses en comptent un plus grand nombre. Grâce à leur mobilité, les châssis peuvent suivre les inégalités du sol. On construit des herses articulées spéciales pour les champs en billons.

Les herses à chaînons ou herses flexibles sont formées par des maillons en fer sur lesquels sont fondues des dents triangulaires formant des trépieds dont les extrémités portent sur le sol. Ces herses ont une très grande mobilité et peuvent fonctionner avantageusement dans les terrains les plus accidentés.

On construit des herses plus ou moins puissantes. Leur action dépend de leur poids, qui varie depuis 40 jusqu'à 150 kilogrammes. La traction qu'elles exigent croît en raison de leur poids.

Les *rouleaux* sont des cylindres unis ou garnis d'aspérités, qu'on traîne sur la terre labourée pour en aplanir la surface. Le mouvement de traction fait tourner les rouleaux sur leur axe.

L'action des rouleaux dépend à la fois de leur forme et de leur poids. Pour émietter la surface du sol, on emploie généralement des rouleaux constitués par un certain nombre de disques en fer, à dents saillantes, montées sur le même axe. Ces rouleaux, qu'on appelle rouleaux Crosskill, agissent à la fois par leur poids et par leurs dents.

Les rouleaux à disques indépendants non garnis de dents, sont appelés rouleaux squelettes articulés. L'action de ces rouleaux est moins énergique pour briser les mottes que celle des rouleaux à disques dentés ; mais elle est la même, à poids égal, pour tasser le sol.

Les rouleaux métalliques, creux, en fonte, d'une seule pièce dans toute leur longueur, sont appelés rouleaux plombeurs. On s'en sert surtout pour travailler sur les terres de faible ténacité. Lorsqu'ils sont d'une assez grande longueur, on peut les diviser en deux ou trois segments. Les rouleaux plombeurs agissent principalement par leur poids pour tasser le sol et en niveler la surface.

Les *scarificateurs, extirpateurs, cultivateurs*, sont des instruments à peu près semblables ; ils sont généralement constitués par un bâti en fer monté sur deux ou trois roues, et portant un certain nombre de petits socs ou de couteaux, qui agissent sur la couche superficielle du sol.

Ces instruments ne peuvent pas se suppléer mutuellement, mais le même bâti peut porter alternativement des pieds de rechange. par lesquels on transforme l'instrument à volonté en extirpateur ou en scarificateur.

L'extirpateur porte des socs plats et plus ou moins larges, de forme triangulaire ou en fer de lance. Un levier articulé qui agit sur les tiges de ces socs, permet d'en modifier l'entrure dans le sol. Cet instrument sert principalement pour les labours de déchaumage, destinés à la destruction des mauvaises herbes.

Le scarificateur porte, au lieu de socs, des coutres un peu recourbés en avant et terminés en pointe. Cet instrument, qui pénètre dans le sol plus profondément que le précédent, et qui sert à diviser la couche arable, est employé surtout pour exécuter des labours de jachères, ainsi que les labours légers qui précèdent les semailles.

19e LEÇON

ETUDE GÉNÉRALE DES PLANTES CULTIVÉES

Sommaire. — Rôle des plantes cultivées. — Composition des végétaux : matières organiques, matières minérales. — Origine des matières minérales et des matières organiques. — Conditions du développement des végétaux. — Choix des plantes à cultiver. — Amélioration des plantes cultivées, méthodes à suivre.

Développement

C'est par la culture de plantes déterminées, utiles pour les produits qu'on en extrait, que l'agriculteur tire parti du sol sur lequel il exerce son industrie.

On peut considérer la plante comme l'outil au moyen duquel l'agriculteur utilise les forces de la nature, pour la production de matières utiles à l'homme. Ces forces, qui agissent indépendamment de la volonté humaine, parfois inconstantes, presque toujours irrégulières, dépassent dans des proportions énormes celles que l'homme lui-même dépense. Les travaux de culture nécessaires sur un hectare de terre pendant une année, pour quelque plante que ce soit, exigent rarement une trentaine de journées de cheval; pendant ce temps, le soleil déverse, sur la même surface, une somme de chaleur dont l'équivalent représente, d'après les calculs les plus rigoureux, le travail de 4400 chevaux-vapeur durant une année. La plante est donc bien plutôt le résultat de l'action des forces naturelles que celui du travail de l'homme. Néanmoins, pour qu'elle utilise avantageusement les forces naturelles, qu'elle en tire le plus grand profit, il est indispensable que le travail de l'homme intervienne. Afin de mettre en relief les conditions dans lesquelles celui-ci peut exercer l'effet le plus utile, il est nécessaire de connaître la composition des végétaux, de savoir comment la plante naît et se développe.

La plante naît de la germination d'une graine.

Dans la germination, sous l'influence de l'air, de l'eau et de la chaleur, l'embryon se développe, d'abord en consommant une réserve de principes utiles que la graine renferme toujours, ensuite en empruntant ces principes au sol dans lequel les racines s'étendent, à l'atmosphère dans laquelle les premiers bourgeons s'épanouissent. C'est par ce merveilleux travail, dont le secret nous échappe, qui est la conséquence de la vie végétale, que les tissus des plantes se développent; la tige sort de terre, émet des feuilles, des rameaux, des fleurs, des fruits, etc. Bien plus, avec les mêmes matières premières puisées dans le même sol, des plantes de nature différente ne se développent pas de la même manière, ne donnent pas les mêmes produits. Néanmoins, la composition de tous les végétaux présente des caractères analogues, dont on doit bien déterminer la nature.

Prenons une plante quelconque; après l'avoir pesée, soumettons-la à l'action du feu. La plante sera brûlée et convertie en cendres, dont le poids ne représente qu'une fraction du poids initial de la plante.

Les cendres constituent la partie minérale du végétal; les éléments disparus en forment ce qu'on appelle la partie organique. Dans l'une comme dans l'autre, l'analyse chimique retrouve toujours les mêmes principes, quelle que soit la plante que l'on étudie. Ces principes sont les suivants :

Dans la matière organique : l'oxygène, l'hydrogène, le carbone et l'azote ;

Dans la matière minérale, les mêmes principes, et en outre, le phosphore, le potassium, le calcium, le soufre, le sodium, le chlore, le fer, le magnésium, le manganèse, le silicium.

Ainsi tout végétal se compose exclusivement des combinaisons de quatorze corps simples : quatre, que l'on appelle organiques, parce qu'on n'en rencontre les combinaisons ternaires ou quaternaires que dans les corps organisés; dix, que l'on appelle minéraux, parce qu'ils proviennent uniquement du sol. Les combinaisons que ces corps forment entre eux dans les végétaux sont très nombreuses; elles ne sont pas toujours les mêmes dans tous les végétaux; bien plus, on en rencontre, dans la plupart des espèces de plantes, qui sont spéciales à chacune de ces espèces.

C'est par leurs organes extérieurs que les plantes puisent au dehors les éléments dont elles ont besoin pour vivre et se développer. Les principes minéraux pénètrent dans la plante exclusivement par les racines ; c'est dans le sol que les racines les trouvent ; elles absorbent ceux qui leur sont utiles, par l'effet d'une action vitale qui est spéciale à ces organes. Quant aux principes organiques, leur origine est plus variée. Par la respiration des organes aériens, les plantes décomposent l'acide carbonique de l'air et en absorbent le carbone ; l'eau (composé d'hydrogène et d'oxygène) entre dans leurs tissus par les racines, de même que les principes azotés. A diverses reprises, on a émis l'opinion que les plantes absorbent directement, par leurs feuilles, l'azote de l'air ; mais cette théorie a été détruite par les expériences directes, d'où il est résulté que cette absorption n'existe réellement pas.

Si tous les végétaux puisent aux mêmes sources les principes nécessaires à leur développement, tous ne les utilisent pas dans les mêmes conditions. Pour certaines espèces, une grande somme de chaleur est nécessaire, pour d'autres au contraire il en faut moins.

En ce qui concerne l'eau, des faits analogues se présentent : suivant les espèces, les plantes ont besoin d'une quantité variable d'eau pour pousser et pour arriver à maturité. D'une manière générale, on peut dire que chaque plante doit trouver, pour un développement normal, régulier et complet, les conditions spéciales du climat approprié aux besoins de son espèce.

La bonne venue d'une plante dans un canton dépend donc de cette première condition qu'elle y trouve le climat qui lui est propre. Il existe pour chaque plante une limite météorologique qu'elle ne peut pas dépasser : cette limite, souvent mal définie jusqu'ici, dépend de la chaleur des étés, de la rigueur des hivers, de l'état plus ou moins humide de la terre et de l'air. D'autres éléments d'un caractère moins général contribuent encore à caractériser un climat : telles sont la direction et la violence des vents, l'irrégularité dans la marche des saisons, la fréquence des orages, etc.

Ces lois régissent aussi bien la culture des plantes que la végétation spontanée. On ne peut faire pousser une plante hors du climat qui lui convient, qu'en créant autour d'elle, par des procédés spéciaux, un climat artificiel permanent dans lequel elle se développe. Tel est le rôle des abris, des serres, etc.

C'est généralement avec la latitude des lieux que les climats varient. On peut, par l'observation, déterminer ainsi l'étendue des régions dans lesquelles telles ou telles plantes peuvent croître et se multiplier. Des régions agricoles ont été formées de cette manière. Mais on ne doit pas tenir compte seulement de la latitude; il faut envisager aussi l'altitude, c'est-à-dire la hauteur au-dessus du niveau des mers. L'altitude d'un lieu en modifie le climat très sensiblement; on a calculé que, en France, une altitude de 173 mètres diminue en moyenne les températures annuelles de 1 degré, comparativement aux points de même latitude situés au niveau moyen des mers. D'autre part, le voisinage de la mer rend un climat plus doux, et équivaut à un rapprochement vers le midi; tandis que le voisinage des montagnes rend le climat plus âpre, même sur des points relativement peu élevés. A mesure qu'on s'élève sur les hautes montagnes, on trouve une succession de climats analogues à celle que l'on rencontre, en s'éloignant de l'équateur vers les pôles.

Pour exercer la profession d'agriculteur avec profit sur un point quelconque, on doit donc en bien connaître le climat, afin de ne rien demander au sol qu'il ne puisse produire avec avantage. Chaque région doit et peut donner des produits qui lui sont spéciaux, dans les meilleures conditions. La production y est à la fois plus assurée et moins coûteuse. S'obstiner à vouloir cultiver des plantes non appropriées à un climat, c'est se placer, de gaieté de cœur, dans des conditions défavorables vis-à-vis des concurrents qui cultivent ces plantes sous le climat qui leur convient. L'agriculture ayant pour principal objet de tirer le plus grand profit possible du sol, le premier devoir du cultivateur est de mettre les saisons de son côté.

Sous le rapport du climat, la France est répartie entre trois grandes régions, caractérisées chacune par une plante qui y donne son maximum d'effet utile. Ces régions sont, en allant du midi au nord : la région de l'olivier, la région de la vigne, la région des herbages et des céréales du nord.

La *région de l'olivier* est celle dans laquelle cet arbre mûrit ses fruits. Elle comprend les départements des Alpes-Maritimes, de l'Ardèche, de l'Aude, des Bouches-du-Rhône, de la Corse, de l'Aveyron, de la Drôme, du Gard, de l'Hérault, de l'Isère, des Pyrénées-Orientales, du Var et de Vaucluse. Tous ces départements n'appartiennent pas en entier à la région de l'olivier : cet arbre, en effet, disparaît dans les parties hautes des départements de l'Aveyron et de l'Isère; c'est la démonstration de l'influence de l'altitude sur le climat.

La *région de la vigne* commence au point où s'arrête la culture de l'olivier, et elle s'étend jusqu'à la limite septentrionale au delà de laquelle le raisin ne mûrit plus qu'irrégulièrement. Cette limite est déterminée par une ligne sinueuse qui, partant de l'embouchure de la Loire, se dirigerait vers le Rhin, en passant un peu au nord de Paris. La région de la vigne comprend donc la plus grande partie des départements français; toutefois, quelques parties de ces départements, à raison de leur altitude, ne peuvent pas avantageusement produire la vigne.

La troisième région est celle des herbages et des céréales du Nord; elle s'étend au-dessus de la limite de la culture de la vigne, jusqu'à la frontière septentrionale du pays. Elle comprend dix-neuf départements : Aisne, Ardennes, Calvados, Côtes-du-Nord, Eure, Eure-et-Loir, Finistère, Ille-et-Vilaine, Manche, Mayenne, Morbihan, Nord, Oise, Orne, Pas-de-Calais, Sarthe, Seine-et-Oise, Seine-Inférieure, Somme. Quelques points de ces départements, mais peu étendus, sont encore favorables à la production de la vigne. Les pâturages dominent sur le littoral de l'Océan; les terres arables, consacrées surtout à la culture des céréales, occupent principalement l'intérieur du pays.

A côté du climat, un dernier élément entre en ligne : c'est la nature du terrain. Les diverses natures de terres sont diversement aptes à la production des plantes agricoles. La végétation spontanée d'une part, l'étude géologique d'autre part, donnent à cet égard des indications dont il est nécessaire de tenir compte.

Les conditions de climat et de nature du sol étant bien déterminées, quels principes le cultivateur doit-il suivre pour obtenir, dans un cas spécial, les produits 1 plus avantageux?

Ces principes se réduisent à deux : 1° élever la puissance productive de la plante; — 2° la placer dans les conditions les plus propres à lui permettre de donner tout son effet utile.

Élever la puissance productive d'une plante est un travail long et difficile. La plupart des plantes cultivées, quand elles croissent à l'état spontanée ou à l'état sauvage, comme on dit vulgairement, sont loin de donner les produits abondants et de bonne qualité. C'est par la culture, par la sélection des graines, que l'homme est parvenu à créer les variétés qui répondent à ses besoins. Prenons un exemple : Théophraste a décrit autrefois trois variétés de chou ; plus tard, Pline en connaissait six ; au commencement de notre siècle, Pyrame de Condolle en comptait trente environ ; aujourd'hui ce dernier nombre est bien dépassé.

Toutes les variétés d'une même espèce végétale ne possèdent pas les mêmes qualités. Les efforts des agriculteurs ont eu pour but de créer, dans les différentes espèces de plantes cultivées, des variétés qui présentent et qui perpétuent des caractères spéciaux. C'est par des semis successifs de graines provenant de sujets qui possèdent à un haut degré le caractère recherché que l'on peut fixer ainsi les races. La faculté que possède une plante de transmettre à sa descendance ses caractères propres, varie dans de très-grandes proportions ; quelquefois une variété peut arriver du premier coup à l'état de race constante, d'autres fois il faut poursuivre les essais pendant un grand nombre de générations pour arriver au même résultat.

Outre la sélection des graines, on peut employer, pour la création de nouvelles variétés, l'hybridation de deux races déjà fixées. C'est un procédé qui a été adopté par les jardiniers, dans un grand nombre de circonstances. Dans ce cas, comme dans le précédent, on arrive à des résultats très-variables, suivant les aptitudes spéciales des individus sur lesquels on opère.

La betterave, parmi les plantes généralement cultivées aujourd'hui, présente un exemple très-remarquable des résultats auxquels on peut arriver quand on cherche à multiplier les variétés d'une même espèce végétale. Toutes les variétés de betteraves appartiennent à la même espèce, le *Beta vulgaris;* il en existe trois grandes catégories : les betteraves potagères, les betteraves fourragères et les betteraves à sucre, et dans chaque catégorie es variétés sont nombreuses. Elles diffèrent par le volume des racines, par leur forme, et même par la proportion des principes immédiats que ces racines renferment. Les betteraves

fourragères sont grosses, arrondies, irrégulières, et les betteraves à sucre sont coniques et régulières. Chez ces dernières on
a développé la faculté possédée par la plante d'emmagasiner
dans ses racines le sucre élaboré par les feuilles: tandis que
les betteraves fourragères renferment rarement plus de 7 à
8 pour 100 de sucre, on a créé des races de betteraves à sucre qui
contiennent plus de 15 pour 100 de sucre, et dans lesquelles la
proportion de ce principe immédiat se maintient, même malgré
les saisons contraires.

Abandonnées à la végétation spontanée ou à l'état sauvage,
les variétés obtenues par les soins des cultivateurs, disparaissent
plus ou moins rapidement, suivant le degré de fixité de leurs
caractères. Les plantes reviennent alors au type primitif. C'est la
démonstration que la puissance du travail humain n'est pas telle
qu'il puisse modifier les espèces naturelles. Les variations que le
cultivateur peut provoquer se tiennent toujours dans les limites
des caractères spécifiques des plantes.

On a vu que la formation de nouvelles variétés de plantes a
pour objet d'en accroître le rendement ou d'en améliorer les
produits.

Lorsque l'on veut accroître le rendement en produits utiles,
la méthode à suivre consiste à choisir, dans un champ, les
sujets qui ont donné, sous ce rapport, les meilleurs résultats,
à en récolter séparément les graines, et à les semer isolément.
Dans les produits, on fait une deuxième sélection du même
genre, et on arrive ainsi, au bout d'un certain nombre de générations, à obtenir une variété fixe supérieure, sous le rapport
du rendement, à celle dont elle est sortie.

C'est par des procédés analogues qu'on arrive à améliorer
la qualité des produits. On a créé, de cette façon, les races de
betteraves à sucre dont il a été question tout à l'heure. On a
obtenu, suivant la même méthode, certaines variétés de froment à grains gros et bien remplis, ou bien des variétés diverses de fruits.

S'agit-il de créer une race plus précoce, c'est-à-dire dont les
produits viennent plus rapidement à maturité, on choisit, pour
les semer à part, les graines d'un nombre plus ou moins considérable de sujets qui auront mûri avant leurs congénères.

Veut-on, au contraire, créer une race plus tardive, c'est-à-dire dont la maturité arrive plus lentement, on procède d'une manière opposée; mais ce dernier cas se présente plus rarement que le précédent.

On peut chercher à obtenir une variété présentant des caractères spéciaux de rusticité, c'est-à-dire résistant avec vigueur à certaines intempéries. C'est toujours par le choix des semences qu'on peut atteindre le but. Comme exemple, il suffit de rappeler qu'on a obtenu ainsi des variétés de céréales dont la tige présente une plus grande résistance à la verse provoquée par les orages et les grands vents.

Le plus grand soin doit donc présider au choix des semences, quelles que soient les plantes que l'on cultive. La première condition du succès est de bien connaître la nature du produit que l'on veut obtenir, et de prendre des semences parmi les variétés qui possèdent le mieux les qualités que l'on recherche. Ce n'est pas une bonne économie que celle qui consiste à hésiter à prendre de bonnes semences, parce qu'elles coûtent un peu plus cher : la dépense que l'on a faite pour ses semences est largement récupérée par l'excédent de produit qu'on obtient quand elles sont de bonne qualité.

Si l'instituteur, dans l'enseignement qu'il donne à l'école, inculque ces principes à ses élèves, il aura rendu un très grand service à l'agriculture. Il peut, d'ailleurs, utiliser quelques parcelles du jardin qui est à sa disposition, pour y cultiver des variétés choisies ou nouvelles des principales espèces de plantes cultivées autour de lui; il démontrera ainsi, avec évidence, les profits que l'on peut en retirer.

Le problème de la production agricole n'est pas résolu par le choix des bonnes variétés. Il faut, en outre, placer chaque plante dans les conditions les plus convenables pour qu'elle donne tout son effet utile. Ainsi que nous l'avons déjà dit, la plante est un outil que l'on doit apprendre à manier.

Les meilleures conditions de culture pour les diverses plantes ont été déterminées par l'observation et par l'expérience. A toutes les plantes cultivées, s'appliquent les règles générales de préparation du sol qui ont fait l'objet de nos premières leçons. A chacune, en outre, s'appliquent des lois spéciales, établies d'après la connaissance de chaque espèce et de chaque variété, d'après leur mode de végétation, et d'après les produits qu'on cherche à obtenir.

Il est nécessaire de connaître ces lois spéciales. C'est pourquoi il faut passer successivement en revue toutes les plantes cultivées en France.

Ces plantes se répartissent en plusieurs groupes : céréales, plantes légumineuses, plantes fourragères, plantes industrielles, plantes arbustives.

Application. — Indiquer, s'il y en a, les résultats obtenus dans le département ou dans les départements voisins, par l'amélioration ou le bon choix des variétés de plantes : céréales, fourrages, etc.

20ᵉ LEÇON

CÉRÉALES. — LEURS VARIÉTES

Sommaire. — Définition des céréales, nomenclature. — Principales variétés de froment, de seigle, d'orge, d'avoine, de maïs, de sarrasin. — Caractères de ces variétés, leur utilité respective. — Place des céréales dans les cultures.

Résumé

Les céréales sont les plantes dont les graines servent à l'alimentation régulière de l'homme ou des animaux domestiques.

Les céréales cultivées en France sont le froment, le seigle, le méteil, l'orge, l'avoine, le maïs, le millet, le sarrasin. On a cultivé quelquefois le riz dans le Midi; mais cette culture a toujours été très restreinte.

Les céréales appartiennent à la famille botanique des Graminées, à l'exception du sarrasin, qui appartient à la famille des Polygonées.

Le froment, le seigle, le méteil, le maïs, le sarrasin servent surtout à l'alimentation humaine; l'orge et l'avoine, à l'alimentation des animaux.

I. Le froment appartient au genre botanique *Triticum;* ce genre renferme un grand nombre d'espèces, dont quelques-unes sont sans utilité, comme le chiendent. Plusieurs classifications des espèces de froment ont été proposées; celle qui est géné‧ ralement adoptée aujourd'hui est celle de Vilmorin. Elle comprend sept espèces : le blé ordinaire ou blé tendre (*Triticum sativum*), le blé poulard ou à grain renflé (*Triticum turgidum*), le blé dur ou à grain glacé (*Triticum durum*), le blé de Pologne (*Triticum polonicum*), l'épeautre (*Triticum Spelta*), l'amidonnier (*Triticum amyleum*), l'engrain (*Triticum monococcum*). Les trois premières espèces sont à grain nu, c'est-à-dire que la balle s'en détache facilement; les trois dernières sont à grain vêtu, c'est-à-dire à balle adhérente. Dans chaque espèce, la culture a créé un très grand nombre de variétés, qui diffèrent par la grosseur et la forme du grain, par la richesse en gluten et en amidon, les deux principes immédiats les plus importants du grain de froment.

Dans chaque région de la France, on cultive de préférence quelques variétés appropriées au climat. On doit rechercher de . plus en plus les variétés prolifiques.

II. Le seigle appartient au genre botanique *Secale.* Une seule espèce est cultivée comme plante alimentaire; c'est le seigle ordinaire (*Secale cereale*). On ne connaît qu'un très petit nombre de variétés de seigle; cette plante présente, en effet, un grand caractère de fixité.

III. Le méteil est un mélange de froment et de seigle qu'on sème en proportions variées.

La culture du méteil est relativement peu répandue. L'expérience démontre que la récolte du méteil dans un champ est toujours plus forte que celle donnée par le froment et le seigle semés séparément.

IV. L'orge appartient au genre *Hordeum.* On en cultive surtout quatre espèces : l'orge commune (*Hordeum vulgare*), l'orge à deux rangs (*Hordeum distichum*), l'orge à six rangs (*Hordeum hexastichum*), l'orge éventail (*Hordeum zoocriton*). Dans chacune de ces espèces il y a un assez grand nombre de variétés; on en compte environ une vingtaine.

L'escourgeon d'hiver est une orge à six rangs. L'orge Chevalier, très estimée principalement pour la brasserie, est une orge à deux rangs.

V. L'avoine appartient au genre *Avena*. Outre les espèces qui sont alimentaires, ce genre renferme un grand nombre d'autres espèces, dont les unes sont des plantes fourragères et les autres des mauvaises herbes.

Deux espèces surtout sont cultivées comme plantes alimentaires : l'avoine commune (*Avena sativa*), et l'avoine d'Orient ou de Hongrie (*Avena orientalis*). Elles renferment des variétés assez nombreuses, qui diffèrent surtout les unes des autres par la couleur du grain.

VI. Le maïs constitue le genre *Zea*. Parmi les espèces que renferme ce genre, une seule est cultivée, en France, comme plante alimentaire ; c'est le maïs ordinaire (*Zea maïs*). Les autres espèces appartiennent à des climats plus chauds : on ne peut les cultiver, sous nos latitudes, que comme plantes fourragères.

Les variétés du maïs ordinaire sont assez nombreuses ; elles se distinguent par la couleur du grain, qui est jaune, rouge ou blanc, et par sa forme, suivant qu'il est aplati ou arrondi.

VII. Parmi les espèces cultivées du millet (*Panicum*), une seule donne, en France, des grains qui servent à la nourriture de l'homme ; c'est le millet à grappes ou millet commun (*Panicum miliaceum*). On en a obtenu plusieurs variétés.

Le millet d'Italie (*Panicum italicum*) est cultivé pour la nourriture des oiseaux.

VIII. Le sarrasin (*Fagopyrum*) est appelé souvent blé noir. On cultive, pour l'alimentation humaine, le sarrasin ordinaire (*Fagopyrum vulgare*), dont on a obtenu deux variétés : le sarrasin à grains anguleux, ou sarrasin de Russie, et le sarrasin à grains lisses ou sarrasin argenté.

On cultive aussi le sarrasin de Tartarie, surtout pour l'alimentation du bétail.

On appelle céréales d'hiver les variétés que, dans chaque espèce, on sème à l'automne et qui passent l'hiver en terre ; céréales de printemps, les variétés que l'on sème dans cette dernière saison. Pour toutes les variétés, la récolte se fait en été.

Toutes les céréales ne viennent pas également bien dans toutes les sortes de terre. — Le froment prospère surtout dans les

terres argileuses, notamment dans les terres d'alluvions. — Le
seigle végète bien dans les terrains maigres et pauvres. — Les
terres argilo-calaires ou argilo-siliceuses conviennent à l'orge,
de même qu'à l'avoine, qui s'accommode bien des terres légères. — Le maïs se plaît dans des terres franches, le millet
dans les terres légères et sablonneuses. — Les terres de consistance moyenne, granitiques ou schisteuses, sont celles qui
conviennent le mieux au sarrasin.

Dans les anciennes méthodes de culture, les céréales suivaient
immédiatement la jachère. Dans la culture alterne, on place
généralement les céréales après une récolte sarclée à laquelle
on applique la fumure; d'une part, le sol est nettoyé des mauvaises herbes, et d'autre part on obvie à la verse, qui est
toujours à craindre quand on cultive une céréale immédiatement après une forte fumure.

Applications. — Comparer les principales variétés de céréales et indiquer celles qu'il serait utile d'introduire dans le
département.

21ᵉ LEÇON

SOINS DE CULTURE POUR LES CÉRÉALES

Sommaire. - Préparation de la terre, engrais à employer. - - Choix et préparation des semences. — Semailles à la volée ou en lignes. - Semoirs. - - Sarclages, emploi de la houe à cheval. - - Accidents pendant la végétation.

Résumé

Pour que les céréales donnent le plus de profit, il est indispensable que la terre soit préparée par des labours, des hersages et des roulages, afin qu'elle soit bien ameublie et bien
nettoyée de toute végétation adventice. La nécessité de cette
préparation ressort de ce fait que toute plante étrangère occupe
une partie du sol réservé à la plante utile, qu'elle enlève, pour

sa croissance, les principes nécessaires à cette dernière, et qu'elle en gêne le développement.

Le sol doit être pourvu d'engrais. Dans la culture alterne, les céréales ne tiennent pas la tête de l'assolement, parce qu'on a reconnu que l'application trop récente du fumier peut avoir pour effet une vigueur trop grande de la végétation herbacée, au détriment de la production des épis et de la rigidité des tiges pour résister aux vents violents. Mais, avant les semailles, on emploie avec avantage des engrais complémentaires, notamment ceux riches en acide phosphorique, par exemple des superphosphates. Lorsque la végétation des céréales est chétive après l'hiver, on peut avoir recours à des engrais pulvérulents actifs qu'on sème à la surface; c'est ce qu'on appelle des engrais en couverture. Les engrais azotés (sang, sulfate d'ammoniaque, etc.) sont ceux que l'on doit choisir.

La meilleure place pour les céréales, dans la rotation des cultures, est de les faire succéder à une plante sarclée ou à une récolte fourragère.

Le choix des semences est d'une haute importance. On ne doit employer, pour les semences, que des grains bien mûrs, présentant tous les caractères de la variété qu'on recherche, bien nettoyés et exempts de mélange avec des graines d'autre nature. Pour préparer les semences, on les passe au trieur, instrument qui sépare les petites graines et élimine les graines étrangères.

Sulfater les semences, c'est les faire plonger dans une dissolution de sulfate de cuivre ou couperose bleue dans l'eau, afin de détruire les germes de la carie, du charbon, qui se développeraient sur les plantes.

Les semailles s'exécutent à la volée ou en lignes.

On pratique les semailles à la volée, en jetant les graines sur le sol à la main; on les fait en lignes, avec le semoir. C'est un instrument monté sur roues, qui répartit régulièrement les graines en lignes parallèles distantes de 12 à 20 centimètres. Dans les grandes exploitations, on emploie le semoir à cheval; dans les petites fermes, on se sert avec profit du semoir à brouette.

Les avantages que l'on retire de l'emploi du semoir sont les suivants : on exécute le travail plus rapidement, on économise la semence, on assure la régularité de la végétation et l'accroissement du rendement, on peut enfin nettoyer facilement les champs des mauvaises herbes.

Les quantités de semences à employer varient suivant la nature des céréales. On emploie généralement par hectare :

	SEMAILLES A LA VOLÉE	SEMAILLES EN LIGNES
Froment.	200 à 250 litres.	100 à 150 litres.
Seigle	200 à 250 —	100 à 150 —
Orge.	200 à 300 —	125 à 160 —
Avoine.	250 à 300 —	150 à 180 —
Maïs.	» »	15 à 20 kilog.
Millet	» 10 kilog.	7 à 8 —
Sarrasin	70 à 80 litres.	50 à 60 litres.

Pendant la végétation des céréales, les principaux soins de culture consistent en sarclages et en binages pour la destruction des herbes adventices. Ces opérations ne sont possibles que dans les champs semés en lignes. On les exécute avec la houe à cheval. Cet instrument consiste en un bâti monté sur roues, et portant des lames verticales recourbées à leur partie inférieure; elles sont mobiles sur le bâti, et on peut les rapprocher ou les éloigner les unes des autres d'après la largeur des lignes des semis. Ces lames forment des couteaux qui tranchent la partie supérieure du sol, et qui coupent toutes les tiges herbacées qu'elles rencontrent. On détruit ainsi les mauvaises herbes, mais il faut guider l'instrument avec régularité, pour ne pas atteindre les tiges des céréales. Les sarclages présentent, en outre, l'avantage d'ameublir la couche arable, et de la rendre plus accessible aux agents atmosphériques.

Pendant la végétation des céréales, plusieurs accidents peuvent survenir.

Des intermittences de gels et de dégels pendant l'hiver entraînent le soulèvement des terres arables et le déchaussement des jeunes plantes. On y remédie, au printemps, en faisant passer le rouleau sur le champ; le rouleau tasse le sol et fait rentrer les racines en terre. Cette opération a pour avantage de provoquer le tallage des plantes, c'est-à-dire le développement de rejets et la formation de touffes de tiges au collet des racines.

Parfois, des vents violents brisent les tiges et couchent les plantes par terre; on dit alors que la récolte est versée. Les céréales versées mûrissent mal, et on constate un grand déficit à la moisson. Cet accident est moins fréquent lorsqu'on sème en lignes : dans ce cas, les tiges, autour desquelles l'air et la lumière circulent librement, sont plus rigides et plus résistantes.

Plusieurs maladies, dues à des parasites, attaquent les céréales sur pied. Les principales sont : la rouille, la carie, le charbon, le piétin, la nielle, l'ergot.

La *rouille* est due au développement d'une cryptogame, le *Puccinia graminis*, qui forme sur les jeunes feuilles des céréales des taches jaunes ou brunes, lesquelles se tranforment plus tard en pustules jaune d'or. Le blé, l'avoine, le seigle et l'orge en sont atteints.

La *carie*, déterminée par une cryptogame, le *Tilletia caries*, attaque l'épi du froment; l'intérieur du grain est transformé en une poussière noire d'une odeur désagréable.

Le *charbon* est le fait de cryptogames d'un autre genre. Le charbon des céréales (*Ustilago carbo*) attaque le blé, l'avoine et l'orge; le charbon du millet (*Ustilago destruens*) attaque le millet; le charbon du maïs (*Ustilago maydis*) attaque le maïs. Les grains sont transformés en une masse noire informe. On prévient la carie et le charbon par le sulfatage des semences.

La *nielle*, le *piétin* ou maladie du pied, sont dus à des anguillules qui se développent au collet et dans la tige des céréales.

L'*ergot* est une maladie du seigle. Elle est provoquée par le développement sur l'épi d'une cryptogame, le *Claviceps purpurea*. Le tissu blanc jaunâtre du champignon remplit d'abord l'intérieur du grain, d'où est exsudé ensuite un liquide filant; le grain se transforme enfin en un corps solide, dont le contenu paraît teinté en rouge violet. On ne connaît pas de moyen de combattre cette maladie.

N.B. — Pour la culture des céréales et des autres plantes herbacées, consulter *Cours élémentaire d'Agriculture*, par Girardin et Dubreuil; — *Physiologie et culture du blé*, par Eug. Risler.

22ᵉ LEÇON

MOISSON DES CÉRÉALES

Sommaire. — Moment convenable pour faire la moisson. — Procédés employés. — Moissonneuses mécaniques, lieuses. — Préservation des céréales coupées : andains, moyettes. — Rentrée des céréales, meules, hangars.

Résumé

On procède à la moisson lorsque les tiges des céréales ont pris une teinte jaune qui indique la maturité des plantes. On reconnaît que le grain est suffisamment mûr, lorsque sa masse, quoique déjà compacte, se laisse encore facilement entamer par l'ongle. Il importe de ne pas attendre, pour moissonner, que la maturité soit complète; car, dans ce cas, l'épi s'ouvre, et le grain tombe par terre. On dit alors que les épis s'égrènent. La conséquence en est un déficit plus ou moins sérieux dans le rendement de la moisson.

La moisson comprend plusieurs opérations : la coupe des tiges, leur réunion et leur liage, leur transport à la ferme.

La coupe se fait à bras ou avec des machines.

Pour couper les céréales à bras, on emploie des outils assez variables suivant les régions. Les principaux sont : la faucille, la faux et la sape.

La faucille est une lame de fer recourbée en croissant, et munie d'une poignée. Elle est unie ou dentée. A chaque coup de faucille, le moissonneur coupe une poignée de tiges, qu'on appelle javelle; la réunion de plusieurs javelles forme une gerbe.

La faux est une lame d'acier, légèrement recourbée, rattachée, à angle droit, à un long manche en bois. Le moissonneur se tient debout et coupe les tiges de droite à gauche. La faux est armée d'une monture, formée par un treillis de baguettes qui soutiennent les tiges coupées et les déposent sur le sol en andains, c'est-à-dire en rangées parallèles.

La sape est une petite faux à manche court et recourbé. De la main gauche, le moissonneur tient un crochet avec lequel il forme les javelles.

Les machines qui servent à faire la moisson sont appelées des moissonneuses. Elles sont constituées par des bâtis montés sur des roues, et portant latéralement une scie douée d'un mouvement de va-et-vient, laquelle coupe les tiges à mesure que la machine s'avance. Les tiges coupées tombent sur un tablier, où elles sont saisies par des râteaux qui les repoussent, en gerbes, sur le derrière de la machine. On construit aujourd'hui des

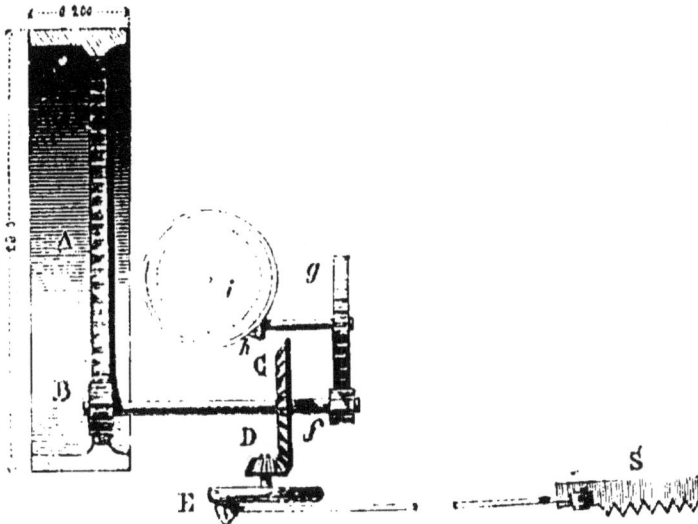

Fig. 5. — Diagramme du mécanisme d'une moissonneuse : A, roue motrice, portant une couronne dentée intérieure; B, pignon droit, engrenant avec cette couronne; C, roue d'angle calée sur l'arbre de ce pignon; D, pignon d'angle dont l'axe porte le plateau-manivelle E, donnant à la scie S son mouvement rectiligne alternatif; — f, pignon calé à l'extrémité de l'axe du pignon B, commandant la roue dentée g, dont l'axe porte le pignon à lanterne h, communiquant son mouvement à la couronne dentée i, laquelle commande la marche des râteaux javeleurs.

moissonneuses à deux chevaux et des moissonneuses à un cheval. Le travail de ces machines est assez fatigant pour les attelages; on doit donc avoir deux attelages pour faire un relai au milieu de la journée.

Après la coupe, on doit lier les gerbes, afin de pouvoir les transporter sans peine à la ferme. Les liens généralement usités sont en paille de seigle; on se sert aussi de liens en cordes.

Quelques moissonneuses sont munies d'appareils spéciaux de

liage; les gerbes en sortent complètement bottelées. On cherche
aussi à se servir, pour le liage des gerbes coupées, d'appareils
qui saisissent les gerbes sur le sol et les lient automatiquement.

L'augmentation des frais de moisson, due à la hausse de la
main-d'œuvre, a été la principale cause de l'extension des moissonneuses mécaniques. L'emploi de ces machines présente
plusieurs avantages : on peut exécuter la moisson au moment
qui convient le mieux, sans interruption, et en définitive le travail coûte meilleur marché que le travail à bras. Une machine,
avec deux hommes, exécute le même travail que vingt mois-
sonneurs travaillant activement.

On doit laisser les gerbes quelque temps dans les champs,
d'une part pour que le grain achève de mûrir, d'autre part pour
que les tiges se dessèchent complètement. Pendant ce temps, les
orages et les pluies peuvent atteindre la récolte. — Pour les
mettre à l'abri des intempéries on place les gerbes en moyettes.

Une moyette est une réunion de plusieurs gerbes disposées de
telle sorte que les épis soient recouverts. Il y a plusieurs formes
de moyettes; les principales sont : la moyette normande ou flamande, et la moyette picarde.

La moyette flamande, qu'on appelle aussi vilotte, consiste
dans la réunion de cinq ou six gerbes dressées, qu'on coiffe avec
une gerbe renversée.

La moyette picarde consiste dans la superposition de plusieurs
étages de gerbes couchées circulairement, de telle sorte que les
épis soient au centre; on les recouvre d'une dernière gerbe liée
près du pied, qui forme toit au-dessus des autres.

Aux moyettes se rattachent les dizeaux. Ils consistent dans la
réunion de douze à quinze gerbes, en vue d'en abriter les épis
contre l'humidité. Les meilleures formes de dizeaux se rappro-
chent beaucoup de celles des moyettes.

Pour conserver les gerbes de céréales, on les abrite dans des
granges ou hangars couverts, ou bien on en forme des meules.

Dans les granges, on place les gerbes par couches horizontales
régulières, afin qu'on puisse les enlever facilement au moment
de procéder au battage.

Les meules sont établies dans les champs ou dans les cours
des fermes. Si elles sont seulement temporaires, on se borne à

superposer les gerbes, donnant à la partie supérieure la forme
d'un toit qu'on recouvre de paille battue. Si les meules doivent
durer pendant plusieurs mois, on apporte des soins spéciaux à
leur préparation.

On donne aux meules une forme circulaire ou une forme
allongée. On les recouvre avec une couverture de paille ou même
avec des paillassons tressés spécialement. La hauteur est, en
général, de dix à douze mètres. Il est prudent de les entourer
d'un petit fossé qui en éloigne l'humidité. Le grain s'assèche
dans les meules bien faites, et il gagne de la qualité.

Application. — Donner des indications sur la production des
céréales dans le département, et sur les améliorations qu'il serait
possible d'y apporter.

25e LEÇON

BATTAGE ET CONSERVATION DES CÉRÉALES

Sommaire. — Procédés du battage des céréales. — Emploi des machines. —
Égrenoirs, ébarbeurs. — Conservation des grains, greniers. — Nettoyage des
grains : van, tarare, cuur.

Résumé

Le battage a pour objet de séparer les graines des céréales de
leur tige ou paille, et de les débarrasser de leurs enveloppes.

Les anciens procédés de battage disparaissent rapidement devant les machines spéciales; néanmoins il faut les indiquer.
Les principaux sont :

1° Le battage au fléau, qui consiste à battre les gerbes, étendues sur le sol, avec un morceau de bois attaché par une corde
à l'extrémité d'un manche ;

2° Le battage par les pieds des animaux ou dépiquage, qui
consiste à faire fouler par les animaux les gerbes étendues sur
le sol ;

5° Le battage au rouleau, dans lequel on fait passer sur les gerbes de gros rouleaux en bois ou en pierre, auxquels des animaux sont attelés.

Tous ces procédés se pratiquent sur une aire, surface plane en terre durcie, sur laquelle on étend les gerbes déliées et disposées régulièrement.

Les machines à battre, ou batteuses, se composent de deux sortes d'organes : les uns séparant les grains de la paille, les autres les dirigeant à des sorties différentes. Suivant leurs dimensions, elles sont mues à bras d'hommes, par des moteurs

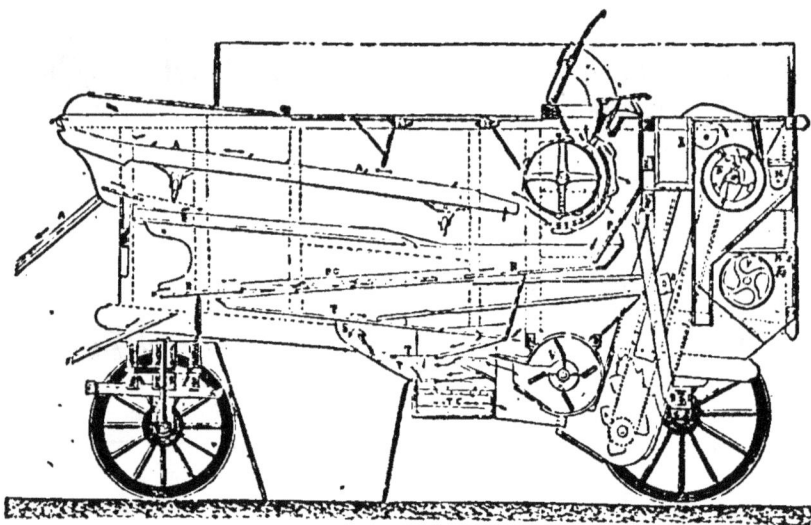

Fig. 4. — Coupe d'une grande batteuse. — Les flèches indiquent la direction suivie par la paille et par le grain, à la sortie du batteur, sur les secoueurs A, le sasseur B, le tarare T, b   ie des balles S, l'élévateur K, le deuxième tarare E, le crible séparateur R. . mouvement est transmis à tous les organes par des poulies placées à l'extérieur de la machine.

animés à l'aide d'un manège, ou par la vapeur. On en construit un très grand nombre de types appropriés aux besoins variés de la culture.

On les répartit en deux grandes catégories : batteuses en bout et batteuses en travers, suivant que les céréales y pénètrent dans le sens de la longueur ou dans celui de la largeur de la machine. Dans chaque catégorie, on compte des types très variés : dans les uns, le travail se borne à séparer le grain de la paille, dans les autres on opère un nettoyage plus ou moins complet du grain. La force dépensée pour le battage varie donc dans de très grandes proportions. La fig. 4 montre la coupe d'une grande batteuse complète.

Dans toutes les batteuses, l'organe principal est le batteur : c'est un cylindre creux ou tambour tournant très rapidement sur un axe horizontal, et dont la surface est garnie de barres espacées parallèlement, destinées à frapper les épis et à en faire sortir le grain. Concentriquement au batteur, est placé le contre-batteur, pièce fixe, demi-cylindrique, également garnie de battes. Le mouvement du batteur entraîne les tiges dans l'espace qui le sépare du contre-batteur, et les repousse latéralement sur un plan incliné à claire-voie, tandis que le grain tombe dans une cage inférieure. Dans les batteuses en bout, la paille est toujours brisée pendant ce travail, tandis que, dans les batteuses en travers, elle est épargnée par le batteur.

Dans les grandes batteuses, on distingue : les secoueurs, formés par de larges lattes parallèles ou volets, animés d'un mouvement de sassement, sur lesquels la paille tombe et se débarrasse des grains qu'elle peut avoir entraînés; — un ventilateur, qui chasse les poussières et les balles entourant les grains; — un sasseur, large toile métallique pour recevoir les grains à la sortie du batteur; — un ou plusieurs tarares, où s'opère le nettoyage du grain.

Voici un aperçu du travail que réalisent les divers types de machines à battre, par heure :

Batteuse à bras.	50 à 32 gerbes de blé, de 10 kilog.;	
Batteuse à manège à 1 cheval,	de 40 à 60 gerbes,	—
— 2 chevaux,	de 60 à 100 gerbes,	- -
Batteuse à vapeur de 3 chevaux,	de 100 à 150 gerbes,	- -
— de 5 chevaux,	de 150 à 250 gerbes,	—

Les batteuses sont fixes ou locomobiles : fixes, quand elles sont établies à demeure dans une grange; locomobiles, quand elles sont montées sur roues et qu'on peut les transporter d'une ferme à une autre. Ces dernières machines sont nécessaires pour les entreprises de battage à façon.

Pour ébarber les orges, on garnit les batteuses d'appareils

spéciaux consistant le plus souvent en cylindres tournants, garnis de brosses qui achèvent le nettoyage des grains.

Les batteuses ordinaires servent pour la plupart des céréales : froment, avoine, seigle, orge. A raison de la texture spéciale de l'épi du maïs, on emploie des machines particulières appelées égrenoirs. Elles consistent en rouleaux cannelés entre lesquels on fait passer les épis; ceux-ci sont froissés assez énergiquement pour que les grains se détachent et tombent dans une trémie. Des batteuses spéciales servent aussi pour les graines fourragères.

Les grains battus sont mis en sac à la sortie de la machine, ou bien ils sont conservés en tas dans les greniers. Pour les empêcher de s'échauffer, on y procède de temps en temps à des pelletages. Les greniers doivent être secs et sains; on doit veiller à en éloigner les insectes nuisibles.

Pour vendre les grains, on les nettoie afin de les débarrasser de la poussière et des corps étrangers qui y sont mélangés. Le nettoyage était pratiqué autrefois avec des vans, corbeilles en forme de coquille, dans lesquelles on secouait le grain dans un courant d'air. Ce travail se fait actuellement avec des tarares; ce sont des appareils formés par une caisse ouverte latéralement et portant un grillage sasseur incliné et par un volant à ailettes. On verse le grain par une trémie sur le grillage; en tournant le volant, on produit un courant d'air qui entraîne les balles et les poussières; les grains cassés et les petits grains passent à travers le grillage, tandis que le bon grain glisse sur celui-ci pour tomber dans une caisse où il est recueilli.

Les cribles trieurs servent à la préparation des grains de semences, dont ils éliminent les grains de nature étrangère et les petites graines. Ils consistent en un cylindre formé de toiles métalliques portant des alvéoles de différente grandeur, et disposées de telle sorte que les grains qu'on fait passer sur ces toiles sont répartis, suivant leur forme et leur grosseur, en catégories qu'on reçoit séparément dans des boîtes placées sous l'appareil.

Application. — Indiquer les modifications qu'on peut apporter avec avantage à la culture et à la récolte des céréales dans le département.

24ᵉ LEÇON

PLANTES LÉGUMINEUSES

Sommaire. — Définition des plantes légumineuses. — Principales espèces cultivées. — Modes de culture, place dans l'assolement. — Récolte et conservation des produits, usages. — Ennemis de ces plantes.

Résumé

On donne le nom de plantes légumineuses à plusieurs plantes de la famille botanique des Légumineuses, que l'on cultive pour leurs graines, lesquelles sont alimentaires pour les hommes ou pour les animaux domestiques.

Les principales plantes légumineuses sont : les haricots, les pois, les lentilles, les fèves et les féveroles, la gesse.

I. Le haricot (*Phaseolus*) est cultivé pour ses grains secs ou pour ses cosses vertes. Dans le premier cas, on dit qu'on récolte des haricots, et dans le deuxième cas des haricots verts. Deux espèces sont cultivées en France : le haricot ordinaire (*Phaseolus vulgaris*) et le haricot d'Espagne (*Phaseolus multiflorus*), ce dernier surtout dans le Midi. Le dolic ou dolique (*Dolichos*) se rapproche beaucoup du haricot ; on le cultive surtout en Algérie et dans le Midi.

Par la culture on a obtenu un grand nombre de variétés du haricot ordinaire ; elles diffèrent par la forme du grain et par sa couleur qui passe du noir au rouge, au panaché, au jaune, au vert et au blanc. On distingue les variétés à rames, c'est-à-dire dont on soutient les tiges avec de légers tuteurs, et les variétés naines, dont les tiges se soutiennent d'elles-mêmes. Les variétés les plus célèbres sont les haricots flageolets, de Soissons, etc.

II. Le pois (*Pisum sativum*) est cultivé surtout pour ses graines vertes qu'on cueille avant leur maturité. Il en existe beaucoup de variétés, dont les unes sont à rames et les autres naines ; elles se distinguent par la forme et la grosseur du grain. Parmi les plus célèbres, il faut citer le pois de Clamart, le pois Michaux, le pois vert à purée, etc.

Le pois chiche (*Cicer arietinum*) appartient à une autre espèce botanique. C'est une plante méridionale, dont on cultive, en Provence et en Languedoc, plusieurs variétés qui diffèrent par la couleur blanche, rouge ou noire des grains.

III. Une seule espèce de lentille (*Ervum*) est cultivée comme plante alimentaire pour l'homme; c'est la lentille commune (*Ervum lens*). Les principales variétés sont la lentille à la reine et la lentille d'Auvergne. Généralement, on distingue les lentilles d'après leur provenance; on dit les lentilles de Bourgogne, de Champagne, etc.

Une autre espèce de lentille, la lentille ers (*Ervum ervilia*), est cultivée comme plante fourragère.

IV. La fève (*Faba vulgaris, Vicia faba,* de Linné) est cultivée pour ses graines, de forme aplatie, qu'on mange soit vertes, soit réduites en farine. Les principales variétés sont : la fève de marais ou fève domestique, à graines jaunâtres; la fève rouge, ainsi nommée de la couleur de ses graines, etc.

Une variété de fève est cultivée exclusivement pour la nourriture du bétail; c'est la féverole (*Faba vulgaris equina*). On fait manger la plante entière à l'état vert, ou bien les grains secs, récoltés après maturité.

V. La gesse (*Lathyrus sativus*) est cultivée surtout dans le midi de l'Europe; dans les départements méridionaux, la culture de cette plante a pris une certaine extension.

Culture. — Les soins de culture sont à peu près les mêmes pour la plupart des plantes légumineuses.

Les semailles se font au printemps, le plus souvent après une céréale. Les sols de consistance moyenne, bien ameublis par des labours et des hersages, sont ceux qui conviennent le mieux pour ces plantes. On sème en lignes, tracées sur le champ au cordeau ou avec le rayonneur; cet instrument est un bâti monté sur deux petites roues, et qui porte des petits socs servant à tracer des sillons parallèles, peu profonds. Les lignes sont espacées de 30 à 40 centimètres. On recouvre la semence par un hersage.

Lorsque la plante est un peu forte, on procède à des binages et à des sarclages, pour maintenir la surface du sol meuble, et pour détruire les mauvaises herbes.

Suivant l'usage que l'on fait des plantes, on procède à la récolte à des époques qui diffèrent suivant les variétés. Lorsqu'on
veut consommer les graines sèches, on en attend la maturité
presque complète; on coupe alors les tiges, et on laisse les
graines achever de mûrir en javelles; puis on les rentre à la
ferme pour procéder au battage.

Pour quelques espèces, notamment pour les pois, il faut éviter
de les faire revenir sur le même champ avant un intervalle de
cinq à six ans.

Les haricots et les pois, cueillis verts, ne se conservent que
pendant peu de temps: il faut donc les livrer le plus tôt possible à la consommation. Quant aux grains secs, on doit les
conserver dans des greniers où ils soient complètement à l'abri
de l'humidité.

Les rendements de ces plantes, par hectare, varient dans les
proportions suivantes :

	GRAINS	TIGES SÈCHES
Haricot	25 à 35 hectolitres	2000 à 2500 kilog.
Pois secs. . .	20 à 30 —	2500 à 3000 —
Lentille	15 à 20 —	1800 à 2000 —
Fève.	20 à 25 —	2000 à 2500 —

Les tiges sèches, appelées fanes, peuvent servir à la nourriture du bétail.

Le pois, la fève, la lentille, ont un ennemi redoutable dans
un genre d'insectes coléoptères, dont plusieurs espèces attaquent
ces plantes. C'est la bruche, dont la larve se nourrit de la substance farineuse de la graine. Chaque année, cet insecte fait des
ravages plus ou moins considérables dans les cultures de légumineuses. Trois espèces sont principalement redoutables : la
bruche du pois, la bruche de la fève et la bruche de la lentille.
Pour en arrêter les ravages, le meilleur procédé consiste à en
traiter les grains, aussitôt après le battage, par le sulfure de
carbone; les larves et les nymphes qu'ils renferment sont complètement détruites par les vapeurs toxiques, et l'on est certain
de ne pas employer comme semences des graines dévorées intérieurement par le parasite. On conseille aussi l'étuvage des
graines, mais ce procédé est plus dispendieux.

25ᵉ LEÇON

POMME DE TERRE

Sommaire. — Origine et variétés de la pomme de terre. — Culture et récolte, composition des tubercules. — Conservation et usage des tubercules. — Féculerie.

Résumé

La pomme de terre (*Solanum tuberosum*) est une plante de la famille des Solanées, originaire de l'Amérique méridionale. Elle a été introduite en Europe vers le seizième siècle, d'abord dans les Pays-Bas; c'est au dix-huitième siècle qu'elle a commencé à prendre l'importance qu'elle a acquise dans l'agriculture de tous les pays.

Plante herbacée, la pomme de terre est vivace par ses tiges souterraines qui se renflent en tubercules, et annuelle par ses tiges aériennes. C'est pour ses tubercules qu'elle est cultivée. Ces tubercules sont d'une grande richesse en fécule alimentaire.

On a obtenu, par la culture, un très grand nombre de variétés de pommes de terre. Elles diffèrent par la forme, la couleur et la grosseur des tubercules, ainsi que par les usages auxquels on les emploie. Ces usages sont de trois sortes : alimentation humaine, alimentation du bétail, utilisation par l'extraction industrielle de la fécule.

Les variétés de pommes de terre sont au nombre de plusieurs centaines; elles se répartissent entre un certain nombre de catégories comme il suit :

Jaunes rondes, à tubercules arrondis, de couleur jaune vif, à chair jaune (principales variétés : Champion, Chardon);

Jaunes longues, à tubercules allongés, de couleur jaune, à chair jaune (principales variétés : Marjolin, Royal, Magnum Bonum, Saucisse);

Rouges rondes, à tubercules arrondis, avec peau rouge, et à chair jaune (principale variété : Farineuse);

Roses ou *rouges aplaties*, à tubercules allongés et aplatis, à peau rose et à chair blanche (principales variétés : Rose hâtive, Rosette);

Rouges longues, à tubercules aplatis, à peau rouge et à chair jaune pâle (principales variétés : Hollande, Pousse-debout, Vitelotte);

Violettes, à tubercules arrondis, de couleur jaune panaché de violet, à chair jaune (principales variétés : Blanchard, Violette, Quarantaine).

La culture de la pomme de terre est intercalée le plus souvent entre deux céréales. On laboure et on herse avec soin, pour que les tubercules se développent facilement; on ajoute des engrais, pour assurer la qualité et l'abondance de la récolte. Les sols légers et de consistance moyenne sont ceux qui conviennent le mieux; la pomme de terre végète moins bien dans les sols argileux, surtout lorsque la saison est pluvieuse. Partout où l'on cultive les céréales, on peut obtenir les pommes de terre avec avantage.

C'est par la plantation des tubercules au printemps qu'on reproduit la pomme de terre. On n'a recours au semis des graines que pour obtenir de nouvelles variétés. Les tubercules portent des germes, d'où sortent les tiges aériennes.

On plante les tubercules à la main, à la charrue ou au rayonneur. La plantation se fait en lignes parallèles, distantes de 40 à 60 centimètres.

Les soins de culture consistent d'abord en binages, pour détruire les mauvaises herbes, puis en un buttage pour enterrer plus profondément la tige et provoquer la formation de tubercules nombreux.

Le buttage se pratique soit à bras, avec la houe, soit avec un appareil spécial qu'on appelle buttoir. Le buttoir est une charrue sans avant-train, munie quelquefois d'une petite roue à la partie antérieure de l'age; de chaque côté du soc sont fixés deux versoirs placés dos à dos. En faisant avancer le buttoir entre deux lignes de plantes, on creuse un sillon, et l'appareil rejette la terre à droite et à gauche, de manière à former, au pied des tiges, de véritables buttes au-dessus desquelles les plantes continuent à pousser. On peut écarter plus ou moins les versoirs, de telle sorte que le sillon soit plus ou moins large.

La maturité des tubercules arrive, suivant les variétés, en été ou en automne. Elle se manifeste par la dessiccation des feuilles et des tiges. On procède à l'arrachage à bras ou avec des appareils mécaniques.

Pour l'arrachage à bras, on emploie la houe à deux dents, avec laquelle on fouille le sol et on ramène les tubercules à la surface, où on les ramasse. — Pour l'arrachage mécanique, on se sert de charrues sans versoir, dont le soc est surmonté d'une griffe ou grille, qui pénètre en terre, soulève les pieds de pommes de terre et amène les tubercules à la surface.

On nettoie les tubercules de la terre qui les recouvre, et on les conserve dans des caves bien sèches ou dans des silos.

La culture forcée des pommes de terre a pour objet d'obtenir

Fig. 5. — Arracheur de pommes de terre.

des tubercules de primeur; on la pratique sur couche et sous châssis.

Le rendement des pommes de terre varie dans d'assez grand proportions suivant les variétés : en année moyenne, certaine variétés donnent de 125 à 150 hectolitres de tubercules par hectare, et d'autres donnent jusqu'à 250 hectolitres.

La pomme de terre constitue un aliment très précieux pour l'homme. Parmi les animaux domestiques, les porcs et les animaux de basse-cour en tirent excellent profit; on les fait cuire avant de les leur distribuer.

La féculerie est une industrie agricole dont les centres principaux, en France, sont dans les départements des Vosges, de l'Oise et de la Sarthe. La distillation des pommes de terre, peu répandue en France, est très développée en Allemagne.

Ennemis des pommes de terre. — Les cultures sont souvent envahies par un champignon parasite, dont le développement sur la plante constitue ce qu'on appelle la maladie de la pomme de terre. Ce champignon est le *Peronospora infestans.* Il forme sur les feuilles des taches d'un brun violet, entourées d'une ligne blanchâtre; les fructifications, tombant le long de la tige, atteignent à travers le sol les tubercules dans lesquels elles germent. La récolte est souvent diminuée dans de très grandes proportions. On ne connaît pas encore de moyen de se débarrasser de ce parasite; on obtient néanmoins de bons résultats par la méthode de buttage préventif due à M. Jensen, agriculteur danois.

En Amérique, un insecte coléoptère, la Doryphore (*Doryphora decemlineata*) a fait des ravages considérables dans les plantations de pommes de terre. Il n'a été jusqu'ici rencontré qu'exceptionnellement dans les cultures européennes, où l'on a pu le détruire rapidement.

Application. — Faire ressortir l'importance des ressources que la culture de la pomme de terre a fournies pour les populations rurales du département. — Montrer le rôle de cette plante pour empêcher les disettes.

26ᵉ LEÇON

PRAIRIES NATURELLES

Sommaire. — Définition des plantes fourragères. — Nature de la végétation spontanée, origine des prairies. — Plantes qui composent les prairies. — Prairies des terrains humides, des terrains frais et des terrains secs.

Résumé

Les plantes fourragères sont celles qui fournissent les matières végétales servant à la nourriture des animaux domestiques. Les unes sont comestibles par leurs tiges et leurs feuilles; elles fournissent les herbes que l'on fait pâturer par le bétail ou que l'on coupe pour les transformer en foin. Les autres sont comestibles par leurs racines ou leurs tubercules.

Les premières sont les plantes fourragères proprement dites, les secondes sont les plantes à racines fourragères. La première catégorie se divise, en outre, en plantes des prairies naturelles, plantes des prairies artificielles, plantes fourragères annuelles.

Prairies. — Une prairie est une étendue de terre qui produit, pendant de longues années, de l'herbe provenant de plantes vivaces, soit semées, soit végétant spontanément sur le sol.

Si l'on fait manger sur place l'herbe de la prairie par les bestiaux, c'est un pâturage ou un herbage : si l'on fauche l'herbe pour la conserver à l'état sec, c'est-à-dire pour la convertir en foin, c'est une prairie proprement dite.

Un terrain abandonné à lui-même se couvre spontanément de plantes herbacées, dont l'ensemencement résulte de la dissémination naturelle des graines des plantes. C'est ce qu'on appelle la végétation spontanée. C'est par cette végétation que les prairies se forment naturellement. Ces plantes appartiennent à un nombre variable d'espèces : l'enchevêtrement de leurs tiges forme le gazon ou l'herbe des prairies.

Suivant les terrains et les climats, la composition naturelle des prairies est très différente. Les plantes qui les forment varient dans des proportions très considérables.

Sous le rapport du terrain, ce sont les terres naturellement fraîches, sans excès d'humidité pendant l'hiver, mais dont la fraîcheur se maintient pendant l'été, qui présentent les meilleures conditions pour la formation de bonnes prairies. Les terres d'alluvion, argilo-calcaires, se placent au premier rang. Les terres très argileuses et les terres très sablonneuses sont, au contraire, les plus défavorables, les premières parce qu'elles sont très humides en hiver et très sèches en été, les secondes parce qu'elles sont sèches en été. Les meilleures prairies sont généralement situées dans les vallées arrosées par des ruisseaux ou des rivières; il faut toutefois faire exception pour les terrains volcaniques qui sont excellents pour la production herbifère.

Les climats maritimes, caractérisés par des hivers peu rigoureux et par des brouillards fréquents, sont très favorables à la production des prairies. Il en est de même des climats alpestres, où les nuits sont froides, les rosées abondantes, les pluies fréquentes. Au contraire, les climats secs sont défavorables aux prairies; s'il est possible de suppléer par des irrigations de printemps et d'été à la rareté des pluies, on peut cependant y avoir des prairies très florissantes.

La composition de la flore des prairies est très variée. Les plantes qui y entrent se divisent en trois catégories : plantes utiles, plantes inutiles, plantes nuisibles.

1° Les plantes utiles pour le bétail appartiennent pour la plupart aux familles des Légumineuses et des Graminées. Voici, par ordre de familles, les principaux genres auxquels ces plantes appartiennent.

Graminées : Agrostide, Avoine, Brize, Brôme, Canche, Crételle, Dactyle, Fétuque, Fléole, Flouve, Houque, Ivraie ou Ray-Grass, Paturin, Vulpin.

Légumineuses : Anthyllide, Gesse, Lotier, Luzerne, Mélilot, Minette, Sainfoin, Trèfle, Vesce.

Ombellifères : Berce, Boucage, Carotte sauvage, Carvi, Cerfeuil sauvage, Fenouil, Persil.

Rosacées : Alchemille, Benoîte, Filipendule, Pimprenelle, Spirée.

Polygonées : Bistorte.

Labiées : Brunelle, Bugle, Origan, Sauge, Serpolet.

Borraginées : Bourrache, Myosotis, Consoude.

Crucifères : Cardamine.

Composées : Achillée millefeuilles, Centaurée des montagnes, Crépide, Jacée des prés, Piloselle, Pissenlit, Reine-Marguerite, Salsifis des prés, Scorzonère.

2° Les plantes inutiles sont celles que le bétail ne mange pas quand elles sont encore vertes, mais dont il mange le foin mélangé à celui des bonnes espèces. Ces plantes prennent sur le sol la place de plantes réellement utiles.

La liste des plantes inutiles est à peu près impossible à établir : elle varie avec les localités, la nature des terres, l'altitude, etc. Le nombre des plantes qui entrent dans cette catégorie est presque illimité.

7

3° Les plantes nuisibles sont les plantes dont l'ingestion peut être dangereuse pour le bétail. Ce sont les plantes vénéneuses ou toxiques; la plupart renferment un suc âcre caractérisé par des alcaloïdes spéciaux. Quelques-unes prédominent parfois dans les prairies à raison de la nature du sol, du manque de soins de culture, ou pour d'autres causes.

Le nombre de ces plantes est aussi très considérable. Les efforts du cultivateur doivent tendre à les faire disparaître, soit en les extirpant directement, soit en augmentant la vigueur des plantes utiles par des fumures ou des soins spéciaux de culture. Les mousses et les lichens sont les plus fréquentes parmi les plantes nuisibles.

On classe souvent les prairies, suivant leur position, en prairies hautes, prairies moyennes et prairies basses.

Les prairies hautes sont celles qui sont placées sur les points culminants d'un certain rayon : plateaux, collines, montagnes. Le plus souvent, ces prairies ne reçoivent d'arrosage que par les pluies; elles ne fournissent généralement qu'une coupe, suivie d'un pâturage. Pour qu'elles prospèrent, on doit leur donner des soins de culture et y répandre des engrais.

Les prairies moyennes sont situées dans les parties supérieures des vallées; on peut les soumettre à l'irrigation, et en tirer un parti très avantageux.

Les prairies basses sont celles qui avoisinent les rivières et les cours d'eau; elles jouissent de tous les avantages de l'eau, mais elles sont parfois marécageuses.

Application. — Décrire et montrer les principales plantes qui forment la flore des prairies dans les diverses natures de sol qu'on rencontre dans le département.

N. B. — Consulter : *Les Pâturages et Prairies naturelles,* par G. Heuzé.

27e LEÇON

CRÉATION
ET ENTRETIEN DES PRAIRIES NATURELLES

Sommaire. — Diverses natures de prairies. — Préparation du sol. — Semailles, mélanges de graines. — Soins d'entretien, engrais, irrigations. — Rendement des prairies.

Résumé

On distingue deux sortes de prairies : celles qui résultent de la dissémination naturelle des graines de plantes sur le sol, et celles qui sont créées par le cultivateur. Les premières sont formées par les plantes communes dans le pays : dans les secondes, on peut faire dominer les plantes dont la production présente des avantages.

Le premier soin du cultivateur qui veut créer une prairie est de préparer le sol. Ces travaux consistent en labours, opérations de nivellement et d'épierrement, arrachage des chardons, des arbustes, qui peuvent s'y trouver. Avant de procéder aux semailles, on herse et on fait passer le rouleau pour que la surface soit bien nivelée.

Le choix des graines est extrêmement important. Il faut choisir les graines des plantes auxquelles le sol convient et auxquelles les conditions climatériques sont favorables. Souvent, on se contente de semer les balayures des greniers à foin, dans lesquels les graines des plantes des prairies entrent pour une forte part; en procédant ainsi, on risque de semer les mauvaises plantes en même temps que les bonnes. Il est donc préférable de semer directement les graines des plantes avec lesquelles on veut former la prairie. Ces graines se trouvent dans le commerce; mais on peut être trompé tant sur la nature même des graines que sur leur faculté germinative. Une bonne précaution est donc d'acheter ces graines avec garantie de la valeur, contrôlée par une analyse sérieuse.

On fait un mélange des graines à semer, dans les proportions où l'on désire que les plantes forment la prairie. Voici quelques exemples de ces mélanges, dans lesquels les proportions indiquées sont celles qui conviennent pour un hectare :

Sol argileux : vulpin des prés, vingt pour cent; houque laineuse, dix; fléole des prés, douze; ray-grass, douze; agrostide, douze; paturin, dix; fétuque, six; dactyle, cinq; lotier, cinq; trèfle blanc, quatre. On sèmera vingt-quatre kilogrammes de ce mélange par hectare.

Sol argilo-calcaire : ray-grass, vingt pour cent; paturin, avoine fromental, brôme des prés, chacun dix; houque laineuse, fétuque, avoine jaunâtre, dactyle pelotonné, chacun cinq; sainfoin, sept; fléole des prés, trèfle violet, anthyllide, chacun quatre; trèfle blanc, minette, canche, chacun trois. On sème quarante-cinq kilogrammes de ce mélange.

Sol sablonneux : fétuque, quinze pour cent; brôme des prés, paturin commun, agrostide vulgaire, fromental, chacun dix; raygrass, huit; dactyle, fléole des prés, agrostide stolonifère, chacun cinq; canche élevée, quatre; crételle, houque laineuse, trèfle blanc, pimprenelle, chacun trois; lotier, millefeuille, flouve odorante, chacun deux. On sème de 38 à 40 kilogrammes de ce mélange par hectare.

Les quantités de graines indiquées pour les semailles sont des minima; il ne faut pas craindre de semer dru. Une bonne précaution consiste à semer séparément les grosses graines et les petites graines. Pour semer régulièrement, on mélange les graines avec du sable ou du plâtre qu'on répand en même temps sur le sol.

Les semailles se font à l'automne; on recouvre les graines avec un coup de herse légère. Au printemps, on coupe les premières pousses, puis on fait pâturer si la prairie présente assez de vigueur.

Les soins d'entretien à donner aux prairies consistent en sarclages, en irrigation, en fumures.

Les sarclages ont pour objet de détruire les mauvaises herbes, surtout les chardons, les colchiques et autres plantes nuisibles. On y procède surtout pendant les premières années de la prairie. A ces soins se rattachent la destruction des taupinières, celle des mulots qui établissent trop souvent leurs galeries souterraines dans les prairies.

Les irrigations, quand on peut les pratiquer, augmentent dans des proportions très considérables le rendement des prairies. On exécute soit des irrigations d'hiver, soit des irrigations d'été. Les méthodes d'irrigation ont été décrites précédemment (voir 15ᵉ leçon). Les irrigations d'hiver ont principalement pour objet d'apporter au sol les substances fertilisantes dont les eaux sont chargées; celles d'été, qui se pratiquent surtout dans la région méridionale, suppléent aux sécheresses du printemps et de l'été, et donnent de l'activité à la végétation.

Pour accroître et pour maintenir la production des prairies, on doit avoir recours à des engrais. Le rôle de ces engrais est multiple : rendre au sol les principes enlevés par la végétation, faire disparaître les plantes nuisibles en les étouffant sous une végétation vigoureuse. C'est au commencement du printemps ou à la fin de l'hiver que l'on répand les engrais sur les prairies.

On emploie soit des engrais liquides, soit des engrais solides organiques ou minéraux.

Les engrais liquides le plus généralement adoptés sont : le purin additionné d'eau, les eaux grasses, les eaux vannes des usines, particulièrement celles des féculeries, des distilleries. On se trouve aussi très bien de l'engrais flamand, qui est formé par la fermentation des matières fécales dans des citernes spéciales. Ces engrais sont répandus avec des tonneaux d'arrosage ou des écopes.

Les engrais solides qui produisent de bons effets sont les composts bien consommés, les tourteaux en poudre, la poudrette, les cendres, les phosphates. Ces derniers font disparaître la mousse, les lichens, les joncs, etc., et provoquent la pousse des légumineuses.

Le rendement des prairies est très variable. Suivant la nature du sol, les conditions du climat, les soins de culture, le nombre des coupes varie de 1 à 4. Les coupes qui suivent la première sont appelées coupes de regain. Les prairies médiocres donnent un rendement de 2500 kilogrammes de foin sec par hectare : le rendement de celles qui sont soumises à un bon système d'irrigation, sous le climat chaud du Midi, peut s'élever jusqu'à 10 000 kilogrammes. Les rendements d'une même prairie varient d'ailleurs beaucoup d'une année à l'autre, suivant les conditions des saisons.

28ᵉ LEÇON

PRAIRIES ARTIFICIELLES

Sommaire. — Définition des prairies artificielles. — Plantes qui les composent. — Formation des prairies artificielles. — Terrain et climat propices, soins d'entretien. — Durée et résultats obtenus.

Résumé

On donne le nom de prairies artificielles à des cultures de plantes fourragères vivaces, bisannuelles ou même annuelles, dont les tiges et les feuilles servent à la nourriture du bétail.

Cette dénomination, introduite dans le langage au dix-huitième siècle, n'est pas exacte. Ces plantes fourragères sont, en effet, cultivées isolément, tandis que le mot de prairie s'applique à des plantes croissant simultanément sur le même sol.

Les plantes qui servent à former des prairies artificielles sont assez nombreuses. Les principales appartiennent à la famille des Légumineuses; ce sont la luzerne, le trèfle, le sainfoin, etc. D'autres sont des Graminées, comme le ray-grass, le brôme, le fromental, etc. Ces dernières sont moins employées.

On a recours à ces plantes, qui donnent des produits abondants, soit pour suppléer au défaut de prairies permanentes ou naturelles sur les exploitations, soit pour augmenter la production fourragère et créer les ressources nécessaires afin de nourrir un bétail plus nombreux. Elles présentent un caractère important : le sol qui a été mis en prairie artificielle possède, après quelques années, une augmentation de richesse en matière azotée. On a longtemps attribué ce fait à une faculté spéciale que posséderaient les plantes légumineuses d'absorber directement l'azote atmosphérique pour constituer leurs tissus, mais il est démontré aujourd'hui que cet accroissement de matière azotée provient de ce que le sol n'étant pas remué, les agents atmosphériques n'y pénètrent pas et ne peuvent provoquer la combustion de la matière organique qui dégage l'azote et le fait entrer dans des composés minéraux solubles.

Les plantes bisannuelles qui constituent des prairies artificielles font partie de l'assolement des terres arables; quant aux plantes vivaces qui occupent le même sol pendant plusieurs années, on les place généralement en dehors de l'assolement.

Pour créer une prairie artificielle, on laboure profondément le sol, surtout s'il s'agit d'une prairie devant durer pendant plusieurs années, on le nivelle, et on enlève les pierres, puis on sème les graines. Les semailles se font généralement au printemps. Deux méthodes sont adoptées pour cette opération : ou bien on sème directement sur la terre préalablement préparée, ou bien on sème dans une céréale d'hiver. La plante germe et croît à l'abri de la céréale; lorsque vient l'époque de la moisson, elle est déjà vigoureuse, et elle garnit le sol.

Les mêmes plantes ne conviennent pas pour toutes les natures de sol, et elles varient aussi suivant les climats.

Luzerne. — La luzerne (*Medicago sativa*) est une plante vivace, à racines pivotantes, qui s'enfoncent profondément dans le sol; les tiges de la luzerne atteignent une longueur de plusieurs décimètres; les feuilles sont divisées en trois folioles allongées. — On a introduit depuis quelques années en Europe des graines d'une espèce de luzerne originaire de l'Amérique; c'est la luzerne du Chili, laquelle est une plante annuelle, et qu'il est important, par suite, de ne pas confondre avec la luzerne ordinaire.

La luzerne est originaire des pays chauds; mais elle prospère dans la plus grande partie de la France, à la condition d'être placée dans un sol profond et perméable. Les terres qui lui conviennent le mieux sont les terres d'alluvion. Elle dépérit rapidement dans les sols humides, ou lorsque ses racines rencontrent une nappe d'eau.

Les soins d'entretien à donner aux luzernières consistent en sarclages et en fumures. La durée d'une luzernière est de six à huit ans; au bout de ce temps, elle est souvent envahie par les plantes adventices. Le plâtre, la chaux, les cendres, les engrais phosphatés conviennent très bien aux luzernes. L'irrigation d'été en active fortement la végétation.

Le rendement varie de 5000 à 10 000 kilogrammes de fourrage sec par hectare; dans les luzernières arrosées du Midi, il
peut s'élever à 15 000 kilogrammes. Le nombre des coupes varie
suivant la force de la végétation. La récolte se fait comme dans
les prairies permanentes.

Les principaux parasites de la luzerne sont : parmi les plantes,
la cuscute, l'orobanche; parmi les insectes, l'eumolpe, le co-
laspe, etc.

Trèfle. — On cultive deux espèces de trèfle : le trèfle violet
ou rouge (*Trifolium pratense*), qui est vivace, et le trèfle
incarnat (*T. incarnatum*) qui est annuel. On ne fait généralement rester le trèfle commun sur le même sol que pendant dix-
huit mois.

Le trèfle prospère surtout sur des terres fraîches et sous un
climat humide. On le sème le plus souvent dans une céréale;
après la moisson, on fait pâturer; l'année suivante, on peut
faire deux coupes, et on a ensuite un bon pâturage.

Le trèfle incarnat a une végétation rapide; on le sème à l'automne, et on peut le faire pâturer ou le couper dès le mois de
mai. Le rendement est de 20 000 à 25 000 kilogrammes de
fourrage vert par hectare; la transformation en foin réduit cette
quantité au cinquième environ.

Sainfoin. — Le sainfoin cultivé (*Onobrychis sativa*) est une
plante vivace. Elle prospère surtout dans les terrains secs et
calcaires. La racine est pivotante et très longue; la tige est rameuse et garnie de nombreuses feuilles divisées en folioles
longues et fines.

Le sainfoin se maintient de quatre à six ans; au bout de ce
temps, il est généralement envahi par les plantes adventices.
Le rendement est de 4000 à 6000 kilogrammes de fourrage sec,
en une ou deux coupes.

Ray-grass. — On cultive deux espèces de ray-grass; le ray-
grass ordinaire ou anglais (*Lolium perenne*) et le ray-grass
d'Italie (*Lolium italicum*).

Les ray-grass sont des plantes vivaces d'une puissante végétation, surtout sous les climats humides. Les tiges deviennent
facilement dures; c'est pourquoi on doit en faire des coupes
assez fréquentes.

29e LEÇON

RÉCOLTE DES PRAIRIES

Sommaire. — Exposé des travaux de récolte. — Fauchage à la main. — Fauchage mécanique. — Râtelage, fanage, bottelage. — Conservation du foin. — Presses à fourrages.

Résumé

La récolte des prairies constitue les travaux de la fenaison. Ces travaux consistent à couper l'herbe, à la dessécher pour la transformer en foin, puis à mettre le foin à l'abri des intempéries.

Époque de la récolte. — L'époque la plus convenable pour couper l'herbe est le moment où la plupart des plantes dominantes dans la prairie sont en fleurs; à ce moment, ces plantes ont acquis leur développement normal, et elles possèdent les propriétés nutritives qu'on recherche dans le foin, en même temps qu'elles possèdent leur plus grand degré de digestibilité. Cette époque varie, en France, suivant les régions, de la fin de mai à la fin de juillet.

Une fauchaison trop hâtive fait perdre sur la quantité de la récolte; une fauchaison trop tardive en diminue la qualité. Toutefois, il arrive qu'un temps pluvieux peut faire retarder les travaux de fauchaison; il vaut mieux attendre le retour du beau temps que de couper l'herbe sous la pluie.

Fauchaison. — On coupe l'herbe avec la faux ou avec une faucheuse mécanique. Dans tous les cas, on doit la couper aussi près de terre que possible; c'est la condition nécessaire pour réaliser le rendement le plus élevé.

La faux est formée par une grande lame d'acier, légèrement recourbée, tranchante, emmanchée à angle droit au bout d'un long bâton en bois. La faux est guidée horizontalement, et elle coupe le pied des plantes en suivant un arc de cercle. Le tranchant de la faux doit être toujours bien affilé. Un bon faucheur coupe de 35 à 40 ares dans une journée. L'herbe coupée est

déposée par la faux en lignes parallèles qu'on appelle des andains.

Les faucheuses sont des appareils formés par un bâti monté
sur deux roues, et portant sur le côté une scie à larges dents.
La faucheuse est tirée par des chevaux; quand elle est en
marche, des engrenages transmettent à la scie un mouvement
de va-et-vient très rapide qui lui permet de couper les herbes
sur son passage. A cet effet (fig. 6), la roue motrice A est dentée
intérieurement, et elle commande un pignon *a*, dont l'axe se
termine à une roue d'angle B; cette roue commande elle-même
un pignon *b*, dont l'axe porte un plateau C auquel est fixée

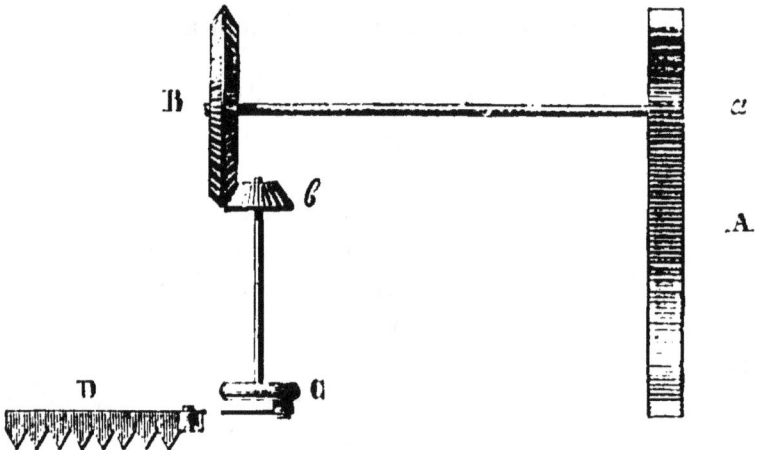

Fig. 6. — Diagramme du mécanisme d'une faucheuse.

excentriquement l'extrémité de la bielle de la scie D. La vitesse
de la scie dépend de la vitesse de la marche de l'attelage.

La faucheuse permet d'exécuter rapidement la récolte des
herbes; elle peut couper jusqu'à 4 hectares par jour. On doit
en entretenir toutes les parties avec soin.

Fanage. — L'herbe coupée, étendue sur le sol, est retournée
plusieurs fois par jour, jusqu'à ce qu'elle soit desséchée; elle
est alors transformée en foin.

Pour ce travail, on employait exclusivement autrefois des
fourches en bois; on avait besoin d'un personnel nombreux et
actif; car, pour que le foin conserve son arome et ses qualités

nutritives, il est nécessaire que le fanage soit exécuté rapidement. Plus la dessiccation est rapide, plus grande est la qualité du foin.

La faneuse mécanique peut remplacer le travail à la fourche. Cet instrument consiste en une sorte de long tambour monté sur deux grandes roues, et qui tourne avec elles; sur ce tambour sont fixées des dents en fer recourbées qui saisissent l'herbe couchée sur le sol et la projettent en tous sens. Un cheval suffit pour traîner l'instrument.

Pour la nuit, et plus tard pour l'enlever de la prairie, on ramasse le foin avec des râteaux pour former des meulons ou petites meules. Le travail des râteaux ordinaires est remplacé avantageusement par celui des râteaux à cheval. Ces râteaux sont formés par de longues dents recourbées, portées par un bâti en fer reposant sur deux roues. Ces dents sont indépendantes les unes des autres, de telle sorte qu'elles peuvent suivre les irrégularités du sol et ramasser complètement le foin. Lorsque le râteau est chargé, on en relève les dents, à l'aide d'un levier, et le tas de foin tombe par terre. On laisse retomber les dents, et le ramassage reprend. Un râteau à cheval exécute le travail d'une trentaine d'ouvriers munis de râteaux à main.

Bottelage. — Le bottelage a pour objet de réunir le foin en bottes régulières et de poids égal. On l'exécute soit dans les prairies après le fanage, soit dans les greniers. En bottelant régulièrement son foin, le cultivateur peut apprécier sa récolte et connaître ses ressources en fourrage.

Le bottelage se pratique le plus souvent à la main; la régularité des bottes dépend de l'habileté de l'ouvrier. Le poids des bottes varie de 5 à 10 kilogrammes suivant les usages locaux. On lie les bottes avec un ou plusieurs liens de foin tressé; on prend le foin pour les tresses dans la partie supérieure des meulons. Le foin doit être bien sec au moment du bottelage; autrement, l'intérieur de la botte moisit facilement. — On construit des appareils spéciaux pour faire le bottelage mécaniquement.

Le foin, botté ou non, se conserve en meules qu'on construit généralement près des habitations, et qu'on recouvre de paille pour les garantir contre les intempéries. On conserve aussi le foin dans les greniers ou dans les granges.

Commerce du foin. — Le foin, à l'état naturel, a une densité très faible; il ne présente qu'un poids peu élevé sous un très fort volume. Le foin botté pèse de 90 à 120 kilogrammes au mètre cube.

Le transport du foin est, par suite, assez difficile. C'est pourquoi on a imaginé des appareils propres à le comprimer, c'est-à-dire à en réduire le volume. Le foin pressé conserve ses qualités, et reprend une partie de son volume quand les bottes sont défaites. On construit plusieurs types de presses à foin, avec lesquelles on peut faire des masses dont le poids est de 500 à 400 kilogrammes par mètre cube. Ces balles, quelquefois cylindriques, sont d'un transport facile.

50ᵉ LEÇON

PLANTES FOURRAGÈRES ANNUELLES

Sommaire. — Nomenclature des principales espèces cultivées. — Famille des Légumineuses. — Famille des Graminées. — Plantes des autres familles. — Cultures dérobées de plantes fourragères.

Résumé

Il a été expliqué précédemment (voir la 26ᵉ leçon) qu'on divise les plantes fourragères en deux grandes catégories : celles qui sont fourragères par leurs tiges et leurs feuilles, et celles qui sont fourragères par leurs racines ou leurs tubercules.

A la première catégorie appartiennent les plantes qui constituent les prairies naturelles et artificielles, et d'autres plantes que l'on cultive isolément, sur des surfaces qu'on leur consacre spécialement. C'est de ces dernières qu'il faut s'occuper maintenant.

La plupart sont des plantes annuelles ou bisannuelles; elles appartiennent surtout aux familles botaniques des Légumineuses et des Graminées. Les méthodes de culture varient suivant les espèces; elles sont, en général, peu compliquées, la plupart de ces plantes étant d'une croissance rapide.

Plantes de la famille des Légumineuses. — Les principales plantes fourragères de la famille des Légumineuses sont : la vesce, la lupuline, la gesse, la lentille, le pois gris, l'anthyllide vulnéraire, le lupin, le mélilot.

La vesce (*Vicia sativa*), appelée jarosse dans l'Ouest, hibernage dans le Nord, est une plante recherchée par tous les animaux domestiques. On en cultive deux variétés : la vesce d'hiver, qui se sème en automne, et la vesce de printemps, qui se sème de mars en mai. On coupe la plante pour la donner verte aux animaux : en faisant plusieurs semis à différentes époques, on peut avoir du fourrage pendant tout l'été. Un bon rendement est celui de 20 000 kilog. de fourrage vert par hectare.

La lupuline ou minette (*Medicago lupulina*) est une plante bisannuelle qu'on sème au printemps dans une céréale, pour la faire pâturer ou la faucher au printemps suivant. La récolte est de 10 000 à 12 000 kilog. de fourrage vert par hectare.

La gesse (*Lathyrus sativus*), cultivée pour sa tige et non pour sa graine, donne, semée à l'automne ou au printemps, un bon fourrage d'été, dont le rendement peut atteindre 6000 kilog. de fourrage sec, mais descend parfois à 2000 kilog.

Le pois gris (*Pisum arvense*), appelé aussi bisaille, constitue un excellent fourrage qu'on peut faire consommer en vert ou en sec par le bétail.

L'anthyllide (*Anthyllis vulneraria*) est une plante qui vient bien dans les terres sèches et calcaires où les autres Légumineuses poussent avec peine. Quoique vivace, elle ne se cultive que comme plante bisannuelle.

Deux espèces de lupin (*Lupinus albus* et *Lupinus luteus*) et le mélilot (*Melilotus alba*) sont des plantes qui pourraient rendre de grands services dans les terrains pauvres.

Plantes de la famille des Graminées. — Le maïs est la principale plante de cette famille qu'on cultive comme plante fourragère. On choisit quelques variétés qui ne mûrissent pas leurs grains sous notre climat, mais qui prennent un grand développement foliacé. Le maïs Caragua est la principale de ces variétés. Il peut donner des rendements de 80 000 à 90 000 kilog. de fourrage vert par hectare.

Le seigle, l'orge, l'avoine sont aussi cultivés comme plantes fourragères. On coupe la plante au printemps; le moment le plus favorable est celui où l'épi sort de sa gaine. Avec le seigle, on peut, dans les bonnes saisons, obtenir ainsi 50 000 kilog. de fourrage vert par hectare.

Le sorgho, le moha de Hongrie, le ray-grass figurent au premier rang des Graminées fourragères.

Plantes des autres familles. — Le sarrasin, dans la famille des Polygonées; la spergule, dans la famille des Cariophyllées; la navette et la moutarde blanche, dans la famille des Crucifères, sont des plantes qui fournissent d'abondants approvisionnements en fourrage vert ou sec.

Les choux fourragers constituent la principale ressource fourragère dans plusieurs départements de l'Ouest. On cultive, pour leurs feuilles ou leurs tiges, le chou branchu ou à mille têtes, le chou cavalier et le chou moellier. Le chou branchu atteint la hauteur de 1m,50; des aisselles des feuilles partent des ramifications qui donnent naissance à un grand nombre de feuilles. Le chou cavalier n'a pas de ramifications, mais toute sa tige se couvre de feuilles grandes et larges. Le chou moellier a un port semblable; en outre, sa tige renflée contient une forte proportion de moelle blanche dont les animaux sont avides. Semés au commencement de l'été, ces choux portent, pendant l'hiver et jusqu'au printemps suivant, des feuilles bonnes à couper. C'est une ressource précieuse pour la petite culture; on peut faire la récolte chaque jour suivant les besoins. Les choux fourragers peuvent donner de 45 000 à 50 000 kilog. de fourrage vert par hectare.

Cultures dérobées. — Lorsque la sécheresse du printemps a enrayé le développement normal des plantes fourragères, on peut, dès les premières récoltes achevées, semer sur un labour des mélanges de plantes fourragères hâtives, dont le produit est destiné à parer à la pénurie de fourrage. C'est ce qu'on appelle des cultures dérobées, parce qu'elles ne sont pas comprises dans la succession régulière des récoltes.

Les plantes que l'on cultive le plus souvent de cette manière sont le sarrasin, la moutarde blanche, le moha de Hongrie, le millet, etc. On peut en semer des mélanges depuis le mois de mai jusqu'au mois de juillet, et se garantir ainsi, pour les mois de septembre et d'octobre, des provisions de fourrages verts.

Les feuilles des vignes, des arbres, cueillies avant de se dessécher, peuvent aussi fournir un appoint sérieux de nourriture verte, lorsque les récoltes fourragères ont manqué.

51ᵉ LEÇON

CONSERVATION DES FOURRAGES VERTS

Sommaire. — L'utilité de la conservation des fourrages à l'état frais. — Anciens procédés de conservation. — Définition de l'ensilage. — Construction des silos, leurs avantages, — Ensilage des fourrages à l'air libre. — Fourrages qu'on peut conserver par l'ensilage.

Développement

Les plantes vertes constituent l'aliment naturel de la plupart des animaux domestiques, lesquels sont herbivores. Pour assurer les approvisionnements pendant la mauvaise saison, l'agriculture transforme ces plantes en foin sec. Quelque bien préparé qu'il soit, le foin a perdu, outre l'eau qui se trouvait dans les plantes vertes, certains principes volatils dont l'influence heureuse est constatée sur les animaux nourris au vert. Il peut donc résulter un avantage sérieux de la conservation des plantes fourragères à l'état vert, si cette conservation peut se faire sans dépense élevée pour l'agriculteur.

L'utilité de la conservation des fourrages verts est manifeste lorsqu'il s'agit des fourrages récoltés à l'arrière-saison, quand les circonstances climatériques mettent obstacle à la transformation régulière de l'herbe en foin. Les regains des prairies naturelles ou des prairies artificielles sont souvent perdus, si l'automne est pluvieux; c'est une perte pour le cultivateur. D'autre part, certaines plantes fourragères se transforment difficilement en foin, à quelque époque de l'année que ce soit, ou même ne donnent plus, après le fanage, qu'une substance presque ligneuse que le bétail répugne à manger.

Les anciens procédés de conservation des fourrages verts consistaient à les empiler dans des tonneaux ou dans des cuves, en les mélangeant avec du sel, et à leur faire subir ainsi une sorte de fermentation après laquelle on les distribuait aux animaux domestiques. Ce procédé grossier réussissait rarement, et il entraînait le plus souvent une déperdition assez considérable de fourrage. Aussi ne s'est-il jamais propagé. Aujourd'hui, on a recours à l'*ensilage*, méthode de conservation que l'on peut considérer comme parfaite.

L'ensilage consiste à renfermer dans des *silos*, ou cavités pratiquées dans le sol, les fourrages verts aussitôt qu'ils ont été coupés, et à les y soumettre à une pression énergique. L'effet de cette pression est de chasser de la masse tout l'air qu'elle renferme, et d'empêcher l'introduction de l'air ambiant qui provoquerait une fermentation, de nature à altérer les fourrages.

On établit les silos soit dans un vieux bâtiment ou une grange, soit en plein air. Les dimensions qu'on leur donne varient suivant les quantités de fourrages qu'il s'agit de conserver. Plus les dimensions des silos sont grandes, et plus la conservation des fourrages y est facile.

Pour que la conservation soit complète, deux conditions sont nécessaires : 1° que le fourrage reste aussi peu de temps que possible en contact avec l'air, après avoir été coupé; 2° que, dans le silo, il soit complètement à l'abri, tant de l'action de l'air que des infiltrations des eaux de pluie ou des eaux souterraines.

Ces conditions indiquent dès lors comment on doit construire les silos et quelles dimensions on doit leur donner.

Si la terre dans laquelle on creuse le silo est une terre sèche, éloignée de toute couche aquifère, on peut se borner à creuser le sol et à bien aplanir les parois de la fosse sans y ajouter de revêtement; mais pour peu que le sol soit sujet à l'humidité, il faut garnir le fond et les parois soit d'un mur en maçonnerie bien étanche, soit même d'une couche de ciment, pour empêcher toute invasion de l'humidité. Au-dessus du sol, on forme les parois des silos avec des murs en pierres ou en briques, qui montent jusqu'à la hauteur nécessaire pour maintenir tout le fourrage que l'on veut conserver.

Les dimensions des silos sont généralement de 6 à 7 mètres de longueur sur 2m,50 à 3 mètres de largeur. La meilleure forme à leur donner est la forme elliptique, dans laquelle les angles latéraux sont supprimés. Grâce à cette forme, le tassement du fourrage se fait beaucoup plus facilement, et il n'y a pas à craindre de laisser aux angles des vides qui forment des magasins pour l'air. Quant à la hauteur, elle est limitée par la difficulté de pratiquer le chargement du silo et l'enlèvement des matières conservées après son ouverture. Le principe qui doit servir de guide est que la conservation est toujours plus parfaite dans une masse haute et large que dans une masse étroite, quelque haute qu'elle soit.

Il faut que les parois des silos soient verticales. En effet, l'inclinaison des parois décompose l'effet du poids du fourrage et de la pression qu'on y exerce; elle s'oppose donc au glissement et elle nuit à un tassement régulier. Toutes les fois que l'on a essayé de construire des silos à parois inclinées, il y a eu formation de moisissure le long de ces parois, par suite du défaut de tassement. Au contraire, sur les parois verticales, l'adhérence n'est jamais aussi grande, et l'on peut y augmenter la pression, pour mettre obstacle à la circulation de l'air entre la paroi et la masse ensilée. Une autre condition nécessaire, c'est que les parois des silos soient lisses, pour qu'elles ne mettent pas obstacle au glissement des fourrages, et pour qu'on puisse procéder, avant le remplissage des silos, à des lavages pour détruire les germes de moisissures qui peuvent rester adhérentes à ces parois.

Le remplissage ou chargement du silo se fait d'après des règles bien déterminées. La régularité et la rapidité dans le chargement sont des conditions nécessaires pour la bonne conservation des fourrages. Si l'on peut remplir un silo dans une seule journée, on doit le faire; mais il est prudent de ne pas mettre plus de deux à trois jours pour ce travail.

Les opérations sont les suivantes : coupe des fourrages, mise en silo, tassement, fermeture du silo.

Plus les plantes sont fraîches et encore molles, plus elles se conservent facilement. On doit donc les enlever immédiatement derrière les faucheurs avant qu'elles soient amorties, et les apporter sans retard au silo. Par la rosée, par la pluie même, les chances de conservation sont supérieures à ce qu'elles seraient après un commencement de dessiccation ou si le travail est exécuté par une trop forte chaleur. C'est un fait d'expérience souvent répétée, et qui s'explique par la facilité que cet état des plantes apporte à leur tassement. Il est arrivé que des herbes fauchées, laissées sur le sol pendant un ou deux jours, soumises à des alternatives de pluie et de soleil, par suite à demi desséchées et mises en silo pour être sauvées, ont été presque complètement perdues.

La mise en silo s'effectue en jetant à la fourche les fourrages dans la fosse. Ces fourrages y sont pris par des hommes, qui les étendent en couches régulières horizontales, sur lesquelles ils piétinent pour les tasser. Ces hommes doivent tourner souvent autour du silo, afin d'opérer un tassement spécial sur les bords. On juge de la régularité du tassement en marchant sur les fourrages; si les deux pieds éprouvent une résistance égale, le tassement est bon. Il est utile d'armer les ouvriers qui exécutent ce travail de bêches bien coupantes, avec lesquelles ils frappent le fourrage en le piétinant.

Les plantes à petites feuilles et à tiges fines s'ensilent régulièrement, sans qu'il soit nécessaire de les diviser. Mais pour celles à larges feuilles et à fortes tiges, par exemple le maïs-fourrage, il est utile, souvent même indispensable, de procéder à un hachage préalable avant la mise en silos. A cet effet, on place sur le bord du silo un hache-paille mû par un manège ou à la vapeur, par lequel on fait passer les plantes, et d'où les morceaux hachés sont directement dirigés dans le silo, soit qu'ils y tombent naturellement, soit qu'ils soient conduits par un élévateur au-dessus des parois du silo. Les gros fourrages ainsi hachés se conservent beaucoup plus régulièrement; les tiges que les animaux ne mangeraient que difficilement, s'amollissent dans le silo, et elles sont ensuite absorbées sans peine par le bétail. On doit régler l'instrument de hachage de telle sorte que la longueur des morceaux soit de 2 à 5 centimètres.

On ne saurait trop insister sur le tassement. Le soin avec lequel il se fait exerce la plus grande influence sur la conservation du fourrage. Quand on ouvre le silo, plus tard, si l'on trouve des parties moisies dans la masse, c'est toujours dans des poignées de fourrage mal étendues ou laissées en pelotes, dans lesquelles l'air est resté confiné.

Dès que le silo est rempli, on doit le fermer, en le recouvrant. La fermeture poursuit deux buts : enlever la masse au contact de l'air, et la comprimer énergiquement. Il faut donc que la couverture du silo soit hermétique et d'autre part qu'elle soit mobile, pour qu'elle puisse suivre les inégalités de la partie supérieure du tas de fourrage. On obtient ce double résultat en couvrant d'abord le silo avec une couche de paille hachée ou de menue paille, de quelques centimètres d'épaisseur, et en plaçant par dessus des planches ou madriers qu'on charge de pierres, de briques ou d'autres matériaux. Cette couverture comprime fortement la masse, et elle descend avec celle-ci, à mesure que son volume diminue sous la pression. La pression nécessaire pour la bonne conservation du fourrage est de 500 à 600 kilogrammes par mètre carré. Il faut que cette pression soit constante pour chasser tout l'air contenu dans la masse et pour en empêcher l'introduction pendant tout le temps que le fourrage est dans le silo.

Le silo étant ainsi clos, on n'a plus à s'en occuper jusqu'au jour où l'on veut faire consommer le fourrage qu'il renferme. S'il est abrité par une toiture, on n'a pas à craindre l'effet des pluies; mais s'il est en plein air, il est utile de lui faire un toit avec du chaume, ou bien avec de la terre battue, en ménageant autour des rigoles d'écoulement bien entretenues.

On a quelquefois conseillé d'ajouter du sel au fourrage ensilé pour en assurer la conservation. L'expérience a démontré que cette précaution est inutile, quand l'ensilage est bien fait, et qu'elle ne s'oppose pas à l'altération du fourrage, lorsque l'ensilage est défectueux.

La durée de la conservation des fourrages en silo n'est pas encore déterminée; elle semble pouvoir être presque indéfinie. En pratique habituelle, les fourrages ensilés en été ou à l'automne se consomment à la fin de l'hiver et au printemps, ceux qu'on ensile au printemps se consomment à l'automne et en hiver. Dans des silos bien faits, conservés pendant deux années, on a retrouvé les fourrages intacts.

L'ouverture des silos est une opération délicate. On ne doit les attaquer que progressivement, pour satisfaire aux besoins journaliers. La meilleure manière d'entamer un silo est de le découvrir sur le côté d'abord sur une bande de 35 à 40 centimètres de largeur; un homme peut s'y tenir et la découper jusqu'au fond du silo. Lorsque la première tranche est épuisée sur toute la largeur, on en attaque une deuxième, en suivant le même procédé. On vide ainsi progressivement le silo, en ayant soin de maintenir toujours la pression sur la partie qui n'est pas encore attaquée.

Le produit de l'ensilage présente exactement l'aspect du fourrage au moment où il a été mis dans le silo. Les feuilles et les tiges ont conservé leur forme, mais elles ont pris une couleur brunâtre; dans quelques circonstances, elles ont conservé la coloration verte. La masse est humide et fraîche, mais elle ne mouille pas les mains; sa température est restée sans changements depuis le moment de la mise en silo. L'odeur est forte et vineuse, très persistante. Les parties altérées, lorsqu'il s'en trouve, sont beaucoup moins odorantes; elles sont de couleur blanche ou brunâtre, avec des taches de moisissures plus ou moins abondantes.

Après quelques heures, la fermentation alcoolique se développe dans le fourrage sorti du silo; c'est le meilleur moment pour le distribuer aux animaux. La plupart des bêtes domestiques mangent avec avidité le fourrage ensilé; les bœufs à l'engrais se trouvent particulièrement bien de cette nourriture, à la condition qu'on n'en fasse pas un aliment exclusif. Les vaches laitières consomment aussi très volontiers les fourrages ensilés; mais il faut se garder de les leur distribuer en trop grande quantité; on prétend, en effet, que cette alimentation, si elle est exclusive, exerce une mauvaise influence sur la qualité du lait. En Angleterre, les fabricants de lait condensé interdisent à leurs fournisseurs l'emploi des fourrages ensilés. Les moutons mangent avec avidité les produits de l'ensilage; la meilleure méthode pour en tirer parti avec ces animaux est de mélanger ces produits avec des aliments secs.

On distingue aujourd'hui deux sortes de produits de l'ensilage; on les désigne par les noms d'*ensilage acide* et d'*ensilage doux*.

L'ensilage acide est celui que l'on obtient en suivant la mé-

thode dont la description précède. Le fourrage présente une
odeur caractéristique, parfois désagréable à l'homme, mais qui
ne paraît pas répugner au bétail, car les animaux mangent le
fourrage avec avidité.

Si, au lieu de charger le silo sans interruption, on laisse la
masse du fourrage s'échauffer à l'air libre de telle sorte qu'elle
atteigne la température de 65 ou 70 degrés, et si l'on ferme
ensuite le silo, il s'y produit une fermentation alcoolique rapide.
La masse conserve sa température élevée; lorsqu'on ouvre le
silo, le fourrage exhale une odeur de miel très agréable. On
obtient ainsi l'ensilage doux, dont les animaux sont très friands,
mais qui se conserve mal à l'air et qui se couvre rapidement de
moisissures. Cette deuxième méthode est beaucoup moins répandue jusqu'ici que la première.

Tous les détails relatifs au chargement des silos sont à suivre
avec rigueur, si l'on veut obtenir une conservation absolue de
toute la masse fourragère mise en silo.

Mais les silos en maçonnerie coûtent cher, et on ne peut pas
toujours faire, dans les petites exploitations, les dépenses nécessaires pour leur construction. A la rigueur, on peut s'en passer
dans certaines conditions, surtout dans les fermes isolées, où
le fourrage, difficile à vendre et à transporter, perd de sa valeur
commerciale. Mais on rachète cette économie par une perte plus
ou moins notable sur les bords du silo; cette perte peut s'élever
à une proportion de 25 à 30 centimètres de fourrage moisi
sur tout le pourtour de la masse. Dans ces conditions, on peut
avoir recours à de simples fosses en terre, garanties des eaux
extérieures par des rigoles; on recouvre le fourrage qu'on y place
par une couche de paille, qu'on recouvre de pierres et de la terre
tirée en creusant la fosse.

La pratique de ce procédé peut se résumer ainsi : ouvrir
une fosse de dimension en rapport avec la quantité de fourrage
à conserver; donner à cette fosse autant de profondeur que possible; dresser parfaitement le fond et les parois en arrondissant
les angles; ensiler les fourrages par couches de 30 à 35 centimètres d'épaisseur, au moment du fauchage, qu'il pleuve ou
qu'il ne pleuve pas; fortement tasser chaque couche; élever le
dépôt de 40 à 50 centimètres au-dessus du niveau du sol; tasser

ensuite par piétinement, et si la surface est assez grande, par
le passage de voitures sur le silo ; puis couvrir avec une légère
couche de paille sur laquelle sera placée une couche de 25 à
50 centimètres de la terre provenant de la fouille, en la battant
fortement ; enfin disposer l'excédent de la terre de manière à
ce qu'elle mette obstacle à l'introduction de l'eau et de l'air
dans le silo.

Une dernière méthode économique est l'ensilage des fourrages
en plein air.

Ce procédé, qui exige un certain tour de main, consiste à en-
tasser par couches régulières le fourrage sur le sol qui doit
être horizontal, en donnant au tas une forme rectangulaire
dont la plus petite largeur est déterminée par la longueur des
madriers dont on peut disposer. On entoure la surface ainsi occu-
pée par une petite rigole creusée de façon à empêcher les eaux
pluviales, en coulant sur le champ, de venir battre le pied du
tas et d'en pourrir la base. On recouvre le tas arrivé à hauteur
avec une double couche de planches en contrariant les joints, et
on cloue avec des traverses les planches supérieures. Sur le plancher, on entasse des pierres en quantité suffisante pour atteindre
un poids de 800 à 1000 kilogrammes par mètre carré ; on
place cette charge en deux fois, avec un intervalle de vingt-quatre
heures, afin d'assurer l'homogénéité de la pression. Le tas diminue de hauteur, dans la proportion du tiers à la moitié ; il se
conserve pendant plusieurs mois, sans autre altération qu'une
légère perte sur les faces, laquelle diminue d'autant plus qu'on
a eu la précaution, en formant le tas, de charger la quantité de
fourrage mise sur les bords. Cette méthode d'ensilage est à la
portée de tous les cultivateurs, et elle n'exige pas d'autre dépense que la confection du tas. On exploite les tas, dans le
sens de la plus petite largeur, comme dans les silos maçonnés,
par tranches verticales qu'on coupe avec un instrument quelconque.

On peut conserver par l'ensilage toutes les plantes fourragères vertes. Celles à grand développement sont les plus avantageuses, parce qu'elles fournissent une plus grande quantité de
nourriture. Les plantes qui se prêtent le mieux à cette opération sont le maïs-fourrage, le seigle coupé vert, les vesces, les

trèfles, la luzerne, l'herbe des prairies, l'avoine et le sarrasin coupés en vert, le ray-grass, etc. Les feuilles des plantes sarclées, les feuilles des vignes, les tiges des plantes cultivées pour leurs racines, sont aussi ensilées avec profit. Quelquefois, les feuilles de betteraves et de navets prennent, dans les silos, une odeur nauséabonde et un commencement de décomposition ; il faut toujours les ensiler séparément. Les foins durs et ligneux, même ceux mêlés de joncs, s'attendrissent par l'ensilage, et le bétail, qui les eût dédaignés à l'état sec, les mange volontiers quand ils ont été ensilés. D'une manière absolue, les animaux préfèrent le fourrage ensilé au fourrage sec.

Lorsque le terrain et le climat sont propices, on peut obtenir en une année deux grandes récoltes fourragères qu'on ensile avec avantage : le seigle vert et le maïs-fourrage. On sème à l'automne le seigle qu'on coupe à la fin d'avril ou au commencement de mai pour l'ensiler immédiatement ; on sème sur le même sol le maïs-fourrage qu'on coupe et qu'on ensile à l'automne.

Quel nombre de bêtes peut-on nourrir avec un hectare de fourrage ensilé ? On doit donner aux animaux, chaque jour, environ 10 pour 100 de leur poids vif en fourrage ensilé ; la ration sera donc de 4 à 5 kilogrammes pour les moutons et de 40 à 50 kilogrammes pour les bêtes à cornes. Connaissant le produit d'un hectare en fourrage, il suffit de diviser ce poids par ces nombres pour obtenir le nombre de rations disponibles. Par exemple, si l'on a 25 000 kilogrammes de fourrage vert, on aura 500 rations de bêtes à cornes, c'est-à-dire la nourriture d'un troupeau de dix vaches pendant cinquante jours, ou celle d'un troupeau de vingt vaches pendant vingt-cinq jours. C'est d'ailleurs le même calcul qui sert pour apprécier les ressources fournies par les diverses sortes de récoltes fourragères.

52ᵉ LEÇON

PRAIRIES TEMPORAIRES

Sommaire. — Création des prairies temporaires, leur rôle. — Plantes qui peuvent former ces prairies. — Soins d'entretien. — Exploitation des prairies temporaires.

Résumé

On ne peut pas créer sur tous les sols des prairies artificielles de plantes légumineuses. Pour y suppléer, on peut avoir recours à la création de prairies destinées à une courte durée, formées surtout par le mélange de plusieurs espèces de Graminées. On leur donne spécialement le nom de prairies temporaires.

La durée des prairies temporaires est généralement de trois à quatre ans. On les intercale dans l'assolement des terres arables. Le plus souvent, on fait précéder la semaille par la culture d'une céréale d'hiver, et c'est dans cette céréale qu'on jette au printemps les graines des plantes qui doivent constituer la future prairie.

Les prairies temporaires, ne devant durer que peu d'années, doivent donner un produit immédiat. C'est pourquoi on doit choisir les plantes, conformément à la nature du sol, de telle sorte que la végétation soit active et régulière dès la première année. Le choix de ces plantes doit donc varier, d'une part suivant la nature du sol, et d'autre part suivant le but qu'on veut atteindre, car on fait des prairies temporaires soit pour récolter du foin pendant les premières années et faire paître ensuite le bétail, soit exclusivement pour servir de pâture aux animaux domestiques.

Les plantes généralement employées pour constituer les prairies temporaires, sont : parmi les *Graminées*, le ray-grass, la fétuque, la fléole, le brôme des prés, le dactyle pelotonné, le fromental ; — parmi les *Légumineuses*, le trèfle violet, le sainfoin, la minette, la luzerne, l'anthyllide vulnéraire.

Lorsque les prairies temporaires entrent dans l'assolement général des terres de la ferme, on assure la régularité de la production en fourrage; en effet, elles occupent constamment une superficie égale, et pendant toute la durée de l'assolement on peut chaque année renouveler une partie de ces prairies. Il suffit, pour atteindre ce résultat, de consacrer, par exemple, trois soles qu'on ensemence successivement d'année en année, en prairie temporaire. Chaque sole durant trois années, si l'on a 18 hectares par exemple consacrés à ces prairies, on en a constamment 6 en prairie d'un an, 6 en prairie de deux ans, 6 en pâturage ou prairie de trois ans. Si l'on ne suivait pas rigoureusement cette règle, la production présenterait une irrégularité fâcheuse.

Dans le cas où les terres de la ferme ne présentent pas les mêmes caractères, il est prudent de faire deux assolements, par exemple l'un pour des terres argileuses, l'autre pour des terres calcaires. Les prairies temporaires ne peuvent pas, en effet, être constituées de la même manière sur ces deux sortes de terres.

On doit apporter la plus grande attention aux mélanges de graines que l'on sème pour créer les prairies temporaires. Voici quelques exemples de ces mélanges :

Dans un terrain assez compact, argilo-siliceux, pour former une prairie à faucher, puis à pâturer, on emploiera un mélange de 20 kilogrammes de graines comme il suit : trèfle violet, 2 kilogrammes; trèfle hybride, 5 kilogrammes; luzerne, 1 kilogramme; ray-grass anglais, 5 kilogrammes; fromental, 5 kilogrammes; dactyle pelotonné, 2 kilogrammes; houque laineuse, 2 kilogrammes.

Dans un terrain argilo-calcaire, peu profond, caillouteux, 20 kilogrammes de graines comme il suit : sainfoin, 5 kilogrammes; minette, 3 kilogrammes; anthyllide vulnéraire, 3 kilogrammes; trèfle blanc, 1 kilogramme; brôme des prés, 6 kilogrammes; ray-grass anglais, 1 kilogramme; fétuque, 1 kilogramme.

S'il s'agit de former immédiatement un pâturage sur un sol calcaire, peu profond, on pourra semer : sainfoin, 2 kilogrammes; minette, 2 kilogrammes; anthyllide vulnéraire, 2 kilogrammes; trèfle blanc, 2 kilogrammes et demi; ray-grass anglais, 10 kilogrammes; brôme des prés, 3 kilogrammes; fétuque, 3 kilogrammes; avoine jaune, 1 kilogramme et demi.

Dans tous les cas, il est utile de semer isolément les graines de Légumineuses et celles de Graminées, ou bien d'une part les graines grosses et d'autre part les graines fines.

Les quantités indiquées ici sont des minima; il est souvent avantageux d'augmenter les proportions, surtout pour les plantes principales dont il est important que la prairie temporaire soit garnie.

On sème les graines comme il a été dit, aux mois de mars ou d'avril, dans une céréale d'hiver. On donne un léger hersage pour recouvrir les graines; ce hersage est d'ailleurs favorable à la céréale. Après la moisson, le terrain reste libre. Pendant l'hiver, on peut, s'il est nécessaire, procéder à l'épierrement du sol, et si la végétation est peu vigoureuse, en augmenter la force par un marnage, ou par l'emploi d'engrais commerciaux, ou enfin par l'arrosage avec le purin.

A la fin du printemps, on coupe l'herbe qu'on transforme en foin. A l'automne, le regain est coupé, ou bien il sert de pâturage.

Pendant la *deuxième* année, la prairie temporaire sert de pâturage, de même que pendant la *troisième* année; mais généralement, la valeur en est moindre pendant cette dernière année; une partie de l'herbe disparaît. A l'automne, on laboure la prairie temporaire, et on sème au printemps une céréale (orge ou avoine).

Il faut avoir soin de clore les prairies temporaires pour que le bétail qui y pâture n'en sorte pas. Si les terres ne sont pas encloses par des haies, on a recours avec avantage à des clôtures artificielles en fil de fer.

55ᵉ LEÇON

PATURAGES ET HERBAGES

Sommaire. — Définition des pâturages et des herbages. — Création et soins d'entretien des herbages. — Utilisation rationnelle des pâturages. — Quantité et nature d'animaux à y mettre.

Résumé

Les herbages sont des prairies qu'on ne fauche jamais, et sur lesquelles on fait pâturer les animaux domestiques. Les herbages servent parfois à l'élevage des jeunes animaux, mais le plus souvent on y place les animaux pour les engraisser.

On appelle pâturages tous les terrains engazonnés naturellement, et dont la production herbacée est consommée sur place par le bétail. Les herbages sont donc des pâturages, dans l'acception générale de ce dernier mot, mais tous les pâturages ne sont pas des herbages. On crée des herbages, mais on ne crée que rarement des pâturages.

Pâturages. — Les pâturages sont permanents ou temporaires.

Les pâturages permanents sont les prairies des montagnes, les landes, les terres vagues ou incultes; les forêts servent aussi parfois de pâturage.

Les pâturages temporaires sont les chaumes des céréales, les terres en jachère, les prairies temporaires, et quelquefois les cultures fourragères annuelles.

Les pâturages servent surtout à l'élevage et à l'entretien des animaux; rarement ils sont assez fertiles pour être utilisés dans les opérations d'engraissement.

Les pâturages de montagnes fournissent généralement une herbe peu élevée; mais cette herbe est bien fournie, et agréable au bétail. Dans toutes les régions montagneuses de France, on élève sur ces pâturages de nombreux troupeaux qui y sont maintenus depuis le printemps jusqu'à l'automne; sur les pentes trop rapides, inaccessibles au bétail, des pâtres fauchent l'herbe qu'on donne ensuite aux animaux. On distingue les pâturages propres aux races bovines et ceux propres aux races ovines; en outre, certains pâturages sont plus aptes à l'élevage du bétail, d'autres à la production du lait. Le lait des vaches est converti en fromage; c'est sur ces pâturages que sont établies les associations pastorales connues sous le nom de *fruitières*. Le plus souvent, on parque les animaux pendant la nuit; on change de temps en temps le lieu du parc pour faire profiter tout le pâturage de la fumure qui en résulte.

Les pâturages des landes sont généralement de médiocre qualité. Ils sont le plus souvent affectés à l'élevage des moutons. On les utilise surtout au printemps et au commencement de l'été.

Il en est de même sur les terres incultes ou pâtis, à moins que le climat ne soit assez humide.

Le pâturage dans les bois résulte le plus souvent d'anciens droits de parcours ou d'usage concédés à des communes ou à des domaines. La production herbacée y est généralement maigre, sauf dans les clairières. Ce pâturage ne peut présenter quelque avantage réel que dans les cas de pénurie de fourrage.

Les pâturages sur les chaumes des céréales, sur les terres en jachère, sont utiles, tant pour l'entretien des animaux des fermes que pour la destruction sur ces terres de certaines herbes adventices dont le bétail mange les tiges.

Quant au pâturage sur les prairies naturelles, artificielles ou temporaires, il rentre dans le système d'exploitation de ces prairies (voy. les leçons précédentes).

Herbages. — Les herbages, qu'on appelle aussi pâtures grasses, prairies d'embouche, se rencontrent généralement dans les vallées, sur les terres argilo-calcaires, propres à la production des bonnes espèces de Graminées et de Légumineuses. Tous les herbages ne présentent pas la même qualité : ce n'est pas tant la quantité de l'herbe que sa qualité nutritive qui en fait la valeur.

Les plantes qui forment le fond des herbages sont : parmi les Légumineuses, le trèfle blanc, le trèfle violet, la minette, le lotier, la gesse, la luzerne; parmi les Graminées, l'agrostide, le brôme des prés, le dactyle pelotonné, la flouve odorante, l'avoine élevée, la houque laineuse, le ray-grass, le paturin, le vulpin des prés, la fléole, la fétuque.

Pour créer les herbages, on prend les mêmes soins que pour

la création des prairies, mais il est important que le sol soit nettoyé des herbes adventices par une culture sarclée. On enclôt les
herbages par des haies vives ou par des clôtures en bois ou en
fil de fer, et on y plante quelques arbres pour que les animaux
y trouvent un abri et de l'ombre. On les garnit toujours
d'abreuvoirs.

Les soins d'entretien consistent à étendre les fientes, à enlever les feuilles tombées des arbres, à élaguer les haies, à supprimer les plantes nuisibles. Pendant l'hiver, on répand avec
avantage des composts sur les herbages pour en activer la végétation; cette opération se fait tous les deux ou trois ans.

Les bœufs et les vaches sont les animaux dont on tire le plus
grand profit sur les herbages. Ils y restent à demeure jusqu'au
jour où l'on veut les vendre; si la valeur des herbages d'une
même exploitation varie, on fait passer successivement les animaux des herbages les moins productifs sur ceux qui le sont
davantage.

Suivant leurs qualités individuelles, tous les animaux ne profitent pas autant de l'herbage; mais, en général, on estime que,
dans les herbages ordinaires, on peut engraisser deux bœufs
chaque année par hectare.

Charger un herbage, c'est le garnir d'animaux. Cette opération
se fait généralement au mois d'avril; on introduit alors sur
l'herbage un nombre de têtes égal à la superficie en hectares.
Au fur et à mesure que ces animaux sont en état d'être vendus,
on les remplace par d'autres. L'opération se continue par trois
ou quatre chargements partiels jusqu'à l'automne. On ne laisse
sur l'herbage, pour y passer l'hiver, qu'un cinquième environ
du nombre d'animaux qui correspond à la superficie totale; on
y joint quelquefois un troupeau de moutons pour utiliser les
petites herbes que les grands ruminants ne mangent pas.

Le plus souvent les animaux pâturent en liberté; quelquefois,
on les fait pâturer au piquet, c'est-à-dire en les maintenant attachés à une longe qui se termine par un piquet fixé dans le sol;
on change la place du piquet quand l'herbe a été mangée.

L'exploitation des pâturages est réglementée, dans beaucoup
de localités, par des usages locaux qui varient suivant les
provinces.

54ᵉ LEÇON

PLANTES A RACINES FOURRAGÈRES

Sommaire. — Nomenclature des plantes à racines fourragères. — Culture de la betterave, de la carotte, du chou-navet, etc. — Plantes à tubercules alimentaires. — Culture du topinambour.

Résumé

Les plantes à racines fourragères sont celles dont les racines ou les tubercules servent à la nourriture du bétail.

Les principales plantes de cette catégorie sont : la betterave fourragère, la carotte, le chou-navet, les navets et les raves, les panais, la pomme de terre, le topinambour.

Betterave fourragère. — C'est une des variétés de l'espèce de bette connue sous le nom de betterave (*Beta vulgaris*, var. *rapa*). La culture en a créé un grand nombre de races dont les principales sont : la disette ou champêtre, à chair blanche ou veinée de rose, très volumineuse ; la globe jaune, à racine presque cylindrique, à peau jaune et chair blanche ; la betterave rouge ovoïde, à racine allongée et à chair blanche. Il existe aussi beaucoup de sous-races de la betterave disette ; les principales sont la betterave camuse, la betterave mammouth, la betterave corne de bœuf.

Les semailles se font en avril sur une terre profondément labourée ; on pratique plusieurs binages pendant les premiers mois de la végétation ; on récolte en septembre ou octobre. Le rendement varie, suivant les variétés, entre 50 000 et 60 000 kilogrammes de racines par hectare. Les betteraves servent surtout à l'alimentation des bêtes bovines, ovines et porcines.

Carotte. — La carotte (*Daucus carota*) compte un grand nombre de variétés. Les deux principales variétés fourragères sont : la carotte rouge longue, à racine régulière, à chair rouge ; la carotte blanche, à racine longue et grosse, à chair blanche, tirant sur le jaune. A cette dernière variété se rattache la carotte blanche des Vosges, à racine moins longue et plus grosse, à collet très large.

Les semailles s'effectuent au printemps, en lignes; les soins de culture consistent surtout en binages; on récolte à l'automne.

Le rendement moyen est de 25 000 à 30 000 kilogrammes par hectare. On donne les carottes aux chevaux et aux vaches.

Chou-navet. — Dans la variété de chou (*Brassica oleracea*) connue sous le nom de chou-navet, la racine principale est développée et grossie au point de ressembler à un navet. On en cultive surtout deux races : le chou-navet blanc à chair blanche, et le chou-navet jaune ou rutabaga, à chair jaune. Cette plante prospère surtout dans les climats humides.

On sème en lignes en mai ou en juin; lorsque le plant est un peu fort, on éclaircit pour que les sujets se développent régulièrement. Les soins de culture consistent en binages et sarclages. On récolte au commencement de l'hiver.

Le rendement moyen est de 60 000 à 75 000 kilogrammes de racines par hectare.

Navet. — Les navets (*Brassica napus*), qu'on appelle souvent des raves, sont cultivés pour leur racine renflée et charnue. La forme de cette racine varie avec les variétés, qui sont nombreuses. On peut les répartir en deux catégories : les variétés à racine allongée, ou navets proprement dits, parmi lesquelles on doit citer le navet d'Alsace et le navet de Meaux; les variétés à racines arrondies, ou raves, parmi lesquelles on distingue surtout le navet turneps d'Angleterre, le navet du Limousin et le navet d'Auvergne, ce dernier à racine aplatie. Les climats un peu humides sont les plus propices à la culture des navets.

On sème, à la fin du printemps, en lignes; on pratique quelques binages, et on récolte au commencement de l'hiver. On peut aussi semer sur chaume de céréales et obtenir une récolte, quoiqu'elle soit moindre que dans la méthode précédente.

Le rendement varie beaucoup suivant les variétés et suivant les conditions climatériques; il peut atteindre 40 000 kilogrammes par hectare, et descendre à 10 000 kilogrammes. Le navet constitue une bonne nourriture pour tous les animaux domestiques.

Panais. — Le panais (*Pastinaca sativa*) a une racine très pivotante, charnue, de couleur blanche.

C'est une plante très rustique, qu'on cultive suivant les mêmes méthodes que la carotte fourragère. On récolte en automne, et on peut même laisser les racines en terre pendant l'hiver, en arrachant suivant les besoins.

Le rendement moyen est de 12 000 à 15 000 kilogrammes par hectare. Le panais est une excellente nourriture, surtout pour les chevaux.

Pomme de terre. — Plusieurs variétés de pommes de terre sont cultivées pour la nourriture des animaux. La méthode de culture est la même que celle décrite dans la 26ᵉ leçon.

Topinambour. — Le topinambour (*Helianthus tuberosus*) est une plante vivace, à tiges annuelles. On le cultive pour les tubercules formés par ses tiges souterraines. Ces tubercules, renflés irrégulièrement, sont de couleur rouge violacé; leur chair est blanc jaunâtre.

On cultive le topinambour tantôt comme plante sarclée, tantôt en le laissant pendant deux années sur le même sol. On plante les tubercules, au printemps, en lignes espacées de 80 centimètres. Les soins de culture consistent surtout en binages. On arrache les tubercules à l'automne, à la charrue.

Le rendement moyen est de 50 000 à 60 000 kilogrammes à l'hectare.

Si l'on veut consacrer une deuxième année à la même culture, on arrache les tubercules pendant l'automne et l'hiver, suivant les besoins. Ces tubercules résistent au froid tant qu'ils restent en terre. Au printemps, la plante repousse d'elle-même.

Le topinambour constitue une bonne nourriture pour tous les animaux. Cette plante sert aussi à la distillerie.

Conservation des racines. — Les racines fourragères, arrachées à l'automne, se conservent pendant l'hiver soit dans des caves, des celliers, des granges, des silos, soit en plein champ, en tas recouverts de feuilles.

Pour les distribuer aux animaux, on les coupe en tranches ou lamelles minces, avec des couteaux ou avec des instruments spéciaux, appelés coupe-racines. Ces instruments consistent en disques coupants montés sur un bâti qu'on manœuvre avec une manivelle.

Les racines renferment, suivant les variétés et les conditions climatériques, de 75 à 90 pour 100 d'eau; la proportion de matière sèche, c'est-à-dire réellement alimentaire, ne dépasse donc pas 10 à 25 pour 100 de leur poids. Pour corriger l'excès d'eau qu'elles renferment souvent, on les distribue aux animaux en mélange avec d'autres aliments plus secs, notamment du foin, de la paille hachée, des balles de céréales. C'est une bonne pratique que de faire ces mélanges quelques heures avant les repas.

55ᵉ LEÇON

BETTERAVE A SUCRE

Sommaire. — Caractères de la betterave. — Variétés de betteraves à sucre — Culture, récolte, emploi de la betterave. — Sucreries et distilleries.

Résumé

La betterave (*Beta vulgaris*) est une plante de la famille des Chénopodées, bisannuelle, à racine renflée et charnue, dont la tige ne se développe que la deuxième année. Les feuilles principales poussent au collet de la racine ; elles sont ovales et longuement pétiolées. La tige, qui se ramifie, atteint une hauteur de 1m,50. Les fleurs, hermaphrodites, se développent par groupes sur les rameaux. Les graines sont très petites, réniformes, de couleur brune (fig. 7).

On cultive la betterave pour sa racine, qu'on récolte à la fin de la première année de sa végétation. On en a obtenu un grand nombre de variétés, qu'on répartit en trois catégories : betteraves *potagères*, pour l'alimentation humaine ; betteraves *fourragères* (voy. la 54ᵉ leçon) ; betteraves *à sucre*, qu'on cultive pour le sucre qu'elles renferment.

La culture de la betterave à sucre date du commencement du dix-neuvième siècle. Le sucre de betterave est le même que le sucre de canne ; formé dans les feuilles, il s'emmagasine dans la racine en proportion croissante depuis le collet jusqu'à la pointe. La betterave fournit aujourd'hui environ le tiers de la quantité de sucre fabriquée dans le monde entier. La proportion de sucre que renferment les betteraves varie de 6 à 18 pour 100 de leur poids; pour que l'extraction en soit avantageuse, il faut que cette proportion soit au moins de 10 à 12 pour 100.

On cultive un assez grand nombre de variétés de betteraves à

Fig. 7. — Analyse de la betterave : A, rameau fleuri; — B, groupe de fleurs; — C, fleur épanouie; D, coupe de la fleur; — E, fruits agglomérés, — F, fruit isolé; — G, graine; — H, coupe de la graine.

sucre, dont la plupart sont issues de la betterave blanche de Silésie, originaire d'Allemagne. Les principales sont : la betterave à sucre allemande ou de Magdebourg, la betterave impériale de Knauer, la betterave à sucre française à collet vert, la

betterave à sucre française à collet rose, la betterave améliorée
de Vilmorin. — Les bonnes betteraves à sucre ont une racine
étroite et allongée poussant profondément en terre sans en sortir,
un collet assez large, des feuilles abondantes, une chair très
dure et une peau rugueuse. Leur poids varie dans de très
grandes proportions; les plus grosses dépassent un kilogramme;
les plus petites atteignent de 400 à 500 grammes.

Les règles de la culture de la betterave à sucre se résument
en quatre points : préparation du sol par les labours et les engrais, choix de la graine, soins appropriés pendant la végétation.

Les sols qui conviennent le mieux à la betterave à sucre sont
les terres argilo-calcaires ou argilo-siliceuses, assez profondes.
On prépare la terre par un labour profond de 35 à 40 centimètres, qu'on exécute en août ou septembre, et qu'on fait suivre
de l'enfouissement du fumier, pour que cet engrais soit bien
décomposé au printemps suivant. A la fin de l'hiver, labour
plus superficiel, suivi de hersage et de roulage pour que la
surface soit bien ameublie. Comme le fumier est enfoui à une
profondeur de 20 ou 25 centimètres, quelques jours avant les
semailles on répand des engrais complémentaires (azotés et
phosphatés) rapidement solubles, qui assurent une alimentation
suffisante pour la première évolution des jeunes plantes; la
quantité à employer varie de 100 à 400 kilogrammes par hectare,
suivant l'état de fertilité du sol.

Les semailles, qu'on pratique de la fin de mars au commencement de mai, se font en lignes espacées de 25 à 35 centimètres, suivant qu'on doit biner à la main ou avec la houe à
cheval. On sème de 20 à 25 kilogrammes de graines par hectare.

Pour obtenir des betteraves riches en sucre, il est nécessaire
de semer de la graine d'une race bien déterminée et fixée par
la sélection; c'est une condition indispensable. Les graines de
ces races sont les seules qui donnent, d'une manière constante,
des betteraves riches.

Les soins de culture consistent surtout en binages et en sarclages. On commence à les pratiquer lorsque les betteraves ont
levé, et on les continue de quinzaine en quinzaine jusqu'en juin.
Lorsque les plantes ont de deux à quatre feuilles, on procède au

démariage, c'est-à-dire on diminue le nombre des plants sur la ligne. Pour obtenir des betteraves riches, il faut laisser de dix à douze pieds par mètre carré; les betteraves serrées ne prennent pas des dimensions exagérées au détriment de la formation du sucre.

La maturité des betteraves commence en septembre; elle est caractérisée par le jaunissement des feuilles et leur inclinaison vers le sol. On procède à l'arrachage, soit avec des bêches spéciales, soit avec des machines, traînées par des chevaux, qui soulèvent les racines et les font sortir du sol. Après avoir débarrassé les racines de la terre qui les entoure, on en coupe le collet avec une serpe, et on les réunit en tas couverts de feuilles, jusqu'à ce que les chariots les emportent. On les livre immédiatement aux sucreries ou aux distilleries, ou bien on les conserve en silo pendant quelques semaines.

La formule suivante représente la composition moyenne de la betterave à sucre : eau, 83,5 pour 100; sucre, 10,5; cellulose et pectose, 0,8; matières protéiques ou azotées, 1,5; autres matières organiques, 2,9; sels minéraux, 0,8. Les betteraves de première qualité renferment de 15 à 18 pour 100 de sucre.

Naguère les betteraves à sucre se vendaient exclusivement au poids; le mode de vente basé sur la richesse des racines en sucre a remplacé cette méthode vicieuse. La richesse en sucre se détermine soit par la densité du jus extrait de la racine, soit par le saccharimètre, soit par le dosage direct.

Le cultivateur choisit, dans sa récolte, les betteraves qui présentent les meilleurs caractères, et il les met de côté pour les replanter au printemps suivant, afin d'avoir les graines nécessaires pour ses futures semailles. Le choix des betteraves porte-graines est important pour maintenir la richesse saccharine des plantes.

Les principaux ennemis de la betterave sont : le ver blanc du hanneton, le taupin, le silphe, la casside, l'atomaria linéaire, l'altise, la noctuelle, la blaniule et l'iule terrestre, la nématode o l'anguillule de la betterave.

La racine de betterave est la matière première de deux industries importantes : la sucrerie et la distillerie.

Dans la sucrerie, on extrait de la racine le sucre qu'elle renferme par divers procédés, dont les deux principaux sont : l'emploi des presses et la diffusion. Le sucre est extrait de la betterave à l'état de jus, qu'on épure et qu'on décolore avant de faire déposer les cristaux de sucre.

Dans la distillerie, on transforme en alcool le sucre des racines, puis on sépare cet alcool des autres substances auxquelles il est mélangé. On extrait aussi de l'alcool des mélasses ou résidus des sucreries.

Les résidus qui, dans les sucreries ou les distilleries, restent après la séparation des jus, constituent les pulpes. Ces pulpes sont des aliments précieux pour les animaux domestiques. Leur valeur dépend de la proportion de matière sèche qu'elles renferment, laquelle est très variable suivant les procédés de fabrication adoptés dans les usines.

56ᵉ LEÇON

PLANTES OLÉAGINEUSES

Sommaire. — Nomenclature des plantes oléagineuses. — Procédés de culture pour chacune de ces plantes. — Produits des plantes oléagineuses, huileries. — Tourteaux, leur emploi.

Résumé

Les plantes oléagineuses sont celles que l'on cultive spécialement pour l'huile qu'on extrait de leurs graines. La culture de ces plantes a beaucoup diminué en France depuis l'extension de l'usage de l'huile de pétrole.

Les principales plantes exclusivement oléagineuses cultivées en France sont : le colza, le pavot, la navette, la cameline. Toutes ces plantes sont annuelles ou bisannuelles. On extrait aussi de l'huile des graines de chanvre et de lin; mais ces plantes sont surtout des plantes textiles.

Le colza (*Brassica oleracea*) est une variété de chou; c'est la variété qui se rapproche le plus du type sauvage de cette plante. C'est une plante herbacée bisannuelle, dont on cultive deux variétés, l'une à fleurs blanches, l'autre à fleurs jaunes; cette dernière est de beaucoup la plus répandue.

On sème le colza en automne pour faire la récolte à la fin du printemps suivant; quelquefois, on sème en pépinière en été pour mettre les plantes en place au mois d'octobre. Le rendement moyen varie, suivant les conditions de saison, de 25 à 40 hectolitres de graines par hectare. Après la coupe des tiges, on les fait sécher en javelle, puis on en fait des meules.

Le pavot (*Papaver somniferum*) n'est cultivé en Europe que pour l'huile qu'on retire de ses graines et qu'on appelle huile d'œillette; en Asie, on le cultive pour le suc qu'on extrait en incisant les fruits et qui fournit l'opium.

Le pavot est une plante annuelle de la famille des Papavéracées. On cultive surtout le pavot à graines grises; les fleurs sont rouge ou lilas; le fruit est une capsule globuleuse, percée de trous au sommet. Ses graines donnent environ 30 pour 100 d'une huile blanche, inodore, d'une saveur douce; elles peuvent en renfermer jusqu'à 40 pour 100.

Cette plante vient bien sous tous les climats en France, principalement dans les terres légères, silico-argileuses. Il faut que le sol soit bien ameubli par deux ou trois labours. On sème au printemps, à raison de 3 à 4 kilog. de graines par hectare. Les soins de culture consistent surtout en binages. On récolte de juillet en août, suivant les régions, sans attendre la maturité complète; les fruits achèvent de mûrir en gerbes. Le rendement moyen est de 20 à 25 hectolitres de graines par hectare.

La navette est, comme le colza, une variété de chou. Elle diffère du colza par des feuilles radicales d'un vert foncé, et par la forme des siliques qui sont dressées contre les tiges. Les graines renferment de 30 à 35 pour 100 d'huile.

On en cultive deux variétés; la navette d'hiver, qu'on sème à l'automne, et la navette d'été qu'on sème au printemps. Cette plante vient bien sous les climats secs; les sols argilo-calcaires lui sont les plus favorables. Les soins de culture sont les mêmes que pour le colza; la récolte se fait de juin en juillet. Le rendement est de 20 à 25 hectolitres de graines par hectare.

La cameline (*Camelina sativa*) est une plante annuelle de la famille des Crucifères. Ses graines donnent de 25 à 30 pour 100 d'huile. On cultive surtout cette plante dans la région septentrionale de la France. Les terres légères sont celles où elle prospère le mieux. On sème à la fin du printemps sur une terre bien ameublie, et on récolte en été. Le rendement est de 20 à 25 hectolitres de graines de couleur jaune rougeâtre. Les soins de préparation du sol et de culture sont les mêmes que ceux donnés aux autres plantes oléagineuses. L'huile de cameline est très estimée pour l'éclairage.

L'huile des graines oléagineuses s'extrait dans des huileries. L'extraction s'opère par plusieurs opérations successives. On fait d'abord passer les graines dans un broyeur, puis sous une meule qui les réduit en farine. La partie solide qui reste après cette dernière opération reçoit le nom de tourteau.

Les huiles servent soit à l'alimentation humaine, soit à l'éclairage, soit à la peinture et à la préparation des vernis, soit au graissage des machines. — Quant aux tourteaux, on les emploie, soit comme nourriture pour le bétail, soit comme engrais. La valeur des tourteaux dépend de leur composition.

Le tableau suivant indique, pour 100 parties en poids, la composition des tourteaux des graines oléagineuses étudiées, et celle d'autres tourteaux, soit de fruits oléagineux, soit de plantes exotiques :

DÉSIGNATION DES TOURTEAUX	EAU	MATIÈRES AZOTÉES	MATIÈRES GRASSES	AUTRES MATIÈRES ORGANIQUES cellulose comp.	MATIÈRES MINÉRALES	AZOTE	ACIDE PHOSPHORIQUE
Colza	11,97	30,62	11,10	39,36	6,95	4,90	2,83
Cameline	11,40	30,81	9,22	40,90	7,67	4,93	1,87
Navette	9,44	28,27	11,25	43,00	8,04	4,62	1,60
Pavot	10,67	30,75	10.50	52,41	9,67	5,88	2,55
Coton d'Amérique décortiqué .	7,76	47,00	15,21	25,95	6,28	7,52	1,64
Coton d'Égypte décortiqué . .	10.00	40,94	16,40	24,76	7,90	6,55	1,43
Coton d'Égypte brut	10,52	24,31	6,18	52,57	6,42	3,89	1,24
Arachide décortiquée	12,00	40,69	9,60	32,85	4,86	6,99	1,07
Arachide brute	10,50	33,56	8,12	42.07	5,75	5,57	0,59
Lin	10,72	31,50	9,89	40,88	7,01	5,04	2,15
Chènevis (chanvre)	9,87	30,69	6,20	47,24	6,00	4,91	1,89
Sésame	9,95	39,62	9,68	26,97	13,78	6,54	2,03
Faines décortiquées	12,50	37,15	7,50	35,17	7,76	5,94	1,05
Noix décortiquées	9,90	33,69	10.70	41,61	4,10	5,39	1,39
Palmiste	9,22	44,94	13,55	57.75	4,54	2,39	1,16

Les animaux nuisibles à redouter pour les plantes oléagineuses sont :

Pour le colza, l'altise et le puceron;

Pour le pavot, le ver blanc (larve du hanneton);

Pour la navette, l'altise et le puceron.

Moutarde blanche. — On cultive parfois la moutarde blanche (*Sinapis alba*) comme plante oléagineuse, mais son produit est faible; il dépasse rarement 15 hectolitres de graines par hectare.

57ᵉ LEÇON

PLANTES TEXTILES

Sommaire. — Nomenclature des plantes textiles. — Culture du chanvre. — Culture du lin. — Préparation des fibres textiles.

Résumé

Les plantes textiles sont celles que l'on cultive pour les filaments ou fibres que l'on en retire. En France, on cultive pour cet objet surtout le chanvre et le lin; on extrait des tiges de ces plantes une filasse avec laquelle on fait des fils, des cordages et des tissus.

Le chanvre (*Cannabis sativa*) est une plante herbacée annuelle, dioïque, appartenant à la famille des Urticées. De ses tiges on extrait une filasse un peu grossière, mais d'une très-grande solidité, employée surtout pour la fabrication des cordages. Ses graines, appelées chènevis, fournissent une huile douce et agréable au goût.

On cultive deux variétés de chanvre : le chanvre commun, et le chanvre gigantesque ou du Piémont. Cette dernière variété est de plus grande taille et mûrit plus tardivement.

La croissance de cette plante est très rapide; on sème d'avril en mai, et on récolte d'août en septembre. C'est pour cette raison qu'on peut cultiver le chanvre sous des climats très variés, mais les climats doux et humides sont ceux qui lui conviennent le mieux.

Les terres d'alluvions, sablonneuses, sont les plus propices pour sa culture, à la condition qu'elles soient fraîches en été, sans excès d'humidité. On peut cultiver le chanvre sans inconvénients sur le même sol pendant plusieurs années; dans beaucoup d'exploitations rurales, on réserve, pendant un certain temps, pour sa culture, une surface spéciale qu'on appelle chènevière.

La culture du chanvre alterne généralement avec celle des céréales. On doit labourer le sol à une profondeur de 50 centimètres environ. Avant les semailles, on pratique un binage pour détruire les mauvaises herbes et un hersage pour ameublir le sol. La quantité de graine à semer par hectare est de 3 à 4 hectolitres, suivant qu'on veut obtenir une filasse plus ou moins fine. Les soins de culture consistent en sarclages et en binages. On récolte quand les tiges commencent à jaunir après la floraison; le produit moyen est de 700 à 1000 kilogrammes de filasse par hectare.

Les parasites du chanvre sont la cuscute et l'orobanche rameuse, parmi les végétaux, et le ver blanc parmi les insectes. La grêle et les vents violents lui sont très nuisibles.

Le lin (*Linum usitatissimum*) est une plante herbacée de la famille des Caryophyllées. On en cultive deux variétés : le lin d'hiver et le lin de printemps, la première bisannuelle et la seconde annuelle; elles diffèrent en ce que le lin d'hiver fournit une plus grande quantité de graines, tandis que la filasse du lin de printemps est plus fine. La culture du lin est destinée le plus souvent à fournir des fibres textiles, mais on cultive aussi cette plante pour l'huile qu'on extrait des graines, lesquelles en renferment de 30 à 35 pour 100. La filasse du lin est plus fine que celle du chanvre.

Les terres qui conviennent le mieux au lin sont des terres franches, un peu humides, copieusement fumées; les terres d'alluvion, sablo-argileuses, se placent au premier rang, surtout si elles sont un peu profondes, car la racine du lin est pivotante.

Les travaux de préparation du sol consistent en labours profonds, suivis de hersages et de roulages. Les engrais qui conviennent le mieux sont, outre le fumier de ferme bien décomposé, le noir, les cendres et particulièrement les tourteaux de lin. Les eaux ammoniacales et le purin étendu d'eau donnent aussi d'excellents résultats.

Les semailles se pratiquent de mars en mai, suivant les régions. Si l'on cultive la plante pour la filasse, on sème dru, à raison de 200 à 250 kilogrammes de graines par hectare ; quand on la cultive pour la graine, on peut n'employer que de 130 à 150 kilogrammes. On sème à la volée, en recouvrant la semence par un hersage. — Les soins d'entretien consistent en sarclages à la main quand la plante est encore jeune. — Si le lin est cultivé exclusivement pour la filasse, on arrache les plantes dès que les feuilles commencent à jaunir, ordinairement de juin en juillet ; c'est ce qu'on appelle le lin en doux. Quand on veut récolter aussi la graine, on en attend la maturité.

Le rendement varie de 500 à 600 kilogrammes de filasse pour les tiges, et de 400 à 425 kilogrammes de graines.

Le ver blanc et la cuscute causent des dommages sérieux au lin. Une maladie spéciale, la brûlure, qui s'attaque à la plante aux débuts de la végétation, est due à un thrips, qu'on peut détruire par l'emploi de décoction de tabac. On doit laisser un certain nombre d'années entre deux cultures de lin sur le même champ, surtout lorsqu'il est envahi par ce parasite.

Pour extraire les fibres du chanvre et du lin, on procède au rouissage, puis à la préparation des fibres.

Le rouissage a pour objet de faire disparaître la substance gommeuse qui agglutine les filaments de la plante. On lie les tiges en bottes, et on les fait séjourner dans l'eau de fossés, d'étangs, de cours d'eau, jusqu'à ce que cette matière gommeuse ait disparu, ce qui demande plusieurs semaines. On établit parfois à cet effet des bassins spéciaux qu'on appelle routoirs. Les tiges sont ensuite séchées à l'air, puis on procède au broyage et au teillage.

Par le broyage, on brise l'écorce des tiges, et on en fait tomber les parties les plus grossières ; le teillage achève la séparation de la filasse et de l'écorce. Ces opérations se font à la main ou mécaniquement. Le chanvre et le lin sont vendus par les cultivateurs après le teillage. La filasse représente alors environ le cinquième du poids brut des tiges.

58ᵉ LEÇON

PLANTES INDUSTRIELLES DIVERSES

Sommaire. — Plantes tinctoriales : gaude, safran, etc. — Houblon. — Culture du tabac. — Anis, cardère. — Plantes à parfums.

Résumé

Les plantes oléagineuses et les plantes textiles sont des plantes industrielles, c'est-à-dire des plantes dont les produits sont transformés par des industries spéciales. On compte encore, parmi les plantes industrielles, les plantes tinctoriales, le houblon, le tabac, les plantes à parfum; enfin à ces plantes il convient d'ajouter la cardère, la chicorée, la moutarde. L'importance de leur culture varie dans d'énormes proportions suivant les régions; parfois elle est localisée dans des contrées peu étendues.

Les principales plantes tinctoriales cultivées en France sont le safran, le pastel et la gaude. La culture de la garance, jadis prospère, a complètement disparu.

Le safran (*Crocus sativus*) est cultivé pour la belle couleur jaune d'or qu'on retire des stigmates de ses fleurs. C'est une plante bulbeuse herbacée, de la famille des Iridées, qu'on multiplie par la séparation des bulbes. On cultive le safran dans un sol meuble et bien fumé, en plantant les bulbes en lignes espacées de 20 à 25 centimètres; on fait durer la plantation pendant trois ans. Les soins de culture consistent en binages et sarclages. On récolte les fleurs d'août en septembre, et on les fait sécher pour les vendre.

Le pastel (*Isatis tinctoria*) est une plante bisannuelle de la famille des Crucifères, qu'on cultive pour la couleur bleue qu'on extrait de ses feuilles. Cette culture est très peu répandue; elle est localisée dans quelques communes du midi de la France.

La gaude (*Reseda luteola*) est une plante annuelle de la famille des Capparidées; on la cultive pour le principe colorant de belle couleur jaune qu'on extrait de ses tiges et de ses feuilles. On en cultive deux variétés : la gaude d'automne, qu'on sème à la fin de l'été, et la gaude de printemps, qu'on sème au printemps. Cette plante peut prospérer dans la plupart des régions de la France, mais on ne la cultive qu'aux environs des centres où se fabriquent les draperies. La graine de la gaude est riche en huile; on peut donc cultiver aussi cette plante pour l'huile à en extraire.

Le houblon (*Lupulus humulus*) est une plante herbacée vivace, à tiges volubiles, que l'on cultive pour le principe aromatique que renferment les fleurs femelles qui forment des cônes écailleux. Cette plante est dioïque, les fleurs mâles et les fleurs femelles se développant sur des pieds séparés; on ne cultive que les pieds femelles. On a obtenu plusieurs variétés de houblon, dont les principales sont : le houblon précoce, à cônes de couleur foncée, et le houblon tardif, moins coloré et dont la cueillette se fait plus tard. On se sert des cônes du houblon pour donner à la bière l'amertume et le parfum qui la caractérisent. Les houblonnières durent un nombre d'années variable, suivant qu'elles sont établies dans un sol plus ou moins profond. La plantation se fait par éclats des racines, élevés en pépinière avant d'être mis en place. Les soins de culture consistent en échalassement pour soutenir les tiges, et en binages pour détruire les mauvaises herbes. Le rendement est très variable, car le houblon est très sensible aux intempéries et aux attaques d'un puceron qui cause souvent de grands dégâts dans les plantations. Le rendement moyen est de 1500 à 2000 kilogrammes de cônes par hectare, à partir de la troisième année jusqu'à l'âge de douze ans environ.

Le tabac (*Nicotiana tabacum*) est une plante annuelle, de la famille des Solanées; on le cultive pour ses feuilles aromatiques. En France, la culture du tabac est soumise à des règlements spéciaux; les agriculteurs ne peuvent s'y adonner qu'en se soumettant à ces règlements, lesquels sont très restrictifs, et déterminent les départements dans lesquels on peut récolter le tabac.

La cardère (*Dipsacus fullonum*) est une plante bisannuelle de la famille des Dipsacacées, qu'on cultive pour le réceptacle de ses fleurs, garni d'aigrettes crochues; on s'en sert pour carder les étoffes, c'est-à-dire pour enlever les poils qui dépassent le tissu des étoffes de laine. La culture de la cardère est maintenant peu répandue.

La chicorée à café (*Cichorium intybus*) est une plante vivace, de la famille des Composées, qu'on cultive pour sa racine; la poudre provenant de cette racine est employée, dans beaucoup de localités, comme succédané du café. La racine de chicorée, torréfiée et moulue, donne une poudre noire, aromatique et amère, qu'on mêle au café, surtout pour accroître la couleur de son infusion. On cultive la chicorée principalement dans le nord de la France.

La moutarde noire (*Sinapis nigra*) est une plante annuelle, de la famille des Crucifères. On la cultive pour ses graines, qui servent à préparer le condiment connu sous le nom de moutarde.

Le tournesol (*Croton tinctorium*) est une plante annuelle de la famille des Euphorbiacées. On la cultive dans quelques localités pour la belle couleur bleue qu'on extrait de toutes ses parties.

La culture des plantes à parfums se fait presque exclusivement en Provence. Les principales plantes à parfums sont : la violette (surtout la violette double ou violette de Parme), le géranium, le jasmin, la tubéreuse, le muguet, le réséda, la menthe, la cassie, le rosier, l'oranger, etc. Dans ces plantes, les fleurs ou les feuilles sont les matières premières dont on extrait les essences odorantes nécessaires à la fabrication des parfums. Suivant les plantes, on extrait les parfums par la distillation, par la macération ou par la pression. La culture des plantes à parfums donne, là où l'on peut la pratiquer, des résultats très avantageux.

59ᵉ LEÇON

ASSOLEMENTS

Sommaire. — Définition des assolements. — Théorie générale et lois qui y président. — Exemples de rotation de cultures. — Affouragement et empaillement.

Développement

L'*assolement*, dans une exploitation agricole, est le partage des terres arables de la ferme en un certain nombre de divisions qui sont destinées à porter successivement des récoltes différentes.

Chacune de ces divisions reçoit le nom de *sole*.

La *rotation des cultures* est l'ordre de succession des récoltes sur la même sole. La durée de la rotation est le temps qui s'écoule jusqu'au retour de la même série de récoltes dans une sole. Cette durée dépend à la fois du nombre des cultures auxquelles le cultivateur s'adonne et du temps pendant lequel chaque culture occupe la terre.

On détermine le caractère de l'assolement par la durée de la rotation. Par exemple, l'assolement est biennal quand la rotation dure deux ans; il est triennal quand elle dure trois ans; il est quadriennal quand elle dure quatre ans, et ainsi de suite.

C'est un fait d'expérience que l'on ne doit pas demander aux terres arables de fournir chaque année la même récolte. On a constaté que, lorsqu'on faisait toujours porter la même plante à un champ, le rendement allait en diminuant, et qu'on arrivait même à ce résultat que la terre finissait par refuser toute récolte. Peut-on enrayer cette décroissance de la végétation en fournissant au sol des engrais abondants? Les expériences de MM. Lawes et Gilbert, à Rothamsted (Angleterre), qui ont réussi à obtenir pendant quarante années consécutives du blé sans interruption sur le même champ, paraissent démontrer qu'on peut y parvenir, au moins pour certaines plantes; car, pour quelques-unes, notamment pour le trèfle, ils n'ont pas

pu arriver au même résultat. Mais il y a loin d'expériences poursuivies sur des surfaces restreintes, avec tous les moyens dont
dispose la science agricole, à une application générale et surtout
économique. On peut donc considérer que la nécessité des assolements ressort de toutes les observations qui ont été faites
jusqu'ici.

L'ordre à suivre dans la succession des plantes qui entrent
dans l'assolement dépend de conditions nombreuses. Ces conditions sont déterminées par la nature du sol, par le climat, par
la nécessité de restituer à la terre les principes utiles enlevés par
les récoltes précédentes, de détruire les plantes adventices et
les insectes nuisibles aux plantes cultivées, d'opérer en temps
utile les travaux de culture, et surtout par la nécessité de produire les denrées les plus avantageuses dans la situation où le
cultivateur se trouve placé.

Nature du sol. — Tous les sols ne sont pas propices à toutes
les plantes; suivant que le sol est plus ou moins fertile, suivant
qu'il est calcaire, argileux ou siliceux, qu'il retient plus ou
moins l'eau des pluies, qu'il est plus ou moins profond, il convient à des plantes différentes. C'est donc une condition nécessaire, quand on veut introduire une plante dans un assolement,
de savoir si le sol lui convient. On peut arriver à corriger les
défauts naturels du sol, par exemple, transformer en terres
propres à la culture du froment des terres qui n'étaient aptes
précédemment qu'à celle du seigle; mais c'est une question de
temps et de succession de cultures soignées. Cette transformation
est donc le résultat d'assolements antérieurs; on doit se garder
d'en faire des applications trop rapides.

Climat. — Chaque plante demande, pour prospérer, et même
simplement pour vivre, des conditions climatériques déterminées. Pour qu'elle pousse, fleurisse et fructifie, il est nécessaire
qu'elle rencontre des conditions spéciales. Pour faire entrer une
plante dans un assolement, il est nécessaire que le climat du
lieu lui soit favorable.

C'est surtout sous le rapport de la chaleur qu'il est indispensable de tenir compte du climat. Il est démontré qu'à chaque
espèce cultivée, une certaine somme de chaleur est nécessaire
pour mûrir ses fruits. Un bon cultivateur doit connaître ces

conditions pour chaque plante. Exemple : il est démontré que le froment doit recevoir de 2000 à 2200 degrés de chaleur pour mûrir son grain, tandis que le seigle n'a besoin que de 1800 à 1900 degrés, et l'orge de 1500 à 1700 degrés. C'est pourquoi on pourra cultiver l'orge et le seigle sous des latitudes plus septentrionales que celles où l'on peut cultiver le froment.

La lumière, l'état hygrométrique de l'air, la quantité et les variations des pluies, jouent aussi leur rôle dans la détermination d'un climat ; ces éléments exercent une influence dont on doit tenir compte également, lorsqu'il s'agit du choix des plantes à adopter.

Fumures. — Les plantes, en grandissant, prennent dans le sol les principes avec lesquels elles constituent leur charpente ; il en résulte que le sol est appauvri après chaque récolte. Mais toutes les plantes n'ont pas les mêmes besoins : pour les unes, il faut que le sol renferme des engrais abondants et facilement assimilables ; les autres se contentent d'engrais moins actifs. Sous un autre rapport, certaines plantes n'émettent que des racines peu profondes, et elles puisent leur nourriture dans la couche superficielle du sol, tandis que d'autres ont des racines pivotantes qui descendent profondément. Si l'on fait succéder les secondes aux premières, on pourra utiliser successivement les principes actifs répartis dans les diverses couches de la terre arable.

D'un autre côté, le principal engrais est le fumier de ferme. Sa production, quoique variable avec les saisons, est continue pendant toute l'année : si on ne le répand dans les champs qu'à une saison, on est obligé d'en garder des quantités très considérables en réserve. Il est donc utile de choisir la succession des plantes cultivées, de telle sorte que les terres qui doivent recevoir le fumier soient libres en partie à des saisons différentes.

Jadis, les cultivateurs et les agronomes professaient l'opinion que la terre, appauvrie par la production d'une récolte, devait se reposer pour retrouver les principes qu'elle avait perdus. Tel était le but de la jachère, qui est l'état de repos ou plutôt de non-production auquel le cultivateur abandonne le sol à des époques périodiques. Cette idée est juste ; pendant qu'elle est en jachère, la terre retrouve, par les apports des agents météoriques, une partie des principes enlevés par les cultures antérieures. Mais le sol reste inutile pendant la jachère, et on sait aujourd'hui qu'on peut suppléer à celle-ci par l'emploi d'engrais achetés, qu'on choisit suivant les besoins spéciaux des plantes auxquelles on les applique.

L'habileté du cultivateur consiste à faire succéder les récoltes de telle sorte qu'elles profitent successivement de toute la fumure appliquée au sol.

Destruction des plantes adventices. — Les plantes adventices constituent la végétation spontanée du pays. Leurs graines, disséminées par le vent, tombent dans les champs, où elles germent. En se développant, ces plantes gênent la végétation de celles que l'on cultive, et elles absorbent à leur profit une partie des principes utiles du sol. Le cultivateur doit donc tout faire pour s'en débarrasser.

Parmi les plantes cultivées, les unes permettent aux plantes adventices d'accomplir sans difficulté les phases de leur végétation; on les appelle souvent des plantes salissantes. Les autres, au contraire, occupent tout le sol par une végétation touffue, ou bien elles exigent des soins de culture qui détruisent les plantes étrangères pouvant pousser en même temps. Dès lors, si l'on fait succéder des plantes de cette deuxième catégorie à des plantes de la première, il arrive que l'on peut assurer la destruction des plantes adventices, ou, en termes vulgaires, en nettoyer le sol.

Le cultivateur doit donc choisir la rotation de ses cultures de telle sorte, qu'aux plantes salissantes il fasse succéder des plantes qui couvrent tout le sol, ou qui ont besoin de binages répétés pendant le cours de leur végétation.

Destruction des insectes nuisibles. — Les insectes nuisibles se multiplient d'autant plus que la nourriture qui leur convient est mise plus longtemps à leur portée. Or, chaque espèce d'insecte se nourrit spécialement de certaines plantes; si cette espèce trouve toujours ces plantes sur le même sol, elle se multipliera rapidement et pourra pulluler au point de causer de très grands dégâts. Au contraire, les insectes mourront de faim devant des plantes nouvelles dont ils ne pourront se nourrir.

L'alternance des cultures est même le seul moyen connu au-

jourd'hui pour se débarrasser d'un grand nombre d'espèces
d'insectes. Il faut ajouter, sous ce rapport, qu'il ne suffit pas
de varier les cultures, mais qu'il faut savoir choisir ces cultures,
de telle sorte qu'elles ne fournissent pas un aliment aux espèces
qu'on veut spécialement détruire. Par exemple, si l'on veut se
débarrasser des nématodes qui ont atteint un champ de betteraves, il faut se garder de faire suivre les betteraves par du colza,
des navets ou des raves, végétaux dont ces nématodes se nourrissent également, et qui constituent ainsi une cause de conta-
mination ultérieure.

Il faut noter, en outre, que les haies, les buissons, les terrains vagues avoisinant les cultures constituent souvent pour les
insectes des abris où ils se retranchent et d'où ils partent pour
attaquer les plantes cultivées. Le cultivateur soigneux doit leur
faire la chasse dans ces abris.

Succession des travaux de culture. — On sait que toutes les
plantes ne poussent pas dans les mêmes conditions. Les unes
sont bisannuelles, les autres annuelles ; les unes se sèment tôt,
les autres plus tard. Les unes mûrissent hâtivement, et leur
récolte laisse le sol libre dès le commencement de l'été, les
autres ne mûrissent qu'à l'arrière-saison. Pour les unes, il est
nécessaire que la terre soit labourée à diverses reprises ; pour
les autres, des labours moins répétés ou moins profonds sont
suffisants. De l'ensemble de ces conditions, il résulte que l'ordre
de succession des plantes à adopter dans un assolement doit être
tel que le cultivateur puisse faire régulièrement et en saison convenable les travaux nécessaires pour chaque culture. Bien régler
la succession des travaux est la première condition pour tirer
un parti avantageux des forces dont on dispose et pour leur faire
produire tout l'effet utile dont elles sont susceptibles.

On peut déduire des considérations qui précèdent les règles
qui président aux assolements. Ces règles sont les suivantes :

1° Choisir les plantes de telle sorte qu'entre la récolte d'une
plante et la semaille qui la suit, il y ait un temps suffisant pour
qu'on puisse exécuter les travaux de labour, d'épandage des
engrais, etc. ;

2° Faire succéder aux plantes salissantes des plantes qui couvrent tout le sol, ou qui ont besoin de binages répétés ;

3° Appliquer les fumures de telle sorte que le sol possède toujours le degré de fertilité qui convient à chaque plante. Comme conséquence il convient de faire succéder à une culture qui a besoin spécialement de certains principes une autre culture moins avide des mêmes principes. Cette dernière règle demande quelques explications.

Parmi les plantes cultivées, quelques-unes prennent, sous l'influence d'engrais très actifs, une végétation herbacée exubérante, et mûrissent difficilement. Tel est le cas pour les céréales, notamment pour le froment; ces plantes sont alors sujettes à la verse. Par conséquent, lorsqu'on a enfoui le fumier dans le sol, on doit faire précéder la culture de céréales par une récolte épuisante, qui enlève au sol l'excès de richesse que la céréale ne peut pas supporter. Mais on peut semer les céréales immédiatement après les fourrages légumineux, quoique la terre ait alors une richesse supérieure à celle qui est nécessaire pour ces plantes; la raison en est que les principes fertilisants consistent alors surtout en principes végétaux, d'une décomposition lente et progressive.

Complétons ces principes méthodiques par quelques exemples d'assolements. Dans la succession des assolements tour à tour préconisés, on peut suivre, en quelque sorte, l'histoire des progrès de l'agriculture.

L'assolement rudimentaire, celui des temps anciens, qu'on pratique encore sur des surfaces qui vont heureusement en diminuant, est l'assolement biennal : jachères et céréales. En réalité, ce n'est pas un assolement proprement dit, c'est la succession exclusive, mais interrompue par la jachère, de la culture des céréales.

L'assolement triennal avec jachères vient ensuite; il se compose de trois soles : 1° jachère ; 2° froment, 3° avoine ou autre céréale de printemps. Dans ces assolements, la 'terre reste une année sur deux ou même une année sur trois sans donner de produit; on ne peut en obtenir, par conséquent, qu'un rendement assez faible en argent.

La disparition de ces assolements a toujours été poursuivie par les agriculteurs progressifs, qui les ont remplacés par la culture alterne.

Dans ce système de culture, la terre ne reste jamais pendant une année sans production. Il a reçu son nom de l'alternance des récoltes dont les produits sont destinés à la vente. Il permet de nourrir un bétail plus nombreux, de réaliser une plus grande quantité de fumier, par conséquent d'accroître à la fois la production et le profit.

L'assolement le plus simple de ce système est biennal. Il se compose ainsi : 1° plantes sarclées, 2° céréales. Souvent cet assolement devient triennal; tel est le cas pour l'assolement flamand, célèbre depuis longtemps, et qui comprend la rotation suivante : 1° plantes sarclées fumées ou cultures oléagineuses; 2° céréales; 3° trèfle ou autres plantes fourragères.

La culture alterne présente de très nombreuses variantes. Les assolements sont plus ou moins longs; de trois ans ils passent à cinq, à sept, à neuf; mais c'est toujours le même principe qui domine : intercalation de plantes fourragères avec les plantes dont les produits sont vendus directement. En voici des exemples :

Assolement de quatre ans : 1° betteraves; 2° pommes de terre; 3° trèfle; 4° avoine.

Assolement de cinq ans : 1° pommes de terre ou betteraves; 2° froment; 3° trèfle; 4° froment; 5° avoine; — ou bien encore : 1° betteraves ou pommes de terre; 2° froment; 3° pâturage pendant la troisième et la quatrième année; 4° avoine.

Assolement de sept ans : 1° racines avec fumure; 2° céréales; 3° trèfle; 4° céréales; 5° fourrages verts (avec demi-fumure); 6° plantes oléagineuses (colza, navette, etc.); 7° céréales.

Assolement de huit ans : 1° pommes de terre; 2° froment de mars; 3° trèfle; 4° froment; 5° fèves; 6° colza; 7° blé; 8° sole de fourrages divers.

Les combinaisons peuvent varier presque à l'infini. Pourvu que l'on obéisse aux lois générales indiquées plus haut, rien n'oblige le cultivateur à suivre tel ordre plutôt qu'un autre; il peut être souvent amené à modifier plus ou moins profondément le plan primitif de la rotation de ses cultures. C'est ce qui est arrivé notamment dans les régions où la culture de certaines plantes industrielles a pris une grande extension. L'exemple le plus frappant a été donné par la culture de la betterave à sucre. Comme les résidus des sucreries et des distilleries constituent, sous forme de pulpes ou de drèches, une excellente et abondante nourriture pour le bétail, on n'a plus eu à se préoccuper autant de la nécessité de consacrer une notable partie de la surface des terres arables à la production de fourrages. Les assolements sont devenus libres; on s'est borné simplement à observer cette loi fondamentale : éviter le retour des mêmes récoltes sur les mêmes terres à des intervalles trop rapprochés.

Toutes les terres d'une ferme ne sont pas indistinctement comprises dans la rotation des cultures. Le plus souvent, à côté des surfaces soumises à l'assolement, on en compte une certaine étendue qui restent en dehors; ce sont ordinairement des prairies, des cultures de luzerne, etc. On dit que ces terres appuient l'assolement, parce que leurs produits viennent s'ajouter aux récoltes fourragères que les soles fournissent.

Les produits animaux étant ceux qui donnent le plus de profit au cultivateur, le but que celui-ci doit chercher à atteindre est d'entretenir la plus grande quantité possible de bétail. On considère comme une excellente limite, rarement obtenue, l'entretien d'une tête de gros bétail du poids vif de 400 kilogrammes par hectare de terre arable. Il ne suffit pas de se préoccuper de produire la quantité de nourriture nécessaire pour le bétail, il faut aussi que la ferme puisse fournir la quantité de paille nécessaire pour la litière des animaux. C'est ce qu'on appelle l'empaillement de la ferme. On estime en moyenne à 1000 kilogrammes la quantité de paille nécessaire annuellement pour la litière d'une tête de gros bétail. Cette paille est fournie par les céréales d'hiver. En établissant l'assolement, on doit calculer l'étendue consacrée aux céréales de telle sorte qu'elle fournisse toujours moins la masse de paille nécessaire pour les écuries, les étables, les bergeries, les porcheries. Ces calculs sont importants à établir dans toutes les circonstances, car on ne tire un réel profit des animaux que lorsqu'on leur donne tous les soins que l'hygiène exige.

Cultures dérobées. — A la théorie des assolements se rattachent les cultures dérobées. On donne le nom de cultures dérobées à des plantes qui n'occupent le sol que pendant quelques semaines, et que, grâce à la rapidité de leur végétation, on peut cultiver entre deux récoltes principales. Le nom de cultures intercalaires leur est donné aussi quelquefois.

La plupart des plantes qui donnent lieu à des cultures dérobées sont, comme il a été expliqué précédemment, des plantes fourragères. Par exemple, après la récolte du seigle, on peut semer du sarrasin, dont les tiges serviront de fourrage; ou bien, après une céréale coupée en vert au printemps, on sèmera du maïs-fourrage, etc. Lorsque les approvisionnements de fourrage viennent à faire défaut, on peut augmenter considérablement les ressources d'une ferme en ayant recours, après la moisson, à des cultures de plantes fourragères à croissance rapide.

40ᵉ LEÇON

CULTURE DE LA VIGNE

Sommaire. — Conditions de la culture de la vigne. — Cépages, choix des bonnes variétés. — Création d'un vignoble. — Travaux de culture, taille, fumures. — Résultats de la culture de la vigne.

Résumé

La vigne est un arbrisseau sarmenteux de la famille des Ampélidées. On la cultive pour son fruit, nommé raisin, qui est une baie ronde ou allongée, de couleur violacée ou roux blanc, suivant les variétés. La baie du raisin renferme une masse presque liquide et succulente, qui en constitue le jus. Au milieu du jus nagent les graines, qu'on appelle pépins. La fructification de la vigne se fait en grappes plus ou moins volumineuses suivant les espèces.

On cultive la vigne pour avoir des fruits de table ou pour en transformer le jus en vin. Une seule espèce est indigène en Europe, c'est la vigne à vin (*Vitis vinifera*); on en connaît plusieurs autres espèces originaires d'Amérique. — Par la culture, on a créé un grand nombre de variétés de la vigne vinifère; les unes donnent spécialement des raisins à manger ou raisins de table, les autres des raisins à vin ou raisins de cuve; ces variétés ont reçu le nom de cépages.

La vigne prospère en France dans toute la partie méridionale du pays. La limite actuelle de sa culture au nord est une ligne sinueuse qui, partant de l'embouchure de la Loire, atteindrait la frontière nord-est, en passant par Chartres et Beauvais. Autrefois, on cultivait cette plante dans quelques parties plus septentrionales du pays, mais les récoltes manquaient souvent, tant à raison de froids tardifs au printemps qu'à raison de manque de chaleur en automne. Sur la vaste superficie que couvre la vigne en France du midi au nord, quelques parties montagneuses de la région centrale sont les seules où elle ne prospère pas.

Les cépages obtenus par la culture présentent des caractères différents en ce qui concerne : 1° la qualité du raisin qu'ils donnent; 2° les conditions dans lesquelles ils mûrissent leurs fruits; 3° la nature du sol dans lequel ils prospèrent le mieux. --- Les principales différences constatées relativement à la qualité du raisin résident dans les proportions de sucre que renferme le jus, et dans les principes volatils qui donnent le goût spécial à chaque variété. — Certains cépages développent plus hâtivement leurs bourgeons au printemps, d'autres mûrissent plus rapidement; quelques-uns exigent une plus grande somme de chaleur; ils présentent une résistance variable aux intempéries, aux cryptogames parasites de la vigne; il en résulte que, dans chaque région de la France, on peut compter les cépages qui y trouvent les conditions climatériques qui leur sont les plus favorables. — La nature du sol qui convient aux divers cépages n'est pas la même pour tous : les uns ne prospèrent que dans des terres fertiles; les autres, au contraire, viennent bien dans des terres siliceuses, caillouteuses, qui seraient impropres à la plupart des autres cultures.

Dans toute la région de la vigne, les coteaux dirigés au sud, au sud-est et à l'est sont les expositions qui lui conviennent le mieux.

La culture d'un vignoble comprend plusieurs opérations : plantation, soins d'entretien, taille, fumure, récolte.

Généralement on plante après avoir opéré un défoncement du sol, à la profondeur de 50 à 40 centimètres, lorsque l'épaisseur de la couche du sol le permet. La reproduction de la vigne ne se pratique, dans les conditions ordinaires, que par la plantation de boutures. On plante ces boutures le plus souvent au printemps après les avoir stratifiées pendant l'hiver. On n'a recours au semis que lorsqu'on veut chercher de nouveaux cépages. On plante en lignes que l'on espace plus ou moins suivant les méthodes que l'on doit suivre pour la culture. Le plus souvent, on cultive la vigne à plein, c'est-à-dire en lui consacrant exclusivement le sol sur lequel on la plante : mais parfois on la mêle avec des cultures intercalaires, d'autres plantes arbustives ou même des plantes herbacées. Dans le dernier cas l'espacement des lignes de plantation est de plusieurs mètres. Dans la culture à plein, l'espacement des plantes varie encore avec les usages locaux, et surtout suivant la méthode adoptée pour la multiplication et la régénération des ceps manquants.

Les boutures sont des morceaux de sarments garnis de plusieurs bourgeons; on les choisit sur des ceps vigoureux, et on les conserve durant l'hiver dans du sable un peu humide. Le bouturage se fait soit directement sur place, soit en pépinière; dans ce dernier cas, on met les boutures en place, lorsque les racines se sont développées, c'est-à-dire au printemps suivant. — Le *provignage* est une véritable marcotte; on couche dans de petites fosses autour du cep des sarments non détachés de la tige, il s'y forme des racines, et les bourgeons terminaux se développent en rameaux.

Les engrais d'origine organique et, parmi les engrais minéraux, les sels potassiques, sont ceux qui conviennent le mieux à la culture de la vigne. Parmi les engrais organiques, le fumier de ferme, les composts formés de terre végétale et de fumier, les chiffons de laine, les tourteaux, les engrais verts sont ceux le plus habituellement employés; parmi les engrais minéraux, le chlorure de potassium.

La vigne prend les formes les plus diverses suivant la taille qu'on lui impose. Elle subit toutes les tailles, mais tous les cépages ne s'accommodent pas également de tous les formes. Sous le rapport de la taille, on peut distinguer : les vignes arborescentes, les vignes moyennes, les vignes basses.

Les vignes arborescentes sont celles dont on fait monter les tiges à 2 ou 3 mètres de hauteur en les soutenant par des arbres ou de longs échalas. On soutient les branches à cette hauteur par des lattes horizontales. — Les vignes moyennes dépassent rarement la hauteur de 1ᵐ,50; on les palisse sur des échalas en nombre variable. — Les vignes basses sont celles dont le tronc est maintenu à une hauteur qui ne dépasse pas 40 centimètres; suivant les cépages, on attache les rameaux à des échalas ou on les laisse traîner sur le sol. Les vignes provignées sont toujours à souche basse; les vignes en chaintres appartiennent à la même catégorie.

Les soins de culture annuels sont des labours à la pioche ou à la charrue, suivant le mode de plantation, et des binages pendant le printemps et l'été. Chaque année, il faut tailler : la vigne venant à fruit sur les rameaux de deux ans, on doit laisser, à côté du rameau fruitier, une branche destinée à produire des raisins l'année suivante.

Le rendement de la vigne varie avec le climat et les modes de culture : dans quelques régions, il ne dépasse pas 30 à 40 hectolitres de vin par hectare; ailleurs il atteint 150 à 250 hectolitres.

Presque partout où elle est cultivée, la vigne est une des plantes qui rémunèrent le plus les soins du cultivateur; elle permet de tirer parti des sols les plus ingrats, elle assure l'aisance par le travail qu'elle demande, soit que le vigneron n'ait que quelques lopins de terre à soigner, soit que la culture se fasse dans de grandes proportions.

Application. — Indiquer des modèles des divers systèmes adoptés pour la taille de la vigne.

N. B. — Consulter : *Culture de la vigne*, par le Docteur Jul s Guyot.

41ᵉ LEÇON

PARASITES DE LA VIGNE

Sommaire. — Nature des principaux parasites de la vigne. — Parasites animaux, leur description, moyens de les combattre. — Pyrale, eumolpe, altise, phylloxera. — Parasites végétaux : oïdium, anthracnose, mildew. — Procédés préventifs et procédés curatifs.

Résumé

Les principaux parasites de la vigne sont : dans le règne animal : la pyrale, l'eumolpe, l'altise, le phylloxera ; dans le règne végétal, l'oïdium, l'anthracnose, le mildew. Les ravages que ces parasites exercent n'ont pas la même gravité ; les uns causent la mort de la vigne, les autres entraînent seulement la perte des récoltes.

Pyrale. — La pyrale est un insecte Lépidoptère, redoutable par les ravages que sa chenille exerce dans les vignes au printemps. Elle lie ensemble plusieurs feuilles au moyen de fils de soie qu'elle sécrète, et sous cet abri elle se nourrit des feuilles, des bourgeons et des jeunes grappes. Les larves passent l'hiver sous les écorces de la vigne ou dans les fentes des échalas. Le seul moyen efficace de les détruire est de procéder, pendant cette saison, à l'échaudage des vignes et des échalas avec de l'eau bouillante.

Eumolpe. — L'eumolpe, qu'on appelle aussi gribouri et écrivain, est un petit insecte Coléoptère, qui attaque les feuilles de la vigne et en détruit le parenchyme ; il y décrit des découpures irrégulières. Cet insecte attaque aussi les jeunes raisins.

On ne connaît pas d'autres moyens de le détruire que la chasse à l'entonnoir : le matin, quand les eumolpes sont encore engourdies, on secoue les rameaux de la vigne au-dessus d'un entonnoir dans lequel ces insectes tombent.

Altise. — L'altise est un petit insecte Coléoptère, qui arrive à sa forme parfaite au printemps, et qui attaque les jeunes feuilles, ainsi que les pousses de la vigne, dont il arrête la croissance. Les larves de l'altise hivernent dans les broussailles et les buissons qui sont proches des vignes. Pour s'en débarrasser, on doit détruire ces broussailles. Quant aux procédés de destruction directe, le plus efficace consiste, comme pour l'eumolpe, à ramasser les altises à l'entonnoir. En Algérie, où ces insectes sont très abondants, on paraît avoir réussi à les détruire, dans quelques circonstances, par des solutions de tabac qu'on projette sur les vignes avec un pulvérisateur, afin d'atteindre toutes les feuilles et tous les rameaux.

Phylloxera. — Le phylloxera est un insecte Hémiptère, originaire d'Amérique, très petit, à peine visible à l'œil nu, dont la bouche est munie d'un long suçoir; il attaque les racines des vignes. Les blessures qu'il fait ainsi aux racines y déterminent des renflements qu'on appelle nodosités; d'abord jaunes, puis noires, elles pourrissent et se détachent. Ses racines disparaissant, le cep meurt rapidement; en deux ou trois ans, un cep attaqué par le phylloxera est détruit.

La multiplication du phylloxera est extrêmement rapide. On en connaît deux formes principales : le phylloxera aptère et l'ailé. Il existe deux groupes de phylloxeras aptères : le phylloxera radicicole, qui vit sur les racines, et le phylloxera gallicole, qui vit sur les feuilles où il forme de petites galles. Les transformations qu'ils subissent sont très nombreuses. Tous les phylloxeras aptères sont femelles; au milieu de l'été, une certaine proportion se transforment en nymphes, puis en phylloxeras ailés qui servent à la multiplication de l'espèce au loin. Ceux-ci donnent naissance à des phylloxeras sexués dont la femelle pond un œuf unique sous les écorces exfoliées de la vigne; cet œuf, pondu à l'automne, éclôt au printemps suivant; on l'appelle œuf d'hiver. Le puceron qui en sort donne naissance à de nouvelles colonies de phylloxeras femelles, aptères.

Le phylloxera a exercé d'immenses désastres dans les vignes françaises depuis 1868. De tous les moyens de lutte qui ont été essayés, deux ont donné de bons résultats : la submersion et le sulfure de carbone. On pratique aussi avec succès le badigeonnage des ceps pendant l'hiver pour y détruire les œufs d'hiver qui y seraient déposés.

La submersion consiste à couvrir d'eau, pendant l'hiver, toute la surface des vignes, et à maintenir cette couche d'eau pen-

dant quarante à cinquante jours. La submersion doit toujours
être achevée avant le réveil de la végétation, afin que l'humidité
ait pu disparaître. La submersion détruit complètement les
phylloxeras des racines et les œufs d'hiver déposés sur les rameaux. Il est nécessaire, pour que l'opération soit possible,
que la vigne soit en plaine, à proximité d'un cours d'eau ou
d'un canal. Combinée avec l'emploi des engrais, la submersion
assure la prospérité de la vigne.

Le sulfure de carbone est un corps liquide, très volatil, qu'on
injecte dans le sol avec des instruments appropriés, et dont les
vapeurs tuent les phylloxeras sur les racines de la vigne. On
doit l'employer en proportions telles qu'il n'attaque pas les racines de la vigne (de 7 à 50 grammes par mètre carré). On se
sert du sulfure de carbone, soit à l'état pur, soit à l'état de
sulfocarbonate de potassium.

Enfin, on peut reconstituer les vignobles en les plantant avec
des cépages américains dont les racines résistent à l'action des-
tructive du phylloxera. On connaît un grand nombre de variétés
de vignes américaines; on doit choisir celles qui s'adaptent le
mieux au sol et au climat dans chaque localité. Sur les vignes
américaines, on greffe les variétés françaises, afin de conserver
la qualité des anciens vins du pays.

Oïdium. — L'oïdium est un champignon microscopique
qui attaque les feuilles et les jeunes grappes de raisins.
Il affecte la forme d'une poussière blanchâtre dont le développement détruit les tissus végétaux. Ses effets se manifestent par la chute des feuilles, le desséchement des raisins, et
en définitive la perte de la récolte. C'est au commencement
de l'été, par les temps chauds et humides, que l'oïdium tend à
se propager.

Le seul remède efficace contre l'oïdium est l'emploi du soufre,
dont on projette la poudre fine sur les feuilles et sur les grappes
de la vigne. On a recours au soufre, tant pour enrayer une invasion de l'oïdium que pour prémunir la vigne contre ses atteintes.
Pour répandre le soufre sur la vigne, on emploie un soufflet
spécial dont la tuyère est percée de trous par lesquels la poudre
de soufre est projetée sur la plante. Il faut effectuer au moins
deux soufrages, avant et après la floraison : quelquefois un

roisième est nécessaire, au moment de la véraison des grappes.
On doit soufrer par un temps sec et chaud.

Anthracnose. — L'anthracnose est due au développement
sur les parties vertes de la vigne d'un champignon microscopique,
dont la présence se manifeste par des taches noires, allongées,
souvent irrégulières; en grandissant, ces taches creusent les
tissus des sarments. L'anthracnose cause la chute des feuilles et
empêche le raisin de croître; elle entraine la perte complète de
la récolte.

On a détruit les germes de l'anthracnose en badigeonnant pendant l'hiver, au moyen d'un pinceau, les souches et les sarments
avec une dissolution de sulfate de fer (2 kilogrammes de sulfate
dans 4 litres d'eau).

Mildew. — Le mildew (*Peronospora viticola*) est un champignon qui se développe sur les feuilles et sur les raisins
jeunes. Il se manifeste par des taches blanches à la face inférieure des feuilles. Ces feuilles tombent, la végétation est arrêtée
et le raisin ne mûrit pas. — Les spores du mildew se conservent dans les feuilles tombées, et elles peuvent se développer
l'année suivante avec une très grande rapidité, sous l'influence
d'un temps humide. On préconise contre le mildew l'emploi du
sulfate de cuivre; on asperge préventivement les vignes avec une
solution de sulfate de cuivre à 5 pour 100 environ . On a obtenu
aussi de bons effets par le mélange du sulfate de cuivre avec de
la chaux, et enfin par la chaux seule. Ces substances sont répandues à l'aide d'appareils pulvérisateurs.

Tous les cépages ne sont pas également atteints par le
mildew; quelques-uns paraissent indemnes de ce champignon.

Application. — Faire connaître les caractères extérieurs
de la végétation de la vigne qui permettent de constater l'invasion du phylloxera dans une localité.

42ᵉ LEÇON

VENDANGES ET VINIFICATION

Sommaire. — Opération des vendanges. — Transport des raisins. — Cellier, foudres et cuves, vinification. — Conservation du vin, soutirages, etc. — Maladies des vins. — Utilisation des marcs.

Développement

La récolte du raisin de cuve, ou vendange, a lieu en septembre ou en octobre, suivant la rapidité plus ou moins grande avec laquelle le raisin a mûri. La cueillette du raisin se fait à la main : le raisin est immédiatement transporté au cellier, pour y subir la transformation en vin.

L'art de faire le vin s'est transmis de siècle en siècle, sans subir de grandes modifications. Toutefois, si la viticulture n'a pas fait, depuis cent ans, de grands changements dans ses pratiques, elle a acquis la théorie de son art. Si cette théorie ne permet pas d'améliorer les grands crus dont la préparation a acquis un haut degré de perfection, elle permet, au moins, d'obtenir dans les circonstances les plus communes, des vins meilleurs ou de conservation plus certaine.

Pour se transformer en vin, il faut que le jus du raisin fermente. Ce jus renferme du sucre, des matières azotées, du tanin, quelques principes colorants, des matières grasses, des sels dont le plus important est le tartrate de potasse. La fermentation du jus entraîne le dédoublement du sucre en alcool et en acide carbonique avec quelques traces de glycérine et d'acide succinique. Pour qu'elle se produise, plusieurs conditions sont nécessaires : les principales sont la présence de germes qui paraissent se rencontrer dans toutes les vignes en grande quantité au moment des vendanges, et une température convenable, qui est celle de 18 à 20 degrés centigrades.

Les différences que présentent les raisins et les vins qui en proviennent paraissent dues surtout aux diverses variétés de raisins, aux terroirs sur lesquels ils poussent, aux circonstances

climatériques des années; la part qui revient à chaque cause
n'est pas bien définie. De nombreuses recherches seront encore
nécessaires pour élucider ces questions.

C'est dans de grandes cuves ou dans des foudres de vastes
dimensions qu'on jette le raisin pour le faire fermenter; il est
soumis auparavant à deux opérations préliminaires : l'égrappage et le foulage.

L'égrappage consiste à séparer les grains de la rafle qui les
porte. On a beaucoup discuté sur la valeur de cette opération;
des œnologues distingués l'ont rejetée, en affirmant que la grappe
ne peut qu'absorber dans la cuve une certaine quantité d'alcool,
en cédant au moût un jus acide, vert et aqueux; d'autres, au
contraire, la préconisent, au moins pour les vins communs,
car à leurs yeux la présence de la rafle dans le moût ajouterait
à celui-ci une certaine quantité de tanin nécessaire au vin. Aujourd'hui, dans la pratique des grands vignobles, notamment en
Bourgogne, on égrappe plus ou moins suivant le degré de maturité des raisins, et d'autant plus que la grappe est plus verte,
et par conséquent moins mûre; quand celle-ci est complètement
mûre et sarmenteuse, on considère souvent l'égrappage comme
inutile.

L'égrappage est pratiqué, souvent, avec une fourche à trois
dents que l'on agite dans un cuvier renfermant les grappes.
Dans d'autres circonstances, on se sert d'un châssis à claire-voie.
Les grains passent à travers les ouvertures, tandis que les rafles
restent sur le dessus. Les grappes sont promenées sur ce châssis,
et les grains ainsi que le jus tombent sur un plan incliné qui
les dirige dans la cuve ou au-dessus du pressoir. En Bourgogne,
on a adopté, depuis quelques années, des égrappoirs perfectionnés qui permettent de débiter de 35 à 40 hectolitres de raisins
par heure.

Le foulage succède à l'égrappage. De temps immémorial, le
foulage a été pratiqué dans les celliers, à pieds d'hommes, sur
les parquets des pressoirs, légèrement inclinés, et dont les
bords sont entourés d'une rigole pour recueillir le jus. De cette
rigole, le jus coule, avec les pellicules qu'il entraîne, dans un
baquet où on le puise pour le verser dans les grandes cuves où
la fermentation doit se réaliser.

Cette méthode est toujours celle de l'immense majorité des vignerons. Quelques-uns, cependant, ont essayé de la remplacer par un foulage mécanique. A cet effet, on a construit des appareils spéciaux appelés fouloirs à vendange; ces appareils consistent généralement en deux cylindres cannelés rapprochés parallèlement, et surmontés d'une trémie. Les grappes placées dans la trémie tombent entre les deux cylindres qu'on fait tourner, et elles sont écrasées. Le jus, les pellicules et les rafles, quand on n'a pas égrappé, tombent dans un récipient d'où le tout est porté à la cuve à fermentation, ou même directement dans cette cuve. Avec les premiers fouloirs, on ne parvenait pas toujours à éviter l'écrasement des pépins, qui tendent à donner de la verdeur au vin; on évite aujourd'hui cet inconvénient. La vendange traitée au cylindre forme dans la cuve une masse compacte et parfaitement homogène, dans laquelle se produit une fermentation prompte, vive et simultanée, condition nécessaire pour la bonne préparation du vin.

Les cuves à fermentation sont le plus souvent faites en bois de chêne ; leur forme est cylindrique ou en tronc de cône. On en construit aussi en maçonnerie bien étanche. Enfin, il est même arrivé, dans quelques départements du Midi, lorsque la vigne y était prospère et que la récolte était exceptionnellement abondante, qu'on a dû creuser dans le sol de véritables fosses de fermentation dont les parois étaient recouvertes d'argile bien battue.

La dimension des cuves ordinaires varie suivant les localités : elle est le plus souvent de 55 à 40 hectolitres ; dans les vignobles à production abondante, elle atteint plusieurs centaines d'hectolitres.

Dans quelques pays, c'est dans la cuve elle-même que se fait le piétinement, pour le foulage de la vendange. Il arrive même, notamment pour quelques crus de l'Hermitage, que le foulage à la cuve est répété à plusieurs reprises, pendant un certain nombre de jours, jusqu'à ce que la fermentation soit à peu près complète.

D'autres fois, et c'est là la pratique généralement adoptée pour la fabrication des vins blancs, toutes les opérations qui viennent d'être indiquées sont supprimées, et la vendange, aussitôt cueillie, est soumise au pressoir. Le jus du raisin s'écoule et est recueilli pour être mis à fermenter seul dans des tonneaux de deux à trois hectolitres.

On doit remplir les cuves avec rapidité, car il est important que tout le jus qu'on y met fermente en même temps. C'est, en effet, au bout de peu de temps que le moût commence à fermenter. On donne ce nom au jus mélangé aux pellicules du raisin et aux rafles, tel qu'il est après le foulage. Lorsque la température est convenable, c'est-à-dire quand elle est d'environ vingt degrés, la fermentation se fait très vite ; des masses énormes d'acide carbonique se dégagent de la masse et la font bouillonner : c'est ce qu'on appelle la fermentation tumultueuse. Il est important que les cuves ne soient pas complètement remplies, car à ce moment elles déborderaient. En se dégageant, l'acide carbonique fait monter à la surface toutes les matières étrangères au jus, pellicules, grappes, etc., qui se rassemblent en une masse qu'on appelle *chapeau*. Dans les années où la vendange est faite tardivement, la température étant plus basse, la fermentation commence avec peine ; pour l'activer, il est bon de faire chauffer un ou deux hectolitres de moût suivant la capacité des cuves et de les verser au milieu de la masse ; c'est le moyen le plus certain de faire partir la fermentation.

Au bout de sept à huit jours, celle-ci est arrêtée ; on brise le chapeau pour le faire plonger à nouveau dans le liquide, on remue la masse, et parfois même on procède à un nouveau foulage. La fermentation reprend pour durer encore quelques jours. Quand on arrive au moment opportun, il faut vider la cuve pour transvaser le vin dans les tonneaux. C'est surtout la pratique qui permet aux bons vignerons de reconnaître l'instant favorable : on peut aussi, dans ce but, se servir de l'œnomètre. Une fermentation trop prolongée tend à faire évaporer une partie de l'alcool, et à en transformer une autre en acide acétique.

Pour empêcher l'action de l'air sur le moût, on a recours à divers procédés : tantôt on recouvre la cuve avec un couvercle pendant la seconde partie de la fermentation ; tantôt à l'aide d'un grillage, on maintient le chapeau au milieu du liquide, car c'est toujours dans le chapeau que commence la fermentation acé-

tique; parfois enfin on adapte à la cuve un couvercle muni
d'une bonde hydraulique qui laisse échapper l'acide carbonique,
sans que l'air puisse pénétrer à l'intérieur. On obtient d'excellents résultats, tant sous ce rapport que sous celui de la régularité dans la fermentation, en faisant usage de cuves à étages;
ces étages sont formés par des claires-voies mobiles qu'on place

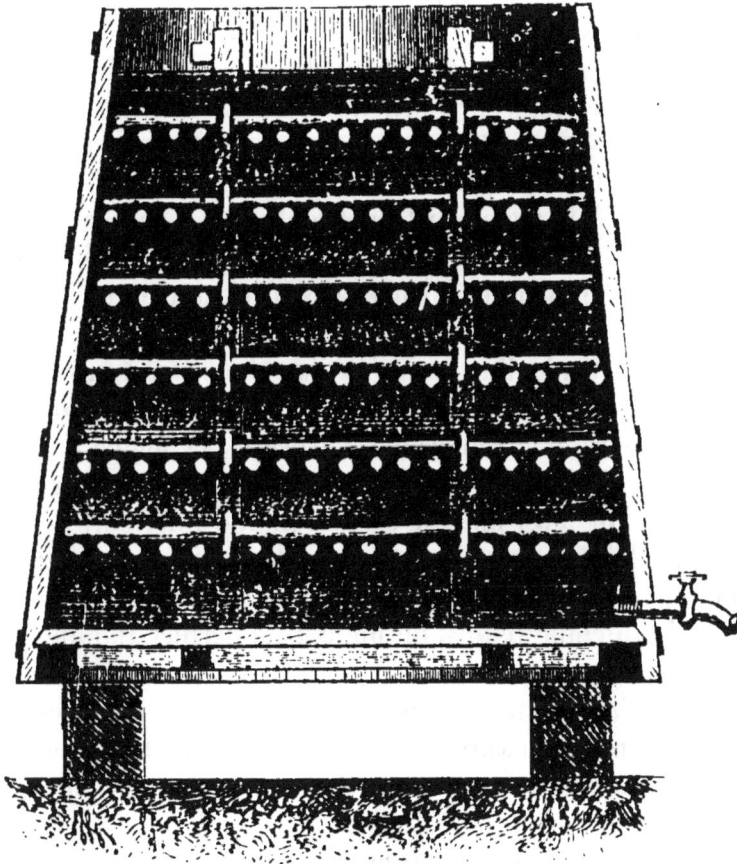

Fig. 8. — Cuve à étages

dans la cuve, en même temps qu'on la charge. On la divise ainsi
en une série de compartiments entre lesquels la masse qui doit
former le chapeau est répartie. La figure 8 montre un modèle
de cuve à étages.

La meilleure manière de décuver le vin est de placer, à la
base des cuves, une cannelle par laquelle on soutire le liquide.

Le vin nouveau est placé dans des tonneaux qu'on remplit seulement aux quatre cinquièmes, car la fermentation y continue encore pendant un temps plus ou moins long. Les tonneaux sont laissés débouchés ou bien on en garnit l'ouverture d'une bonde hydraulique, pour que l'acide carbonique puisse s'échapper. — Le premier vin ainsi obtenu est le vin de première qualité; on l'appelle souvent vin de goutte.

Toutes les matières laissées dans la cuve, débris du chapeau, etc., forment ce qu'on appelle le *marc*. Celui-ci renferme encore une certaine proportion de liquide vineux. On a recours au *pressoir* pour extraire ce liquide. Les anciens pressoirs sont des engins très volumineux; ils consistent en un vaste bassin à rebords, appelé maie, sur lequel sont placées des claies verticales disposées en cercle ou en carré. Au centre du bassin s'élève une vis dont l'écrou porte un plateau recouvrant tout l'espace compris entre les claies. Le marc est placé dans cet espace. En tournant à l'aide d'un levier l'écrou de la vis centrale, on fait descendre le plateau qui comprime entièrement le marc. Le liquide que celui-ci renferme est exprimé, et tombe dans le bassin d'où il s'écoule par une ouverture pratiquée sur le rebord. Le vin ainsi obtenu est de qualité inférieure à celui du premier vin de goutte; on les mélange souvent ensemble. En ajoutant de l'eau au marc, et en pressurant à nouveau au bout de quelque temps, on obtient un dernier liquide qui est la piquette.

Les résidus du marc pressé peuvent être employés soit comme engrais en les faisant entrer dans des composts, soit pour la nourriture des animaux domestiques, soit enfin pour la préparation des verdets.

Dans tout ce que nous avons dit, il n'a été question que de vins se faisant régulièrement. Mais il peut arriver que la maturité ne soit pas suffisante et que le raisin, pour une cause ou une autre, ne renferme pas assez de sucre pour donner un vin ayant un degré alcoolique normal. Dans ce cas, l'addition de sucre au moût s'indique d'elle-même. La proportion de sucre à ajouter varie suivant la richesse du moût et le but qu'on cherche à atteindre. On se guide sur ce fait qu'il faut 1 kilogr. 700 de sucre raffiné pour donner un degré alcoolique à un hectolitre d'eau, en d'autres termes que cette quantité de sucre peut élever d'un degré la teneur en alcool d'un hectolitre de moût.

Le sucre de canne ou de betterave raffiné ou cristallisé est le seul qui donne de bons résultats. Ce procédé peut être adopté avec avantage pour améliorer les piquettes de marc. Enfin on peut se servir, dans le même but, des raisins secs provenant de Grèce ou d'Orient, que le commerce importe maintenant en grandes quantités.

Le vin n'est pas achevé quand il est décuvé; il se produit, dans les tonneaux, plusieurs phénomènes dont on doit suivre les manifestations avec soin.

Tout d'abord, on ne doit mettre le vin que dans de bons tonneaux, d'une propreté absolue. Le chêne est généralement reconnu comme le meilleur bois pour ces récipients. Pour nettoyer les tonneaux qui ont déjà servi, on les lave d'abord avec de l'eau bouillante, puis avec de l'eau fraîche, en les faisant rouler après y avoir introduit une chaîne en fer dont le rôle est d'enlever sur les parois toutes les impuretés qui peuvent y adhérer. Quelquefois aussi on rince les tonneaux avec de l'esprit-de-vin ou de l'eau-de-vie. Ceux-ci sont ensuite laissés à égoutter jusqu'à ce qu'ils soient absolument secs.

Dans le tonneau, le vin éprouve pendant les premières semaines une fermentation lente, pendant laquelle la légère quantité de sucre qui restait encore dans le liquide, au moment du décuvage, se transforme en alcool; l'acide carbonique dont le moût était saturé se dégage peu à peu. En même temps, les divers éléments du vin commencent à réagir les uns sur les autres pour produire des éthers et des acides dont la nature n'est pas encore complètement connue, mais dont le rôle au point de vue du goût et du bouquet du vin est indiscutable.

Le principal soin doit être de mettre le liquide à l'abri du contact de l'air. A cet effet, on doit remplir, avec régularité, le vide qui se produit à la partie supérieure du tonneau par l'évaporation. C'est ce qu'on appelle *ouiller*. Cette opération doit être pratiquée d'abord tous les jours, ensuite tous les deux jours, puis à des intervalles plus éloignés, jusqu'au soutirage. D'après les observations de M. Maumené, le vide qui se produit est plutôt dû au dégagement de l'acide carbonique en excès qu'à l'évaporation à travers les parois; en effet, celle-ci ne serait que dans la proportion d'un litre environ pour trente à trente-cinq jours, pour un tonneau de 200 litres. La bonde du tonneau est serrée progressivement sur son ouverture, à mesure que le dégagement de l'acide carbonique se ralentit.

Au bout de quelques jours, la lie se dépose. La plus grande partie tombe au fond du tonneau, le reste monte en écume. On doit distinguer deux espèces de lie : celle que le vin dépose en abondance, à la sortie des cuves, et qu'on appelle grosse lie, celle qui se développe, avec le temps, dans le vin débarrassé de la première et assez bien clarifié. Il peut être utile de conserver le vin sur la grosse lie pendant quelque temps; il y prend du corps et de la couleur. Dans quelques vignobles, on n'hésite pas à laisser le vin dans ces conditions jusqu'au printemps qui suit sa fabrication.

Le soutirage, qui est de la plus haute importance, consiste à transvaser le vin pour le débarrasser du contact du dépôt qui s'est produit dans le tonneau. Le soutirage peut être exécuté de quatre manières :

1° Au moyen de la cannelle. On introduit une cannelle dans un des fonds du tonneau, au-dessus de la couche de dépôt; on reçoit le vin dans un baquet, d'où on le verse dans un autre tonneau nettoyé avec soin. Lorsque le liquide ne coule plus que faiblement par la cannelle, on le surveille attentivement, et dès le premier trouble on ferme le robinet; ce qui reste est soutiré à part avec la lie.

2° Soutirage au siphon. On introduit, avec précaution, dans le tonneau, la branche plongeante d'un siphon, on ferme le robinet de la branche afférente, puis on aspire fortement l'air qu'elle renferme, au moyen du petit tube dont elle est surmontée. Lorsque le vin remplit le siphon, on ouvre le robinet, et on reçoit le liquide dans des baquets, comme dans l'opération précédente. On peut aussi, si les dispositions du local le permettent, introduire directement l'extrémité du siphon dans le tonneau qu'il s'agit de remplir.

3° Soutirage au boyau. On adapte à la cannelle du tonneau à soutirer un tube en cuir d'environ 1m,50, dont les deux extrémités sont munies de douilles en bois, l'une placée à angle

droit du tube, l'autre suivant sa longueur. La première est introduite dans la cannelle et y est fortement fixée; l'autre est
mise dans l'ouverture de la bonde du tonneau à remplir, lequel
est placé sur le côté devant le premier; la bonde de celui-ci
enlevée et le robinet de la cannelle étant ouvert, le vin s'écoule
dans l'autre fût, jusqu'à ce qu'il soit au même niveau dans les
deux pièces; puis, pour forcer tout le liquide à passer, on fait
jouer un fort soufflet par la bonde du tonneau à soutirer.

4° Soutirage par la pompe. On place dans l'ouverture de la
bonde du tonneau à soutirer le tuyau d'aspiration d'une pompe,
et son tuyau de refoulement dans l'ouverture semblable du
tonneau à remplir. Si l'on fait manœuvrer la pompe, tout le
liquide passe régulièrement d'un tonneau dans l'autre. Ce système est le plus commode, et le vin reste pendant toute l'opération à l'abri du contact de l'air; il est aujourd'hui employé
dans un grand nombre de celliers, et l'industrie fabrique des
pompes spéciales pour les soutirages. La pompe rotative a, sur
la pompe à piston ordinaire, l'avantage de la régularité de son
mouvement, qui est une garantie contre le mélange de la lie
au vin.

Les soutirages s'exécutent par un temps sec, clair et assez
froid; on doit éviter de les faire par les temps humides et pluvieux, aussi bien que par les temps d'orage. Il ne faut jamais
soutirer un vin trouble, parce qu'on se met dans la nécessité de
recommencer l'opération, et il est important de ne jamais laisser
le liquide exposé pendant longtemps au contact de l'air, et ne
pas le laisser tomber dans les baquets ou dans les tonneaux
d'une hauteur trop grande, ce qui tend à y introduire de l'air
qui peut être nuisible par les germes qu'il renferme. Une observation a été faite depuis longtemps par les vignerons, c'est que
les soutirages ne doivent jamais être exécutés aux époques où la
vigne travaille, soit au moment de la pousse des bourgeons,
soit à celui de la fleur.

Il n'y a pas d'époque fixe pour le premier soutirage. Les
uns le font de bonne heure, d'autres plus tardivement. Toutefois, pour le plus grand nombre des vins communs, l'habitude
est de pratiquer le premier soutirage à la fin du mois de décembre. La température basse qui règne généralement à cette date est

favorable à cette opération; il ne faut pas toutefois que le froid soit trop intense, car il pourrait amener un certain trouble dans le liquide.

Trois mois après, c'est-à-dire au mois de mars, il faut pratiquer le deuxième soutirage. Cette deuxième opération a pour résultat de débarrasser complètement le vin de son dépôt. Si le soutirage de mars est bien fait, il permet au liquide de supporter la saison des chaleurs et d'arriver à l'automne dans de bonnes conditions. Les œnologues considèrent le soutirage de mars comme nécessaire, que l'on ait ou que l'on n'ait pas fait un premier soutirage au mois de décembre. Quand on le néglige, on s'expose à faire tourner le vin.

Pour les vins fins, on pratique de nouveaux soutirages pendant les mois de juillet et d'août. Les habitudes varient encore beaucoup suivant les régions; toutefois il est notoire qu'un soutirage bien fait contribue toujours largement à la conservation du vin, et qu'il n'y a, pendant la première année, de limite à ces opérations que celle imposée par la nécessité de ne pas fatiguer le liquide.

Sauf pour le premier soutirage, on colle le vin avant de soutirer. Le collage est le mélange au vin d'une substance qui doit précipiter les parties hétérogènes restant en suspension dans le liquide, qui en altèrent la transparence et nuisent à son goût. En délayant cette substance dans le vin, on forme une sorte de réseau qui entraîne toutes les matières étrangères au fond. Les principales substances employées dans ce but sont les gélatines, l'albumine ou blanc d'œuf, le sang, le lait ou la crème, divers mélanges contenant l'une de ces matières.

Les vins, soit en fût, soit en bouteilles, sont sujets à un grand nombre de maladies. Les travaux de M. Pasteur ont mis en lumière la cause de la plupart de ces maladies : elles sont dues au développement dans le vin de mycodermes spéciaux dont les germes ont été introduits, soit sur les raisins, soit pendant les opérations de la vinification, dans la masse liquide. Un excellent moyen de détruire ces mycodermes est de soumettre les vins à un chauffage qui élève leur température de 50 à 60 degrés et qui détruit, dans leur masse, les germes des maladies. Appert avait déjà constaté, il y a quarante ans, que le chauffage des vins, surtout des grands vins de Bourgogne, avait pour effet de les améliorer, de les conserver et de leur permettre de supporter de très longs voyages sans subir d'altération.

De tous les détails qui viennent d'être donnés, il résulte que la vinification est une opération qui, sans être difficile, demande surtout des soins minutieux. Sans assurer à tous les vins les qualités des grands crus, elle permet, quand elle est bien conduite, d'obtenir des vins de bonne qualité et de consommation agréable. Le vigneron a grand avantage à soigner sa vinification, car il est largement rémunéré par la plus-value que ses vins acquièrent. Les prix des vins ont sensiblement augmenté depuis quelques années; les cours des vins ordinaires se sont proportionnellement élevés davantage que ceux des vins fins. Il n'est pas probable que d'ici longtemps une baisse se produise, surtout en raison des ravages du phylloxera qui augmentent chaque année. Les bons procédés de vinification assureront aux viticulteurs un débouché plus facile et surtout plus avantageux.

La comparaison des récoltes de vins en France, pendant les vingt dernières années, permet de constater la diminution de produit résultant des ravages du phylloxera.

ANNÉES	RÉCOLTE EN HECTOLITRES.	ANNÉES	RÉCOLTE EN HECTOLITRES.
1866	63,858,000	1876	41,817,000
1867	39,128,000	1877	56,405,000
1868	52,098,000	1878	48,720,000
1869	70,000,000	1879	25,770,000
1870	54,535,000	1880	29,677,000
1871	56,001,000	1881	54,139,000
1872	50,155,000	1882	30,886,000
1873	55,716,000	1883	56,029,000
1874	63,146,000	1884	34,781,000
1875	83,836,000	1885	28,556,000

La production moyenne a été : de 1866 à 1870, de 56 millions d'hectolitres; de 1871 à 1875, de 58 millions d'hectolitres; de 1876 à 1880, de 40 millions d'hectolitres; de 1881 à 1885, de moins de 55 millions d'hectolitres. La consommation étant d'environ 45 millions d'hectolitres, la France a dû importer, depuis dix ans, des quantités de vins plus grandes chaque année.

45ᵉ LEÇON

POMMIERS ET CIDRE

Sommaire. — Culture du pommier à cidre. — Choix des variétés à cultiver. Récolte et conservation des pommes. — Fabrication du cidre.

Résumé

La culture du pommier à cidre présente une très grande importance pour la Normandie, la Bretagne et la France septentrionale. Toutes les variétés de pommes ne sont pas également bonnes pour la fabrication du cidre. Les qualités qu'on demande au fruit sont de renfermer, en proportions convenables, du sucre et du tanin, et de posséder un arome ou parfum développé. Les proportions de sucre sont de 10 à 12 pour 100 dans les bonnes variétés, celles du tanin de 5 à 6 pour 100. Généralement les fruits de faible volume sont préférables aux gros fruits.

On répartit les variétés de pommes à cidre en trois classes, d'après l'époque à laquelle elles arrivent généralement à maturité : les précoces, qui mûrissent d'août en septembre; celles de deuxième saison, qui mûrissent en octobre, et les tardives, qui mûrissent de novembre en décembre. Dans chaque classe, les principales variétés reconnues les meilleures sont les suivantes :

1ʳᵉ *classe :* Blanc-Mollet, Doux sucré, Doux amer;

2ᵉ *classe :* Rouge bruyère, Rayé rouge, Gros muscadet, Fréquin rouge, Paradis vrai, Gros-œil, Margot, Pomme de Cat;

5ᵉ *classe :* Bédane, Amer doux, Peau-de-vache, Martin Fessard, Argile grise.

Le plus souvent, on divise aussi les pommes en amères, douces et acides. On doit proscrire les pommes acides de la fabrication du cidre; on mélange généralement celles des deux autres catégories dans la proportion de deux tiers de pommes amères pour un tiers de douces.

La nature du sol exerce une influence sur la qualité des pommes. Les terres argileuses et humides sont peu favorables;

les sols légers, caillouteux, bien assainis, sont ceux dans lesquels le pommier prospère le mieux. — Les meilleures orientations pour les arbres sont celles du sud et de l'est.

Pour obtenir un bon cidre, on doit récolter les pommes avec soin, sans les blesser, car les fruits dont la peau est déchirée se gâtent rapidement. La pratique du gaulage des arbres est nuisible tant pour les fruits que pour les rameaux.

Les fruits récoltés sont mis en tas pour achever de mûrir. On doit établir ces tas à l'abri de la pluie et des intempéries, les recouvrir au besoin de paille pour les préserver lorsque les gelées sont à craindre. On fait préalablement le triage des fruits pour mettre chaque variété à part, et pour enlever tous les fruits pourris ou gâtés.

La fabrication du cidre comprend plusieurs opérations successives : broyage des pommes, cuvage de la pulpe, pressurage, fermentation du moût, soutirage du cidre.

Le broyage des pommes se pratique, suivant les anciens procédés, dans une auge circulaire sur laquelle roule une meule en pierre ou en bois qui réduit les fruits en bouillie. Cet outillage, qui demande beaucoup de place, est remplacé aujourd'hui par des moulins dans lesquels le broyage des fruits s'opère par des cylindres métalliques cannelés ou par des noix en fonte. — Quand on cherche à obtenir du cidre de bonne qualité, on évite d'écraser les pépins des fruits : si le cidre est destiné à être distillé, on trouve avantage à écraser les pépins.

La pulpe obtenue est recueillie dans des cuveaux où elle reste pendant douze ou quinze heures ; elle subit alors un commencement d'oxydation qui lui donne une couleur jaune clair, que garde le moût.

Le pressurage a pour objet d'enlever son jus à la pulpe. On dispose la pulpe sur la maie du pressoir par couches qu'on sépare par des lits de paille ; cette substance empêche la pulpe de se tasser fortement sous la pression, et elle facilite l'écoulement du jus. Les anciens pressoirs à mouton ne donnent qu'une faible pression ; on les remplace avec avantage par des pressoirs semblables à ceux qui servent pour le vin. La pression peut être rapide au début de l'opération ; on doit diminuer la vitesse vers la fin du travail.

Les pommes renferment environ 80 pour 100 de leur poids en jus : avec de bons pressoirs, on en obtient de 60 à 70 pour 100.

Le liquide qui s'écoule du pressoir est recueilli dans des tonneaux où il fermente. Les tonneaux doivent être très propres. Après cinq à six semaines, on soutire pour séparer le cidre de sa lie. Puis on procède au collage; le cachou dissous dans du cidre est la meilleure substance pour cette opération.

Les marcs de cidre auxquels on ajoute de l'eau avant de faire une deuxième pression, servent à faire les petits cidres. On peut y ajouter du sucre pour en accroître la richesse alcoolique.

Les cidres de ménage se fabriquent en mélangeant le moût pur avec les moûts qu'on obtient par une deuxième et une troisième pression, après avoir ajouté de l'eau au marc. Cette eau doit être d'une pureté absolue.

Les cidres mousseux s'obtiennent en soutirant le cidre dans des bouteilles immédiatement après la fermentation tumultueuse. On bouche hermétiquement ces bouteilles, et on consolide les bouchons par du fil de fer ou de la ficelle.

Les principales altérations du cidre sont l'acidité, la graisse, le noircissement, le trouble. — L'acidité se développe surtout dans les tonneaux qui restent pendant longtemps en vidange; on l'arrête en empêchant le contact de l'air avec le liquide. — C'est par des astringents qu'on fait disparaître la graisse et le noircissement. — Contre le trouble, si le collage n'est pas suffisant, on active la fermentation par l'addition de sucre qui se transforme en alcool.

N. B. — Consulter *Les vignobles et les arbres à fruits à cidre,* par Dubreuil.

44ᵉ LEÇON

ARBRES CULTIVÉS POUR LEURS FRUITS

Sommaire. — Châtaigniers et noyers. — Pruniers. — Oliviers, amandiers. Mûrier, usages de ses feuilles.

Résumé

Châtaignier. — Le châtaignier (*Castanea vesca*) est un grand arbre de la famille des Cupulifères. On le cultive pour son fruit comestible, ou pour son bois qui sert à la tonnellerie. Dans le premier cas, on le plante le plus souvent en bordures, ou en lignes dans les champs et les pâtures; dans le second cas, on le cultive en taillis.

Les principales variétés de châtaignes sont : la châtaigne marron, la châtaigne verte et l'exalade. Pour multiplier les bonnes variétés, on les greffe sur le châtaignier commun. Un bon arbre donne de 50 à 60 kilogrammes de fruits.

Le châtaignier prospère dans les terrains schisteux et granitiques. Les soins de culture se réduisent à des émondages pour enlever les bois morts.

Pour conserver les châtaignes, on les sèche au four ou dans des étuves; cette opération leur fait perdre environ les deux tiers de leur volume.

Noyer. — Le noyer (*Juglans regia*), famille des Juglandées, est un bel arbre qui peut atteindre 15 à 20 mètres. On le cultive pour son fruit et pour son bois. Le fruit est oléagineux; l'extraction de l'huile de noix est une industrie agricole importante. Le bois, dur et de bonne qualité, sert à la charpente et à l'ébénisterie. L'écorce de noyer est employée pour la teinture; les feuilles ont des propriétés astringentes.

Le noyer prospère surtout dans les sols calcaires; on le cultive de la même manière que le châtaignier, en bordures et surtout en lignes. On le multiplie par semis ou par greffe; les arbres destinés surtout à la production du fruit sont généralement greffés sur plants de semis; on propage ainsi les bonnes variétés.

parmi lesquelles les principales sont la noix à coque tendre et la noix de Saint-Jean.

On consomme les noix fraîches ou sèches; quand on les récolte avant leur maturité, on les appelle des cerneaux.

C'est à partir de l'âge de vingt ans que le noyer est en pleine production. Les fruits mûrissent de septembre en octobre, suivant la précocité des variétés. La maturité se manifeste lorsque l'enveloppe de la drupe, appelée brou, se crevasse et se détache.

Prunier. — Le prunier (*Prunus domestica*), de la famille des Amygdalées, est un arbre de moyenne grandeur, qu'on cultive surtout pour ses fruits, et accessoirement pour son bois, estimé dans l'ébénisterie.

Les nombreuses variétés de prunier se divisent en deux catégories : celles dont les fruits sont mangés frais, et celles dont les fruits sont convertis en pruneaux. A la première catégorie appartiennent les prunes Reine-Claude, de Mirabelle, etc.; à la deuxième appartiennent les prunes d'Agen ou d'Ente, Questche, de Perdrigon, etc.

On cultive le prunier soit dans des vergers, soit en lignes régulières dans les vignes ou les champs. Cet arbre prospère surtout dans les régions viticoles; sous les climats moins chauds, sa fructification diminue, et il est exposé aux atteintes des gelées tardives. Les terres argilo-calcaires sont celles qui lui conviennent le mieux; il végète mal dans les sols sablonneux ou humides.

Après la plantation, le prunier est soumis à la taille; on lui donne généralement la forme d'un cône renversé. La taille annuelle a pour objet de ménager sur les arbres du bois de deux ans, sur lequel se montrent les boutons à fruit, et de supprimer le bois mort et les branches gourmandes poussés dans l'intérieur du cône.

La récolte des fruits se pratique avec précaution, pour ne pas les endommager. Les prunes qu'on veut convertir en pruneaux sont d'abord séchées au soleil sur des claies; on les soumet ensuite à la cuisson, soit dans les fours à pain, soit dans des étuves spéciales. Dans le commerce, on fait une classification des pruneaux d'après leur origine et d'après leur volume.

Olivier. — L'olivier (*Olea europea*) est un arbre de la fa-

mille des Oléacées, à feuilles persistantes, caractéristique en
France de la partie méridionale du bassin de la Méditerranée.
On le cultive pour son fruit, qui est comestible et dont on
extrait une huile recherchée.

Les terres sèches et calcaires sont celles où l'olivier prospère.
On le cultive, soit en plantations isolées, soit en mélange avec
la vigne ou les céréales. Les soins de culture qui lui sont nécessaires sont des labours et des fumures. Les labours ameu-
blissent le sol, et y font pénétrer les eaux pluviales pendant
l'hiver, de telle sorte que l'arbre n'a pas à souffrir de la sécheresse pendant l'été. Les engrais qui conviennent le mieux sont
les fumiers et les engrais humains, puis les tourteaux; les
arrosages au printemps lui sont utiles.

L'opération la plus importante de la culture de l'olivier est la
taille. Les fleurs ne paraissant que sur le bois de deux ans, la
taille a pour objet de supprimer les rameaux qui ont fleuri
pour qu'ils soient remplacés par des rameaux féconds, et de tenir l'arbre bien ouvert pour que le soleil et l'air puissent pénétrer partout.

Parmi les variétés d'olivier, les principales sont le Cayon et
le Pendoulier. L'arbre produit des fruits vers l'âge de vingt ans,
et il donne alors de 7 à 10 litres d'olives. Le produit moyen d'un
arbre est évalué à 1 litre d'huile.

Amandier. — L'amandier (*Amygdalus communis*), de la famille des Amygdalées, est un arbre de moyenne taille; on le cultive pour son fruit. Le seul climat qui lui convienne en France
est le climat de l'olivier. On le plante soit en mélange avec ce
dernier arbre, soit dans des vergers spéciaux.

Les terres calcaires et sèches, un peu profondes, sont celles où
l'amandier prospère. On le multiplie par graines, par boutures
ou par greffes. Les soins de culture sont les mêmes que pour
l'olivier.

Les principales variétés sont : l'amande princesse, l'amande
à la dame, l'amande matheronne, l'amande pistache. Les
amandes sont consommées fraîches ou sèches; on fait grand
usage de ces fruits dans la confiserie et la parfumerie.

Mûrier. — Le mûrier (*Morus alba*), arbre de moyenne grandeur, de la famille des Morées, est cultivé pour ses feuilles que

l'on récolte pour servir à la nourriture des vers à soie. Les principales variétés sont le mûrier morette, le mûrier multi caule et le mûrier rose.

On cultive le mûrier à haute tige, à mi-tige ou en arbuste. On le plante en bordures ou en vergers; par la greffe, on obtient des arbres plus productifs en feuilles et d'un développement plus rapide. Les soins de culture consistent en labours et fumures; on pratique la taille chaque année ou tous les deux ans. La cueillette des feuilles se fait, pendant l'élevage des vers à soie, au fur et à mesure des besoins.

Arbres à parfums. — Dans quelques localités du midi de la France, on cultive plusieurs arbres ou arbrisseaux pour les parfums qu'on extrait de leurs fleurs ou de leurs feuilles. Les principaux sont l'oranger, le rosier, le jasmin d'Espagne et la cassie.

45ᵉ LEÇON

ARBRES FORESTIERS. — SYLVICULTURE

Sommaire. — Principaux arbres forestiers. — Terrain, climat, semis, plantation. — Pépinières. — Aménagement des bois, exploitation. — Reboisement des terres incultes et des montagnes.

Résumé

La sylviculture est la partie des sciences agricoles qui a pour objet l'exploitation des bois et forêts. Elle se propose d'en tirer le parti le plus avantageux, tout en les régénérant et les améliorant progressivement. Les arbres des forêts sont exploités surtout pour leur bois et pour quelques produits accessoires qu'ils fournissent.

Les arbres qui forment les forêts sont divisés en arbres feuillus, c'est-à-dire dont les feuilles sont généralement caduques, et en arbres résineux, ou à feuilles persistantes. On leur donne le nom générique d'essences.

Les principales essences feuillues sont le chêne, le hêtre, le châtaignier, le charme, le frêne, l'orme, l'érable, le platane, l'alisier, qu'on réunit sous le nom de bois durs; le tilleul, le bouleau, l'orme, le peuplier, le saule, qui constituent les essences à bois tendre, c'est-à-dire dont la consistance est beaucoup moins grande.

Parmi les résineux, les principales essences sont : le sapin, l'épicéa, le mélèze, le pin, l'if.

Quelques autres essences sont réunies sous le nom de morts-bois; ce sont des arbrisseaux qu'on rencontre en nombre plus ou moins considérable dans les forêts, mais qui n'en constituent que les produits secondaires. Les principaux morts-bois sont : l'aubépine, l'épine-vinette, le cornouiller, le fusain, la bourdaine, le sureau, le coudrier, le buis, etc.

Toutes les essences ne prospèrent pas également sous tous les climats. Les chênes pédonculé et rouvre sont associés dans la plaine et dans les régions inférieures des montagnes; le hêtre vient dans les climats de plaines, de coteaux et de montagnes, jusqu'à l'altitude de 1200 mètres; le frêne prospère surtout dans les climats un peu humides et sur les pentes inférieures des versants; il en est de même de l'orme et de l'érable; les tilleuls et les bouleaux prospèrent sous les climats froids ou tempérés des plaines et des montagnes. Parmi les résineux, le sapin, l'épicéa et le mélèze sont surtout des arbres de montagnes; des nombreuses espèces de pins, le pin sylvestre est celui qui résiste le mieux au froid; le pin laricio vient ensuite; quant au pin maritime, les climats de plaine et même méridionaux sont ceux où il prospère le mieux.

Sous le rapport du sol, la végétation forestière présente des diversités assez notables; sauf les terres fortement argileuses, presque toutes les natures du sol sont favorables à la végétation de la plupart des essences forestières, qui y poussent d'ailleurs plus ou moins bien, suivant qu'elles y trouvent les principes appropriés à leurs besoins.

Rarement un massif forestier est formé par une seule essence; le plus souvent, plusieurs essences sont mélangées ensemble en proportions variables suivant le climat et le sol. Les mélanges de résineux et de feuillus donnent parfois des produits plus avantageux que les mélanges de résineux seuls ou de feuillus seuls.

Les essences se distinguent en arbres à couvert épais et arbres à couvert léger. Les arbres de la première catégorie sont ceux dont le feuillage est abondant et dont les rameaux s'étendent sur un grand diamètre.

Les forêts sont créées ou régénérées par semis ou par plantations. Le semis consiste à répandre les graines des arbres sur le sol où elles germent. La plantation consiste à mettre à la place qu'ils doivent occuper de jeunes plants qu'on a fait pousser d'abord en pépinière. Suivant les essences et le climat, on trouve avantage à avoir recours à l'une ou à l'autre de ces méthodes. La création et l'entretien des pépinières constituent un des principaux soucis du forestier; des soins que les plants y reçoivent dépend leur vigueur quand ils sont repiqués en place.

L'exploitation des bois se fait d'après des principes qui reposent sur la recherche et la fixation de l'âge auquel il est le plus avantageux de les exploiter. Ces conditions varient suivant les essences et suivant les débouchés. L'*aménagement* est une opération qui consiste à déterminer l'ordre et la nature de l'exploitation d'une forêt, ainsi que le mode de traitement et de culture auquel on la soumet.

On exploite les forêts en futaie ou en taillis. Une futaie est une forêt qui se repeuple par graines, s'exploite à un âge généralement avancé, et fournit principalement des bois de grandes dimensions. Un taillis est une forêt qui se reproduit surtout par les rejets et les drageons des souches coupées : les brins de taillis sont exploités dans leur jeune âge, et ils ne fournissent pas de forts bois. Un taillis sous futaie est une forêt dans laquelle ces deux modes de culture des arbres sont combinés sur la même surface.

C'est par les coupes qu'on exploite les forêts. La révolution est le nombre d'années fixé pour exploiter une forêt dans toute son étendue; elle est combinée de telle sorte que la première coupe soit redevenue exploitable, lorsque la dernière vient d'être opérée. La durée de la révolution varie suivant les dimensions des forêts, la nature des essences, la rapidité de leur développement, etc.

Dans chaque coupe de taillis, on laisse des arbres en quantité variable, appelés baliveaux ou arbres de réserve, qu'on laisse croître pendant un temps généralement long, parfois pendant plusieurs révolutions. Pour les baliveaux, on donne la préférence aux brins de semence, c'est-à-dire venus de graines.

Dans un grand nombre de circonstances, on trouve avantage à planter en bois les terrains de qualité médiocre, qui ne donnent que de faibles produits quand ils sont maintenus en terres arables. Les feuilles et les autres débris des arbres contribuent à enrichir la terre végétale et à en augmenter la richesse pour une époque ultérieure où elle pourra être remise en culture.

L'influence des forêts sur le climat d'un pays a été constatée depuis longtemps; elles servent surtout à régulariser le régime des eaux. Le déboisement des montagnes a eu pour conséquences, dans beaucoup de pays, la formation de torrents dont les crues subites entraînent des inondations désastreuses dans les vallées des rivières et des fleuves. On se préoccupe avec raison du reboisement des montagnes, principalement dans les Alpes, les Pyrénées et les Cévennes; les lois de 1860, de 1864 et 1882 ont successivement déterminé les conditions de ce grand travail. Les opérations de reboisement déjà exécutées ont démontré leur efficacité absolue pour l'extinction des torrents et, par suite, pour la préservation des vallées.

N. B. — Consulter le *Guide du forestier*, par Bouquet de la Grye.

DEUXIÈME ANNÉE

PRODUCTION ANIMALE. — ÉCONOMIE RURALE

1re LEÇON

IMPORTANCE DE LA PRODUCTION ANIMALE

Sommaire. — Définitions, rôle des animaux. — L'animal considéré comme machine. — Forme sous lesquelles on en tire parti. — Division du cours.

Résumé

Pour tirer le meilleur parti du sol qu'il exploite, l'agriculteur se sert d'animaux domestiques. Le rôle que jouent ces animaux peut être envisagé à divers points de vue : en effet, on les utilise dans les fermes soit comme agents de travail pour les opérations de la culture, soit comme producteurs de denrées destinées à la vente.

On donne le nom de *zootechnie* à la partie des sciences agricoles qui établit les règles de la bonne exploitation des animaux domestiques.

Ce mot est d'origine tout à fait moderne, et il répond d'ailleurs à une notion qui ne remonte pas au delà d'une quarantaine d'années. En effet, autrefois on ne considérait les animaux domestiques que comme producteurs de force, c'est-à-dire comme bêtes de trait, et comme producteurs de fumier, c'est-à-dire d'un engrais nécessaire au maintien de la fertilité des terres. Les animaux consommant du fourrage pour ce double résultat, on évaluait le compte de ces fourrages, que l'on regardait comme à peu près perdus, et l'on concluait que le bétail était un mal, mais un mal nécessaire, puisqu'on ne pouvait pas s'en passer, soit pour les travaux de la ferme, soit pour la production du fumier.

C'est à Baudement que l'on doit la notion exacte du rôle du bétail dans les exploitations agricoles. Il a démontré, et l'on

admet partout aujourd'hui, que les animaux domestiques sont
des machines, dans l'acception la plus rigoureuse du mot; ce
sont des machines donnant des services et des produits. Ils forment un capital pour l'agriculteur, et à ce titre ils doivent
donner revenu et bénéfice.

Pour se servir utilement des machines, on doit connaître les
lois de leur fonctionnement, leurs exigences et leurs ressources.
Par conséquent, la première condition à remplir pour tirer un
parti avantageux des animaux, c'est d'apprendre à connaître
leurs aptitudes naturelles et à diriger ces aptitudes de manière
qu'elles donnent le maximum de rendement. Le développement
de ces aptitudes se fait d'après des lois que l'homme n'a pas
faites, qu'il ne peut pas changer, mais auxquelles il doit obéir,
tout en profitant de leur application. L'exploitation des animaux
domestiques apparaît dès lors comme une application de la zoologie générale et de la physiologie; la connaissance des lois établies par ces sciences est la condition nécessaire du succès.

Les animaux sont des machines destinées à transformer, utilement pour le cultivateur, la nourriture qu'ils consomment. Ils la
transforment en force, en viande, en lait, en dépouilles diverses
qui sont des matières premières pour les manufactures, et enfin
en excréments qui constituent des matières fertilisantes servant
à entretenir la fécondité du sol. Ce dernier produit est un produit
fatal, mais il est réellement accessoire, en ce sens que ce n'est
pas en vue de sa production exclusive que les animaux sont
entretenus.

C'est dans cette conception que se trouve la grande différence
entre la notion moderne de la zootechnie et la notion ancienne.
Autrefois, on considérait les troupeaux comme des machines à
produire du fumier; aujourd'hui on les envisage comme des machines à produire force, viande, lait, laine, etc., et subsidiaire-
ment comme machines à produire du fumier; le fumier n'est
plus la cause exclusive de leur entretien.

La valeur relative des fonctions du bétail change suivant les
circonstances de temps et de lieux, c'est-à-dire suivant les débouchés offerts à ses produits. Ici on se livrera plus avantageusement à l'élevage des moutons, ailleurs à celui des bœufs ou
des vaches, ailleurs à celui des porcs. Il sera plus profitable,

dans certaines circonstances, de faire naître les animaux et de les vendre jeunes; dans d'autres circonstances, de se livrer à l'engraissement ou d'entretenir des troupeaux pour la vente du lait, de la laine, etc. Les conditions de la production du bétail sont donc intimement liées non seulement à l'état social des peuples, mais à l'activité de l'industrie et du commerce, ainsi qu'aux autres circonstances qui caractérisent la vie des nations. La valeur des spéculations sur les animaux varie ainsi avec les lieux; elle varie également avec le temps dans un même lieu, et il arrive qu'une opération, autrefois avantageuse, devient mauvaise et doit faire place à une autre mieux appropriée aux circonstances nouvelles.

L'activité des machines animales se résume en quatre grandes fonctions : la nutrition, la reproduction, la sensibilité, la locomotion. Elles sont l'occasion de dépenses et de rendements; l'habileté du cultivateur consiste à balancer ces dépenses et ces rendements de manière à atténuer les prix de revient pour accroître les profits. Parmi ces fonctions, celle qui a l'entretien de la vie pour but, la nutrition, est d'une importance capitale dans les entreprises agricoles. Le succès et les mécomptes peuvent dépendre du plus ou moins d'habileté avec laquelle on sait distribuer aux animaux une nourriture appropriée et en quantité convenable, suivant la nature des services qu'on leur demande. Dès lors, l'étude de l'alimentation apparaît comme la base indispensable de toutes les entreprises zootechniques. Car le profit est le criterium absolu de la valeur de toutes les opérations agricoles.

Pour être complète, l'étude de la production animale comporte quatre parties :

1º La zootechnie générale, qui comprend les lois applicables à tous les animaux domestiques;

2º La zootechnie spéciale, qui embrasse l'étude particulière des différentes espèces domestiquées, lesquelles comprennent, en France, les races chevalines, asines, bovines, ovines, porcines et les animaux de basse-cour;

3º L'hygiène, c'est-à-dire les principes de la conservation en bon état de la machine animale, et qui se divise en hygiène privée et en hygiène publique;

4° L'étude des animaux utiles non domestiques, c'est-à-dire les abeilles, les vers à soie, les poissons, les animaux sauvages utiles, et enfin l'étude des animaux nuisibles et des moyens de s'en préserver.

N. B. — Consulter le *Traité de zootechnie*, par A. Sanson.

———

2ᵉ LEÇON

ALIMENTATION DU BÉTAIL

Sommaire. — Importance de l'étude de l'alimentation. — Composition de la machine animale. — Comparaison de la composition des organes des animaux avec celle des aliments.

Développement

L'animal est un être vivant. Les phénomènes vitaux qui se produisent en lui, d'une manière absolument constante, entraînent dans sa masse des modifications perpétuelles, des pertes de substance, dont le résultat rapide serait sa destruction, s'il n'avait à sa disposition un moyen de donner de nouveaux éléments à ces transformations et de réparer ces pertes. Ce moyen n'est autre que l'alimentation, c'est-à-dire l'absorption de substances qui seront transformées par la nutrition, et qui serviront d'éléments aux phénomènes multiples dont l'animal est le siège.

L'alimentation est donc la condition indispensable du maintien de la vie. S'il n'a pas une alimentation suffisante, l'animal est plus ou moins rapidement frappé de mort, suivant que son alimentation aura été elle-même plus ou moins insuffisante. D'autre part, l'alimentation suffisante pour maintenir une vie débile, ne l'est plus lorsque l'on veut tirer un parti avantageux de la machine animale. L'exercice des différentes fonctions de la vie entraîne des déperditions variables, auxquelles il faut suppléer quand on a pour but de maintenir, non-seulement la vie elle-même, mais l'énergie productive des animaux.

L'agriculteur, au point de vue duquel ces phénomènes sont exclusivement considérés ici, doit non seulement calculer l'alimentation nécessaire aux animaux qu'il entretient, mais aussi étudier si les frais dont l'alimentation est la cause sont en rapport avec les profits qu'il retire de l'exercice des fonctions animales. L'alimentation, sous le rapport agricole, est donc considérée à la fois au point de vue de ce qui est nécessaire à l'animal et de ce qui est profitable au cultivateur. A ce double point, il est indispensable de connaître les conditions du fonctionnement et de l'évolution de la machine animale.

Le corps de l'animal est composé d'un certain nombre d'organes de nature diverse, groupés en appareils destinés à exercer des fonctions variées. Une très grande différence existe entre les diverses classes d'animaux relativement à leur mode d'organisation. Mais comme les animaux domestiques appartiennent aux rangs les plus élevés de l'animalité, aux Vertébrés, il est inutile d'entrer dans le détail de ces différences. Il suffit de rappeler succinctement ce que la zoologie nous apprend sur les fonctions spéciales aux Vertébrés.

Les fonctions des animaux se rapportent à trois objets : la conservation de l'individu, ses rapports avec le monde extérieur, et la conservation de sa race. Les organes par lesquels s'exercent ces fonctions se composent de solides et de liquides, dont il importe de connaître la composition.

La première série des fonctions animales a pour objet la nutrition. Elle est exercée par plusieurs appareils de nature différente : appareil de digestion, appareil de circulation, appareil de respiration, appareil d'excrétion. Ces appareils servent à introduire les matières étrangères qui constituent les aliments jusque dans la profondeur des tissus, et à utiliser ces matières soit pour la formation de tissus nouveaux, soit pour l'entretien d'une sorte de combustion lente qui détermine constamment la destruction d'une certaine quantité de matière organique, et pour l'expulsion au dehors des produits devenus désormais inutiles ou même nuisibles. La résultante des fonctions de ces appareils est l'*assimilation*, acte par lequel l'organisme animal s'approprie définitivement la matière étrangère qu'il a reçue, organise cette matière et y développe l'activité vitale.

Les fonctions qui mettent l'animal en rapport avec le monde extérieur sont exercées par les appareils de locomotion, le système nerveux et les appareils des sens.

Quant à la fonction par laquelle il conserve sa race, elle est exercée par l'appareil de la génération.

Nous avons dit que les organes des animaux sont formés de liquides et de solides.

Les principaux liquides du corps sont le sang, la salive et les autres liquides digestifs, la bile, l'urine, les larmes. Les fonctions de ces liquides, dans la vie animale, forment un des principaux sujets d'étude pour la physiologie.

Quant aux solides, ils sont organisés de manière à constituer des masses ou des membranes de nature plus ou moins spongieuse, auxquelles on a donné le nom de *tissus organiques*, parce que ce sont, en quelque sorte, les matériaux dont sont formés les organes. Les tissus sont formés par des molécules de forme variée. Entre ces molécules, une proportion souvent considérable d'eau est interposée, et donne aux tissus la flexibilité, la mollesse et les autres propriétés physiques nécessaires pour accomplir les fonctions des organes dont ils font partie.

Le mode de texture n'est pas le même pour tous les tissus organiques. Les principaux tissus sont : le tissu musculaire, le tissu cellulaire, le tissu utriculaire, le tissu nerveux, le tissu cartilagineux, le tissu osseux.

Le *tissu musculaire* constitue ce qu'on appelle vulgairement la *chair* ou la *viande* des animaux. Il se compose de fibres allongées, cylindriques ou aplaties, tantôt disséminées, tantôt réunies en faisceaux ou en mas s pour former les *muscles*. Ces fibres sont contractiles. L'énergie de contractilité d'un muscle dépend du nombre des fibres qui entrent dans la composition de ce muscle et non du volume de ce muscle. Le tissu musculaire constitue la partie la plus utile dans les animaux comestibles, et par suite celle qu'il importe d'y développer.

Le *tissu cellulaire* est une substance blanchâtre, demi-transparente et élastique, composée de filaments et de lamelles réunis irrégulièrement, et laissant entre eux des lacunes ou cellules de forme et de grandeur variables. Ces cellules ne sont pas isolées complètement; c'est dans leur intérieur que se dépose

la *graisse*, pour former le *tissu adipeux*. Ce tissu se développe
beaucoup chez les animaux qui ont une forte alimentation; la
graisse peut rentrer dans le courant de la circulation pour servir
au maintien de la chaleur animale, lorsque la quantité fournie
par l'alimentation devient insuffisante. C'est par la création ou
la disparition de ces réserves de graisse que se manifestent
l'engraissement ou l'amaigrissement d'un animal. Le tissu cellulaire reçoit surtout la graisse dans les diverses parties de l'abdo-
men, et sous la peau. Il est mêlé, dans beaucoup de parties du
corps, au tissu musculaire, et c'est par son intermédiaire que la
graisse peut envahir les muscles.

Le *tissu utriculaire* présente une grande analogie avec
le tissu cellulaire; il en diffère en ce que les cellules qui le
forment sont toujours distinctes les unes des autres. Le tissu
utriculaire peut servir, comme le précédent, de dépôt à la
graisse.

Le *tissu nerveux* est une matière molle, ordinairement blanchâtre; il constitue le cerveau et les nerfs; il est le siège de la
faculté de sentir.

Le *tissu cartilagineux* est formé par une substance blanche ou
jaunâtre, compacte, en apparence homogène, très résistante,
élastique et flexible; il constitue les cartilages. Dans cette substance, on constate des cavités irrégulières, renfermant des cellules. Les cartilages entrent dans la constitution des articulations,
et ils servent à prolonger les os.

Le *tissu osseux*, qui se confond, dans le jeune âge de l'animal, avec le tissu cartilagineux, est constitué par le dépôt de
sels calcaires dans l'épaisseur de ce tissu. Le tissu osseux est
dur, rigide et résistant. Les sels calcaires qui entrent dans la
composition des os sont le phosphate de chaux et le carbonate
de chaux; il s'y ajoute une petite proportion de phosphate de
magnésie. L'ensemble de ces sels forme plus des deux tiers
du poids de l'os. La forme des os varie beaucoup; il suffit de
rappeler ici qu'on les distingue en os longs (garnis d'une cavité
médullaire), os courts et os plats. Dans les premiers, le tissu
osseux est généralement compact; dans les autres, il est plus
ou moins spongieux.

Les tissus servent, comme nous l'avons dit, à constituer les organes. Sous le rapport physique, on distingue ceux-ci en *parties molles* et en *parties dures* du corps.

Les parties molles sont les muscles, les tendons, les vaisseaux, les viscères; elles sont constituées par les tissus musculaire, cellulaire, utriculaire ou nerveux.

Les parties dures sont les os et les cartilages, formés par les tissus osseux et cartilagineux.

Sous le rapport de la composition chimique, les organes de l'animal sont constitués par un certain nombre de principes immédiats, qui se répartissent, en dehors de l'eau, en trois catégories :

Matières organiques azotées, appelées aussi *matières protéiques* ou simplement *protéine*, formées par des combinaisons diverses d'oxygène, d'hydrogène, de carbone et d'azote; la fibrine et l'albumine en sont les principaux types;

Matières organiques non azotées, formées par des combinaisons ternaires de carbone, d'oxygène et d'hydrogène; ce sont surtout des hydrates de carbone et des graisses, qui concourent, avec les matières azotées, à la formation des éléments des tissus et paraissent servir plus particulièrement à l'entretien de la chaleur animale;

Matières inorganiques ou *matières minérales*, formées par les sels qu'on retrouve dans les tissus, et dont les principaux éléments sont l'acide phosphorique, la chaux, la potasse, la magnésie et la soude. Ces substances se composent surtout de phosphates et de sulfates alcalins, de phosphates de chaux et de magnésie, d'oxyde de fer, de chlorure de potassium et de chlorure de sodium; elles n'ont pas toujours, dans l'organisme, les mêmes formes que dans les cendres. Il faut ajouter que le soufre et une partie du phosphore sont combinés dans une certaine proportion avec les matières protéiques ou azotées pour faire partie intégrante des combinaisons organisées. Le sang contient des alcalis libres et une certaine quantité de chlorure de sodium.

Le rapport de ces groupes de substances dans le corps varie avec l'âge et l'état de l'animal. Lawes et Gilbert (de Rothamsted, Angleterre) ont fait à cet égard des constatations intéressantes, qui sont résumées dans le tableau suivant :

	SUBST. AZOTÉES	GRAISSE	SUBST. MINÉRALES	TOTAL DES SUBST. SÈCHES	EAU	CONTENU DANS l'app. digestif
Veau gras . . .	15,2	14,8	3,80	35,8	65,0	5,20
Bœuf demi-gras .	16,6	19,1	4,66	40,5	51,5	8,20
Bœuf gras. . . .	14,5	30,1	3,92	48,5	45,5	6,00

L'animal doit retrouver dans les aliments les substances nécessaires pour constituer les éléments de son corps. Non seulement il doit les trouver toutes, mais dans des proportions convenables pour réparer les pertes constantes qui résultent des phénomènes vitaux. « Il n'y a pas d'aliment complet, dit M. Sanson, sans la présence d'une matière azotée ou albuminoïde, d'un hydrate de carbone et d'un phosphate assimilable à base de potasse, de chaux, de magnésie. La suppression de l'un des trois produit à coup sûr l'inanition, au bout d'un certain temps. »

De ces faits il résulte que l'animal ne peut pas trouver ses aliments dans la matière inorganique ou minérale ; il les demande donc à la matière déjà organisée. Sous ce rapport, les animaux se divisent en deux grands groupes : les *herbivores*, qui se nourrissent de substances végétales, les *carnivores*, qui se nourrissent de substances animales. Les animaux domestiques étant tous herbivores, il n'y a lieu de s'inquiéter ici que de la manière dont ils trouvent leurs aliments dans le règne végétal.

Les plantes renferment précisément toutes les substances nécessaires à la constitution d'un aliment complet : matières protéiques, hydrates de carbone, matières minérales. Elles les renferment sous des formes spécialement propres à la nutrition des animaux.

Mais, avant d'entrer dans le détail à ce sujet, il faut rappeler que les physiologistes divisaient autrefois les aliments en deux catégories : aliments *plastiques* et aliments *respiratoires*. Les aliments plastiques étaient considérés comme aptes à servir de matériaux constitutifs de l'organisme et à former les tissus ; c'étaient les aliments azotés. Les aliments respiratoires étaient les aliments non azotés ; on les considérait comme servant principalement à la manière de combustibles, pour entretenir les combustions qui s'opèrent dans la profondeur de l'économie animale. Aujourd'hui on n'admet plus cette division : on a reconnu que ces deux sortes d'aliments concourent à la formation des tissus et servent simultanément à l'entretien de la chaleur animale. Il n'y a de différence qu'en ce que les aliments azotés sont plus aptes à la production de la chaleur sensible.

Nous avons dit que toutes les plantes renferment les matières protéiques, les hydrates de carbone et les matières minérales qui entrent dans la composition des animaux.

Les matières protéiques se rencontrent soit dissoutes dans le protoplasma, soit à l'état solide dans les cellules ; ce sont l'albumine, le gluten, la légumine. A ces substances se joignent quelquefois d'autres matières azotées, les *alcaloïdes*, principes immédiats spéciaux à certaines plantes, auxquels ces plantes doivent leurs propriétés thérapeutiques ou toxiques ; mais les alcaloïdes paraissent être sans importance directe sous le rapport de l'alimentation.

Les substances non azotées que renferment les plantes sont principalement : la cellulose qui forme le ligneux, la fécule, l'inuline, la dextrine, le sucre (sucre de canne ou glucose), les huiles grasses, les substances pectiques, les acides végétaux, le mucilage des plantes. Les premières de ces substances sont considérées comme les combinaisons du carbone avec un certain nombre d'équivalents d'eau ; c'est pourquoi on les appelle des hydrates de carbone. Les huiles grasses sont encore plus riches en carbone, et c'est pourquoi elles exercent une grande influence dans l'alimentation.

Quant aux matières minérales que renferment les plantes, il suffit de constater ici que la plupart sont des bases inorganiques, chaux, potasse, magnésie, soude, lesquelles sont unies à des acides végétaux et à l'acide phosphorique. On rencontre aussi le phosphore dans les huiles grasses.

Cet exposé succinct démontre que toutes les substances dont l'animal a besoin se retrouvent dans les plantes. Elles y sont unies à une certaine proportion d'eau et elles en constituent ce qu'on appelle la *matière sèche*. La valeur nutritive de la plante dépend d'abord de la proportion de matière sèche qu'elle renferme. Les plantes aqueuses sont, par conséquent, moins nutritives, poids égal, que les plantes plus sèches.

La nutrition ne dépend pas exclusivement de ce que l'on mange; elle dépend surtout de ce que l'on digère. Il ne suffit donc pas de savoir que les principes immédiats nécessaires à l'alimentation des animaux se retrouvent dans les plantes, il faut déterminer dans quelles proportions ces principes doivent s'y trouver pour donner le plus grand effet utile. Des recherches nombreuses et rigoureuses ont été poursuivies, notamment en Allemagne, pour établir les lois de la *digestibilité* des plantes par les animaux.

On a constaté d'abord que, dans les plantes très jeunes, la digestibilité des principes immédiats constituants est, pour ainsi dire, absolue; mais à mesure que le végétal grandit, la digestibilité diminue. Bien plus, une substance utile ne nourrit pas nécessairement en raison de sa quantité dans l'aliment, mais il est nécessaire que les principes constituants se trouvent, dans cet aliment, dans un certain rapport; si ce rapport est régulier, la digestibilité de tous les éléments constituants atteint son maximum. C'est ce que l'on a appelé la *relation nutritive*, dont M. Sanson a donné la formule par la fraction :

$$\frac{\text{Matières azotées}}{\text{Matières non azotées}} \quad \text{ou} \quad \frac{\text{Matières azotées}}{\text{Extractifs non azotés} + \text{Matières grasses}} \quad \text{ou} \quad \frac{\text{MA}}{\text{MNA}}$$

la cellulose et les matières minérales étant laissées en dehors.

Pour les animaux adultes, le rapport le plus avantageux, c'est-à-dire la meilleure relation nutritive, serait que les matières azotées se trouvent, avec la somme des matières non azotées, dans le rapport de 1 à 5, et les matières grasses dans le rapport de 1 à 3 avec les matières azotées.

Lorsque l'animal est jeune, la relation nutritive doit être plus étroite : pour l'animal de six mois, elle doit être de 1 à 3, pour arriver progressivement au rapport de 1 à 5.

Il ne suffit pas de savoir dans quelles proportions les principes constituants des aliments donneront l'effet le plus utile, il faut encore connaître la quantité nécessaire pour nourrir économiquement les animaux, ce qui est le but principal de l'agriculteur. Cette question trouvera sa réponse plus loin. Nous devons nous borner à constater ici la valeur comparée des divers aliments pour le bétail.

L'aliment naturel pour les herbivores est, après le lait de
leur mère, l'herbe constituée par la végétation des plantes
herbacées; les plantes des prairies en forment le fond. L'herbe
de prairie verte ou sèche est donc l'aliment naturel de nos
animaux domestiques. Mais on peut leur donner beaucoup
d'autres aliments : grains, feuilles, racines, résidus d'industrie. Il est donc important de rechercher dans quelles proportions on doit employer ces divers aliments pour remplacer une
certaine proportion d'herbes ou, suivant l'expression consacrée,
de fixer l'*équivalent nutritif* des aliments.

Cette question a vivement préoccupé les agronomes depuis
le commencement du siècle. Schwerz, Thaer, Mathieu de Dombasle, Crud, de Gasparin, Baudement, Boussingault et Payen,
Wolff, Gohren, etc., l'ont successivement étudiée, et ont pro-
posé diverses listes d'équivalents nutritifs. Ces listes ou tables
ont été établies d'après des méthodes assez diverses.

Après avoir analysé un grand nombre de fourrages, Boussingault et Payen ont pris pour base de comparaison la quantité
d'azote élémentaire contenue dans les divers aliments, en partant du foin de prairie qui était pris pour unité. D'autres
expérimentateurs ont fait intervenir les quantités d'acide phosphorique, de matières grasses, de carbone. Mais après les constatations résumées plus haut, on a reconnu que c'est seulement
d'après l'ensemble des principes immédiats qu'ils renferment
qu'on peut comparer les végétaux, et qu'on doit considérer avant
tout les rapports dans lesquels ils se trouvent entre eux, afin
d'arriver à établir leur relation nutritive.

C'est d'après ces principes que les tables modernes des équivalents nutritifs ont été établies; elles donnent l'indication des
substances utiles que renferment les plantes, et elles fournissent
ainsi les bases du calcul de leur valeur comparée. Les tables
les plus complètes et les plus généralement adoptées sont celles
de Gohren; on en trouvera un extrait à la fin de cette leçon.

Toutefois il faut ajouter que les tables de ce genre ne
peuvent donner que des approximations. La composition des
végétaux est, en effet, variable; elle diffère parfois dans des
proportions considérables. La réalité peut s'écarter de la moyenne,
dans un sens ou dans l'autre, suivant que les plantes se sont

développées dans un sol plus ou moins fertile, qu'elles ont été plus ou moins bien récoltées ou conservées. Pour obtenir une exactitude rigoureuse, il faudrait soumettre à l'analyse chimique tous les aliments qu'on donne au bétail; mais c'est une condition bien difficile à réaliser, dans la plupart des circonstances, pour le cultivateur. C'est pourquoi les tables des équivalents présentent une utilité réelle.

En résumé, l'exploitation rationnelle des animaux s'appuie d'abord sur une alimentation convenable. Elle permet d'en obtenir, dans les conditions les plus économiques, le maximum de produits qu'on peut espérer; elle est la base de la culture avantageuse du sol, la condition essentielle du profit en agriculture.

N. B. — **Ouvrages à consulter :** *Alimentation des bêtes bovines,* par le docteur Julien Kuhn; *Traité de Zootechnie,* par A. Sanson.

	MATIÈRE SÈCHE	MATIÈRES PROTÉIQUES	MATIÈRES GRASSES	EXTRACTIFS NON AZOTÉS	LIGNEUX	MATIÈRES MINÉRALES
I. — Fourrages verts.						
Herbe des prairies . . .	28,00	5,10	0,80	12,10	10,00	2,00
Trèfle rouge	21,00	5,70	0,80	8,50	6,60	1,60
— blanc.	19,80	4,00	0,85	8,00	5,60	1,40
— incarnat.	18,00	2,80	0,70	6,70	6,20	1,60
Luzerne	24,70	4,50	0,70	8,10	9,50	1,80
Sainfoin	24,50	3,50	0,70	8,50	7,60	1,20
Vesces.	18,00	3,70	0,00	6,10	6,00	1,60
Avoine en vert..	18,20	2,10	0,55	7,00	6,50	7,10
Seigle en vert	24,00	5,50	0,75	10,40	7,90	1,60
Maïs en vert	17,80	1,20	0,50	10,50	4,70	1,10
Chou fourrager.	14,50	2,50	0,70	7,10	2,40	1,60
Ajonc épineux	48,50	4,50	2,00	9,00	29,00	4,00
II. — Foins.						
Foin de pré	85,70	8,50	3,00	58,50	19,50	6,60
Regain.	85,00	9,50	5,10	42,50	25,50	6,60
Foin de trèfle rouge. . .	84,00	13,40	3,20	28,50	33,00	5,60
— trèfle blanc. . .	85,30	11,90	5,50	35,90	25,00	6,60
— trèfle incarnat .	85,50	12,20	3,00	27,10	35,80	7,20
— luzerne.	85,60	14,10	2,80	28,70	34,70	6,00
— sainfoin.	85,00	15,50	2,50	54,50	57,10	6,20
— vesce-avoine . .	85,50	12,60	2,50	35,20	28,00	7,20
— seigle fourrager.	90,50	9,80	2,90	30,10	40,50	7,40
Feuilles d'arbres sèches .	89,90	10,60	5,60	55,40	14,50	5,80
III. — Pailles.						
Paille de froment. . . .	85,70	2,00	1,50	28,70	49,20	4,50
— d'épeautre . .	85,70	2,00	1,50	28,70	48,00	5,50
— de seigle . . .	85,70	2,00	1,10	27,50	50,70	4,10
— d'orge	85,70	3,00	1,40	31,50	45,60	4,40
— d'orge et trèfle.	86,00	6,50	2,00	52,50	58,00	7,00
— d'avoine. . . .	85,70	2,50	2,00	55,60	41,20	4,40
— de maïs. . . .	86,00	5,00	1,10	57,90	40,00	4,00
— de pois	85,70	7,50	2,00	52,50	39,20	4,90

1. La proportion d'eau se déduit de la différence de la matière sèche à 100.

	MATIÈRE SÈCHE	MATIÈRES PROTÉIQUES	MATIÈRES GRASSES	EXTRACTIFS NON AZOTÉS	LIGNEUX	MATIÈRES MINÉRALES
Paille de vesces	85,70	7,00	2,00	26,70	41,00	6,00
— de lin	85,70	11,60	2,00	25,20	58,00	6,50
— de fèves	82,50	9,90	1,50	29,70	35,60	5,80
— de lupin	85,80	4,90	1,50	33,20	41,80	4,40
— de colza	82,00	5,00	1,50	33,20	40,00	5,50
IV. — *Balles et siliques*						
Froment	85,70	1,50	1,50	32,60	35,70	12,00
Épeautre	85,70	2,90	1,50	31,50	41,50	8,50
Seigle	85,70	5,60	1,40	29,70	45,50	7,50
Avoine	85,70	4,00	1,50	28,20	34,00	18,00
Pois	85,70	8,10	1,50	33,50	36,80	6,00
Fèves	85,70	8,50	1,50	31,00	36,70	8,00
Vesces	84,50	10,10	1,50	28,50	36,10	8,00
Silique de colza	87,80	4,00	1,80	40,60	35,40	6,00
Épi de maïs égrené	85,00	1,10	1,10	42,60	37,80	2,80
V. — *Racines et tubercules*						
Pommes de terre	25,60	2,00	0,50	20,70	1,10	0,90
Topinambours	19,60	2,00	0,50	15,00	1,50	1,00
Betteraves fourragères	12,00	1,10	0,10	9,00	1,00	0,80
— à sucre	18,50	1,00	0,10	15,50	1,50	0,80
Chou-rave	12,40	1,20	0,10	9,00	1,10	1,00
Carotte	14,10	1,50	0,25	9,60	1,50	1,00
Navet	8,50	1,00	0,15	5,80	0,70	0,80
Panais	11,70	1,60	0,20	8,20	1,00	0,70
Cerfeuil bulbeux	51,10	5,60	0,50	27,60	1,00	1,50
Patate	17,00	1,10	0,50	13,80	0,70	1,10
VI. — *Grains et fruits*						
Froment	85,70	13,20	1,60	66,20	5,60	1,70
Épeautre	85,00	10,00	1,40	52,80	17,00	5,80
Seigle	85,70	11,00	2,00	67,50	5,70	1,80
Orge	85,70	10,00	2,50	64,10	7,10	2,20
Avoine	86,50	12,00	6,00	56,60	9,00	2,70
Maïs	87,50	10,60	6,80	61,00	7,00	1,30
Millet	86,50	12,70	3,50	58,60	9,50	3,00
Riz	86,50	7,80	0,20	74,50	3,50	0,50
Sarrasin	86,80	7,80	1,50	58,10	17,60	1,80
Fèves et féveroles	85,90	25,10	1,60	44,50	11,70	3,00

	MATIÈRE SÈCHE	MATIÈRES PROTÉIQUES	MATIÈRES GRASSES	EXTRACTIFS NON AZOTÉS	LIGNEUX	MATIÈRES MINÉRALES
Pois	86,80	22,10	5,60	52,60	6,40	2,40
Vesces.	86,40	27,50	1,90	49,10	5,60	2,50
Gesse	86,00	25,60	1,90	49,90	5,40	3,40
VII. — _Produits_						
et résidus industriels.						
Tourteaux de colza . . .	85,00	28,50	9,50	24,50	15,80	7,10
— de lin.	88,50	28,50	10,00	31,50	11,00	7,70
— de pavot. . . .	90,20	32,50	10,10	26,70	12,50	8,40
— de cameline . .	85,20	25,70	7,50	29,90	13,00	9,10
de chanvre . .	87,00	29,00	7,50	22,30	19,60	8,00
— de noix	86,30	31,60	12,50	27,80	6,40	5,00
— de sésame. . .	88,50	31,50	11,70	21,00	9,50	11,80
— de faîne. . . .	88,30	25,70	6,40	22,80	30,50	,20
— de maïs. . . .	89,80	15,40	11,30	45,60	10,30	7,20
Farine de froment . . .	86,40	12,00	1,10	72,30	0,50	0,50
— de seigle	85,80	11,70	2,00	69,50	0,20	1,60
— d'orge	85,50	13,00	2,20	67,00	»	2,00
— d'avoine.	88,00	17,70	6,00	63,90	»	»
— de colza.	92,10	32,50	2,70	34,10	11,90	8,10
— de lin	90,50	35,10	6,20	35,50	6,70	7,00
— de maïs.	90,00	15,20	3,80	70,50	»	0,99
— de sarrasin . . .	86,80	2,60	1,10	82,20	»	0,60
Son de froment.	86,60	14,00	3,80	45,00	18,50	5,30
— de gruau de froment	88,70	20,00	4,50	50,50	9,50	4,10
— de seigle.	87,50	13,70	5,10	50,10	15,00	5,50
— de maïs	88,00	8,00	4,00	61,00	12,70	2,50
— de millet.	90,50	6,50	4,50	14,40	57,60	7,50
— d'orge	88,00	11,80	2,90	46,80	19,40	4,10
Pulpes de betteraves . .	16,00	0,90	0,10	2,60	3,10	1,00
— de diffusion . . .	7,90	0,60	0,10	1,20	1,50	0,90
VIII. — _Subst. animales_						
Lait de vache frais . .	13,00	4,00	3,60	4,70	»	0,70
— écrémé	10,20	3,20	0,90	5,50	»	0,80
Crème	36,00	4,20	29,00	2,40	»	0,40
Lait concentré	78,50	10,20	12,90	52,90	»	2,50
— de beurre	9,90	3,00	1,00	5,70	»	0,60
Petit-lait	7,00	0,70	0,70	5,00	»	0,60

5ᵉ LEÇON

EMPLOI DES FOURRAGES COMME ALIMENTS.

Sommaire. — Fourrages verts et fourrages secs. — Valeur nutritive des fourrages. — Circonstances qui influent sur la production. — Feuilles, feuillards — Conservation des fourrages.

Résumé

On fait consommer aux animaux sous des formes différentes les plantes herbacées qui constituent leur aliment naturel.

Ces plantes constituent des fourrages verts, lorsque le bétail les consomme sur place dans les pâturages ou immédiatement après qu'elles ont été coupées, ou bien encore quand on les a conservées, comme il a été précédemment expliqué, par l'ensilage. Ce sont des fourrages secs, quand on les a converties en foin pour les conserver.

Les principaux fourrages verts sont l'herbe des prairies et celle des pâturages, les plantes légumineuses des prairies artificielles, les plantes fourragères qu'on obtient en cultures dérobées, les céréales fauchées vertes, les choux fourragers, l'ajonc épineux, la consoude, etc.

Les fourrages secs sont le foin de prairie, celui de trèfle ou de luzerne, les pailles de céréales, les tiges et les feuilles des plantes légumineuses et des autres plantes cultivées pour leurs graines, etc.

La valeur nutritive des fourrages verts et des fourrages secs, sous le même poids, est très différente. On constate, d'après le tableau de la composition centésimale des fourrages (page 194), que les plantes dont la liste a été donnée contiennent, à l'état vert, 70 à 80 pour 100 d'eau, tandis que, à l'état de foin, elles n'en renferment plus que de 15 à 18. Par conséquent 100 kilogrammes de fourrage vert ne renferment que de 20 à 30 pour 100 de substance utile, tandis que 100 kilogrammes de foin en renferment de 82 à 85 pour 100. Pour absorber la même quantité de principes nutritifs, un animal devra consommer trois à quatre fois plus de fourrage vert que de fourrage sec.

D'autre part, des plantes de même nature, croissant dans des sols différents, sont loin de présenter la même composition. Voici, pour quelques-unes des principales plantes fourragères, un tableau des variations qui ont été constatées :

	MATIÈRES SÈCHES	MATIÈRES PROTÉIQUES	LIGNEUX
Herbe des prairies . . .	12,4 à 48,1	1,6 à 6,0	5,1 à 17,0
Trèfle rouge	14,7 à 31,9	2,2 à 6,2	5,7 à 11,0
Luzerne	16,5 à 50,1	2,8 à 7,2	5,5 à 15,4
Sainfoin	20,0 à 25,4	5,2 à 4,3	5,8 à 12,9

Ces différences résultent non seulement de la nature variable des sols, mais encore des méthodes de culture, de l'emploi des engrais appropriés. Elles résultent aussi de l'influence des saisons. Dans des sols marécageux ou avec des irrigations trop copieuses, les plantes sont peu nourrissantes ; elles sont *creuses*, suivant l'expression vulgaire des cultivateurs. Le soin du cultivateur est de chercher les moyens d'obtenir des plantes qui, sous un poids déterminé, possèdent le maximum de valeur nutritive.

La valeur des fourrages secs ne dépend pas seulement de celle des plantes qui les fournissent ; elle dépend aussi de la manière dont ils sont récoltés et conservés.

Le bon foin présente des caractères très nets : ses tiges, fines et flexibles, sont bien garnies de feuilles, sa couleur est uniforme et légèrement verte, sa saveur est douce, son odeur est caractéristique et agréable. Quand il vient d'être récolté, sa couleur est plus vive et plus foncée, son odeur est plus aromatique. Peu à peu, il perd son odeur et sa saveur, et il prend une teinte blanchâtre ; il devient sec et cassant, et produit beaucoup de poussière quand on le remue. C'est alors du foin vieux, qu'on doit donner au bétail en mélange avec du foin plus jeune ou avec d'autres aliments.

On donne le nom de *foin brun* à un foin qui a été mis en meule avant sa dessiccation complète, ou qui a pris une couleur brunâtre à la suite de pluies survenues pendant la fenaison. Ce foin a toujours subi en meule un commencement de fermentation.

Plusieurs causes peuvent déterminer des altérations dans les foins. L'humidité que le foin contracte dans des meules mal faites ou dans des bâtiments mal couverts ou humides, lui fait prendre une couleur grisâtre, et contracter une odeur de moisi ; il développe, quand on le remue, une poussière âcre. On doit, pour corriger ces défauts, secouer ce foin fortement, le mélanger en petites proportions à d'autres aliments de meilleure qualité, ou l'additionner de sel. Si des moisissures s'y développent, il devient impropre à la nourriture du bétail. Il en est de même du *foin rouillé*, dont les tiges présentent des taches dues au développement de cryptogames.

Pour conserver ses qualités, le foin doit être conservé dans des meules construites avec soin, sur un lieu sec, ou bien dans des greniers sains et aérés.

Lorsque, pour une cause ou une autre, une disette de fourrages se produit, on a recours, avec grand avantage, aux feuilles de certains arbres ou arbustes. Ces feuilles peuvent servir à l'état vert ou à l'état sec de nourriture pour les animaux. On récolte ces feuilles, à la fin de l'été ou au commencement de l'automne, lorsqu'elles sont encore vertes : celles des rameaux âgés d'un ou de deux ans sont préférables.

Les feuilles de vigne, d'orme, d'acacia, de charme, de tilleul, de frêne, sont consommées avec avantage à l'état vert ou à l'état sec. Les feuilles de pin maritime, à l'état frais, sont recherchées par les moutons. Les feuilles de mûrier, de bouleau, d'érable, de peuplier, sont meilleures à l'état sec. Les feuilles de chêne constituent un aliment de qualité inférieure.

Les locaux secs et sains sont indispensables pour la conservation des feuilles. La meilleure manière d'utiliser cette ressource fourragère est de donner les feuilles en mélange avec d'autres aliments.

4ᵉ LEÇON

ALIMENTS DIVERS POUR LE BÉTAIL

Sommaire. — Racines et tubercules. — Graines et grains, fruits. — Fourrages
trempés. — Tourteaux, sons et farines. — Pulpes et drèches, résidus
industriels.

Résumé

Outre les fourrages et les pailles, plusieurs autres sortes d'a-
liments sont employés pour les animaux domestiques. Les plus
répandus sont les racines et les tubercules.

Les principales racines alimentaires pour le bétail sont : les
betteraves, les carottes, les navets ou raves, les choux ruta-
bagas, les panais ; — les principaux tubercules sont les pommes
de terre et les topinambours.

La valeur alimentaire des racines et des tubercules varie suivant les variétés et suivant les conditions climatériques de l'année
dans laquelle on les a récoltés. Il faut se garder d'en apprécier la
valeur d'après le volume ; certaines variétés donnent des produits
très gros, mais renfermant une énorme proportion d'eau qui n'est
d'aucune utilité alimentaire pour les animaux. Les meilleures
racines sont celles qui présentent une texture homogène, qui
ont été récoltées avec soin et conservées saines, à l'abri de l'humidité et du froid.

On donne ces aliments crus ou cuits, suivant les animaux.
On doit les mélanger avec d'autres aliments pour constituer
une nourriture hygiénique.

Parmi les grains, ceux qui servent à l'alimentation du bétail
sont l'avoine, le maïs, l'orge, le sarrasin ; le blé n'est employé
que rarement, et pour les chevaux notamment sa consommation
présente des inconvénients. Les grains sont des aliments très
riches, ou, suivant l'expression consacrée, des aliments concentrés ; on les donne surtout aux animaux quand ils doivent dépenser de la force, pour le travail ou la reproduction, ou bien
quand on les soumet à un engraissement intensif.

Les autres graines employées pour la nourriture des animaux

sont des graines farineuses ou oléagineuses. A la première catégorie appartiennent les fèves ou féveroles, les pois, les vesces; à la seconde, les graines de chanvre et de lin. Ces dernières sont beaucoup moins employées que celles de la première catégorie. Les graines farineuses sont très riches en matières protéiques; ce sont des aliments concentrés. Les graines oléagineuses sont riches surtout en matières grasses.

Les farines ou produits de la mouture des grains des céréales, et les sons ou déchets de cette mouture servent aussi à l'alimentation du bétail.

Parmi les farines, on se sert surtout des farines d'orge, d'avoine, de maïs, de sarrasin et de seigle. Les fèves, les pois, les vesces, peuvent aussi être réduits en farine pour servir au bétail. Parmi les plantes oléagineuses, le lin est la seule espèce dont la farine soit employée parfois à la nourriture des animaux. Les farines constituent, comme les grains, des aliments concentrés.

Les sons de blé sont un excellent aliment, mais la composition en est assez variable. On les divise en gros son ou écorce superficielle du grain, petit son, recoupette (dont l'aspect rappelle celui de la sciure de bois blanc), remoulage ou résidu de la seconde ou de la troisième mouture des gruaux.

On doit veiller à la bonne qualité des sons et des farines; les altérations qui surviennent dans ces substances peuvent déterminer des accidents graves chez les animaux qui les consomment. On les falsifie parfois avec diverses substances, notamment du sable et des matières terreuses.

On fait consommer quelquefois les grains avec leurs tiges. Une autre méthode consiste à couper les plantes avant leur maturité et à les donner au bétail en cet état. C'est alors une nourriture verte.

Les fruits dont on fait usage dans l'alimentation du bétail sont verts ou secs. Les fruits verts sont la courge ou citrouille; les fruits secs sont la châtaigne, le gland, la faîne, et, dans les pays méridionaux, la caroube.

La châtaigne desséchée peut servir d'aliment pour tous les animaux; le gland est réservé spécialement aux porcs; il en est de même de la faîne. La caroube est un aliment qui est employé surtout pour les chevaux. La citrouille entre dans la nourriture des vaches et des porcs; généralement, on la fait cuire pour la donner aux animaux.

Les fourrages trempés sont des fourrages secs (foin ou paille) qu'on a coupés avec un hache-paille, et qu'on a fait macérer dans une cuve, en les arrosant avec de l'eau légèrement salée. On en fait usage surtout en Suisse et en Alsace, et on y ajoute souvent des racines coupées en tranches. Au bout d'un ou de deux jours, ces fourrages ont subi un commencement de fermentation qui excite l'appétit des animaux. On en augmente beaucoup la valeur en les mélangeant à des aliments concentrés, tels que farines, sons, tourteaux, etc.

Les résidus d'un grand nombre d'industries constituent des aliments précieux pour le bétail. Les principaux sont les résidus des huileries, des sucreries, des distilleries, des féculeries.

Les tourteaux sont les résidus des huileries. Ce sont des pains durs, d'une couleur brunâtre ou verdâtre, montrant à la cassure des débris d'écorce ou d'amande des fruits dont ils proviennent. On recommande pour l'alimentation du bétail les tourteaux de lin, de colza, de pavot ou œillette, de cameline, de chanvre, de coton, de sésame, d'arachide, de maïs, de noix, de faîne, d'olives. Ils constituent d'excellents aliments pour les animaux que l'on veut nourrir fortement. Leur valeur intrinsèque dépend tant de la nature des graines dont ils proviennent que des soins apportés à la fabrication de l'huile.

Les pulpes et les mélasses sont les résidus des sucreries. Les pulpes constituent un aliment précieux, mais très aqueux; sous ce rapport, on doit distinguer les pulpes de presse et les pulpes de diffusion. Les premières renferment seulement 80 pour 100 d'eau en moyenne, tandis que les secondes en renferment jusqu'à 90 pour 100; celles-ci ont donc, sous le même poids, une valeur alimentaire moitié moindre. — Les mélasses ne sont que rarement employées à la nourriture du bétail. — Les pulpes fermentent facilement; c'est pourquoi on les conserve dans des silos recouverts d'une couche d'argile pour empêcher le contact de l'air.

Les résidus des distilleries portent le nom de drêches, et quelquefois de pulpes de distilleries. On distingue les drêches

de distilleries de betteraves, et celles de distilleries de grains ;
ces diverses sortes de résidus n'ont pas la même valeur alimentaire. Les drèches des distilleries de grains travaillant par le
malt sont les seules qui soient bonnes pour le bétail.

A ces résidus se rattachent les marcs de vendanges, qu'ils
aient été soumis ou non à la distillation. Ces marcs sont employés surtout pour la nourriture des moutons.

Les drèches de brasserie, les résidus des féculeries sont
donnés aux ruminants et aux porcs.

Tous ces aliments se mélangent le plus souvent, en proportions variées, avec du son, des fourrages hachés, des tourteaux,
des farines, des menues pailles.

5ᵉ LEÇON

CONDIMENTS ET BOISSONS

Sommaire. — Principaux condiments employés pour le bétail. — Sel marin,
mode d'emploi. — Action du sel sur les fourrages avariés. — Boissons, quantité
d'eau nécessaire au bétail. — Mares et abreuvoirs, citernes.

Résumé

Les condiments sont des substances que l'on mêle en petite
quantité aux aliments pour stimuler les fonctions digestives et
même celles de nutrition. On les appelle aussi des *assaisonne-
ments*. La présence de ces substances rend sapides et excitants
des aliments qui seraient insapides ou même répugnants pour
le bétail.

Ces substances sont classées, d'après leur composition, leur
saveur et leur odeur, en condiments rafraîchissants ou acidulés,
condiments toniques ou amers, condiments excitants ou aromatiques.

A la première catégorie appartiennent plusieurs plantes à
saveur aigrelette, notamment l'oseille, la patience, plusieurs
oxalides. On y place aussi le jus de citron, employé quelquefois

pour les chevaux en Angleterre, et le vinaigre. Convenablement étendu d'eau pour former une eau acidule, le vinaigre sert à corriger les altérations de l'eau ou celles des fourrages.

Les principaux condiments toniques sont les glands, les baies de genièvre, les décoctions de feuilles ou d'écorce de chêne, d'écorce de saule, de racines de gentiane, etc.; ils sont employés surtout comme hygiéniques.

À la troisième catégorie appartiennent les liqueurs alcooliques étendues d'eau. Le sel marin peut être rangé aussi dans cette catégorie.

Le sel marin est le principal condiment pour le bétail. Son principal effet est d'exercer sur les muqueuses de l'appareil digestif une action excitante qui active la sécrétion de leurs liquides. Mais, pour être utile, il ne doit être donné qu'à dose assez faible; à doses élevées, son action est irritante. Son rôle est également hygiénique.

Le sel existe dans l'organisme de tous les animaux domestiques; les fourrages et les autres plantes alimentaires leur en fournissent les éléments, mais dans des proportions qui varient beaucoup suivant la nature de ces aliments. Elles sont rarement insuffisantes, mais elles peuvent le devenir.

L'action physiologique du sel étant établie, on peut employer diverses méthodes pour le distribuer aux animaux.

La proportion utile est évaluée à 30 grammes pour les chevaux, les juments et les mulets, 60 grammes pour les bœufs de travail et les vaches à lait, 80 à 150 grammes pour les bœufs à l'engrais, 50 à 60 grammes pour les porcs à l'engrais, 150 à 200 grammes par cent têtes de moutons.

Si le troupeau est peu nombreux, on peut donner le sel sur la main, ce qui permet d'en régulariser les doses. Dans d'autres circonstances, on le pile et on le met dans des auges, à la discrétion des animaux, ou bien on l'enferme dans des sacs suspendus dans les bergeries. Quelquefois, on en fait des gâteaux avec des farines ou des pommes de terre écrasées. Certains agriculteurs placent, dans les pâturages, des pierres de sel que les animaux vont lécher.

Le sel sert à préserver les fourrages de la décomposition. Quand on l'emploie au moment où l'on fait les meules, on le répartit dans la masse à la main ou avec un tamis, à raison de 5 à 10 pour 1000 du poids du fourrage, s'il s'agit de préserver celui-ci, et de 10 à 20 pour 1000 lorsque le fourrage est déjà altéré. Si l'on emploie le sel pour donner du goût à des aliments peu sapides ou pour masquer celui de fourrages altérés, on le dissout dans l'eau et on arrose ces aliments avec la dissolution, lorsqu'ils sont secs; au contraire, on les saupoudre de sel à l'état naturel, s'ils sont frais et aqueux.

Les *boissons* sont les liquides absorbés par les animaux pour étancher leur soif. L'eau douce est le seul liquide qui leur serve de boisson.

L'absorption de l'eau est nécessaire pour introduire dans l'organisme l'eau qui entre dans la composition des tissus, du sang et des autres liquides organiques.

Plus les aliments du bétail sont secs et plus le besoin de boire est grand. Faire boire souvent et en petites quantités est le meilleur mode de distribution des boissons, surtout si les intervalles sont réguliers. Les quantités nécessaires par jour sont de 20 à 24 litres pour les cheva deux forte taille, 14 à 18 pour ceux de petite taille. En règle générale, les aliments étant supposés secs, on calcule qu'il faut, pour chaque kilogramme d'aliment, 2 à 3 kilogrammes d'eau au cheval ou au mouton, 4 à 5 au bœuf, 5 à 6 à la vache, 7 à 8 au porc.

La température de l'eau n'est pas indifférente. Froide, elle peut occasionner des accidents, surtout lorsque les animaux sont en transpiration. La température la plus convenable est la température ordinaire des écuries et des étables. Il est donc bon d'y faire séjourner l'eau pendant quelque temps avant de la distribuer aux animaux.

L'eau dont on dispose dans les fermes provient soit des rivières ou des sources, soit de puits, soit de mares ou d'étangs, soit de citernes ou d'abreuvoirs.

Les eaux des rivières ou des fleuves sont considérées, dans la plupart des circonstances, comme excellentes pour le bétail; elles sont aérées et généralement pures. La qualité des eaux de source dépend de la nature des terrains que l'eau a traversés; ces eaux sont souvent froides.

Les eaux de puits proviennent, comme les sources, de la pluie qui s'est infiltrée dans le sol. Leur composition dépend des terrains qu'elles ont traversés; elles ont souvent besoin d'être aérées, c'est-à-dire d'être exposées pendant quelque temps à l'air. Les eaux des puits établis près des habitations, lorsque ces puits ne sont pas bien étanches, sont quelquefois chargées de matières organiques qui en altèrent la qualité.

Les étangs donnent le plus souvent de bonnes eaux. Les mares sont des cavités creusées dans le sol à ciel ouvert pour conserver l'eau de pluie et celle qui s'écoule dans les cours et les chemins. L'eau des mares est souvent assez impure, surtout lorsque l'on a la mauvaise habitude d'y laisser couler le purin des étables ou du fumier.

Les citernes sont des bassins artificiels, couverts et construits en maçonnerie pour recueillir et conserver l'eau de pluie qu'on y dirige par des rigoles spéciales. Les abreuvoirs sont des auges ou des réservoirs de forme spéciale dans lesquels on amène l'eau destinée aux animaux. On donne aussi le même nom aux pentes d'accès établies sur les bords des cours d'eau, des étangs ou des mares, pour que les animaux y boivent aisément.

L'eau de bonne qualité est celle qui est claire, dissout le savon sans former de grumeaux et cuit facilement les légumes; elle ne laisse que peu ou pas de résidu, lorsqu'on l'évapore à siccité.

6ᵉ LEÇON

DISTRIBUTION DES ALIMENTS

Sommaire. — Modes divers d'alimentation. — Régularité dans les repas. -- Changements de régime et substitutions alimentaires. — Précautions à prendre.

Résumé

Les animaux prennent leurs aliments, soit au-dehors de la ferme dans les pâturages, soit à l'intérieur des bâtiments ruraux, écuries, étables, bergeries ou porcheries. Quand ils vont au pâturage, ce n'est que dans des circonstances particulières qu'ils y passent la nuit et le jour; le plus souvent, ils sont ramenés à la ferme pour la nuit. On a donc presque toujours des aliments à leur distribuer.

La ration journalière n'est pas donnée en une seule fois au bétail. Elle est divisée en plusieurs portions que l'on distribue à des intervalles plus ou moins éloignés. Chaque portion constitue un repas.

Il est d'une haute importance de bien partager les rations et de répartir les repas à des intervalles réguliers. La règle à suivre dans le partage des rations est que les animaux trouvent à chaque repas une ration suffisante pour apaiser le sentiment de la faim et pour remplir suffisamment leur estomac. Quant à l'espacement des repas, il doit être tel que les aliments donnés au repas précédent soient complètement digérés à l'heure du repas suivant.

L'observation de ces deux règles est importante pour que les animaux soient en bon état de santé. Elle évite le gaspillage de la nourriture et en assure le bon effet.

La répartition des repas dépend de la nature des services qu'on demande aux animaux. Les règles à suivre diffèrent suivant qu'il s'agit d'animaux de travail, de bêtes d'entretien ou de bêtes à l'engrais.

Pour les animaux de travail, chevaux ou bœufs, la règle généralement suivie est de donner trois repas : le premier, le matin avant le départ; le deuxième, au milieu du jour pendant le repos; le troisième, le soir après la fin du travail. Les aliments de force (avoine, grains, etc.) sont distribués aux deux repas du matin et du milieu du jour.

Pour les jeunes animaux, les vaches laitières, les moutons, les porcs, qui sont gardés pendant toute la journée à l'étable, le nombre des repas est de trois ou de quatre, à intervalles réguliers depuis le matin jusqu'au soir. Si les animaux vont au pâturage pendant la journée, on ne leur distribue que le soir le repas complémentaire à la ferme.

Les animaux soumis au régime de l'engraissement reçoivent une nourriture plus abondante. On leur donne, par conséquent, un plus grand nombre de repas; mais il ne faut pas que ce nombre soit supérieur à six, car on risquerait de perdre une partie de l'effet des aliments que les animaux n'utilisent complètement que dans un calme et un repos absolus.

Dans tous les cas, il faut toujours éviter de faire souffrir les animaux par abstinence. L'abstinence affaiblit rapidement les herbivores, à quelque race qu'ils appartiennent.

La ration journalière des animaux est rarement composée d'aliments de nature uniforme. Quelquefois, on mélange tous les aliments ensemble, et on divise ensuite la masse suivant le nombre des repas. Pour quelques aliments, c'est une nécessité. Lorsque le mélange n'est pas imposé, il est préférable de donner isolément les diverses natures d'aliments ; on introduit ainsi dans la nourriture une diversité utile, surtout en vue d'exciter l'appétit.

Si deux aliments de nature différente entrent dans un repas, on donne d'abord celui pour lequel les animaux manifestent moins de préférence. Cet aliment est ainsi mieux consommé ; les animaux le dédaigneraient souvent en présence d'une autre nourriture qui leur plaît davantage.

Les animaux ne reçoivent pas une nourriture uniforme pendant toute l'année. Ils passent par des changements de régime pour lesquels des précautions sont indispensables.

Ces changements sont réguliers ou accidentels. Ils sont réguliers quand on passe d'une saison à une autre ou quand on poursuit un système d'engraissement. Ils sont accidentels, lorsque, pour une cause ou pour une autre, abondance exceptionnelle ou pénurie de certains fourrages, on est obligé de modifier l'alimentation.

Chaque année, au printemps, le bétail passe des aliments secs aux aliments verts ; à l'automne ou au commencement de l'hiver, l'inverse se produit. C'est toujours par progression que l'on doit procéder. Le passage brusque d'un régime à l'autre exerce une influence nuisible relativement à l'utilisation des aliments ; il est parfois dangereux pour la santé des animaux.

La méthode rationnelle consiste à substituer d'abord une proportion faible du nouveau genre d'aliments, et à augmenter progressivement cette proportion. Par exemple, au printemps, on ne mène le bétail dans les herbages que pendant peu de temps, et on accroît peu à peu la durée du pâturage, en diminuant d'autant la quantité d'aliments secs donnés à l'étable.

On suit la même règle quand on soumet les animaux à une alimentation intensive dans un but d'engraissement. On augmente peu à peu les rations; on excite ainsi graduellement les fonctions digestives, et on évite les indigestions et les accidents maladifs qui peuvent résulter d'un affouragement excessif donné prématurément.

Les changements accidentels de régime sont dus le plus souvent à une pénurie de fourrages. Dans ce cas, si l'on est obligé de réduire les rations, on ne doit le faire que progressivement. Mais il est souvent préférable de vendre un certain nombre d'animaux, afin de nourrir les autres convenablement. Les pertes qui sont le résultat d'une alimentation insuffisante se réparent ensuite lentement, et le profit sur lequel le cultivateur comptait ne se réalise pas. Il vaut mieux n'entretenir que deux vaches bien nourries que d'en avoir quatre mal nourries.

On doit toujours apporter des précautions dans la distribution des repas aux animaux. La principale est d'éviter tout ce qui peut les déranger ou les effrayer : leur donner leur ration avec calme et procéder autant que possible, au dehors, à tous les travaux de préparation.

7ᵉ LEÇON

PRÉPARATION DES ALIMENTS

Sommaire. — Influence de la préparation des aliments. — Secouage et hachage des foins et des pailles. — Broyage des grains. — Cuisson des racines. — Aliments fermentés, barbotages.

Résumé

La préparation des aliments a pour objet d'en faciliter l consommation par les animaux. Le but qu'on poursuit est double : séparer des substances alimentaires les corps étrangers qui peuvent s'y trouver mélangés, et placer ces substances dans

14

des conditions et un état où elles sont le plus utiles aux animaux.

Les aliments convenablement préparés sont absorbés complètement par les animaux, qui en digèrent toute la partie utile. Des aliments de même nature, non préparés ou soumis à des préparations incomplètes, ne sont pas aussi bien utilisés : il y a des pertes dans les auges ou les râteliers, ainsi que dans l'appareil digestif. Il en faut distribuer aux animaux une plus grande quantité pour obtenir le même résultat.

La bonne préparation des aliments constitue donc, en dehors des résultats qu'elle donne sur les animaux, une réelle économie pour le cultivateur, qui peut diminuer avec avantage le poids des rations. Dans toutes les circonstances, ces économies ne sont pas à dédaigner.

Les méthodes de préparation des aliments comportent des opérations multiples : nettoyage, division mécanique, cuisson, macération, fermentation.

Le nettoyage a pour effet de séparer les corps étrangers. Pour les foins et les pailles, on procède simplement à un secouage afin d'en dégager la poussière qui y est adhérente. On les secoue plus ou moins énergiquement suivant leur état; mais on doit toujours éviter la chute de feuilles, surtout en ce qui concerne les foins de trèfle et de luzerne. — Pour les graines, on les passe au van ou au tarare, pour en enlever les poussières, les cailloux et les autres corps durs. — Les tubercules et les racines sont lavés pour les débarrasser de la terre qui y reste toujours adhérente après l'arrachage.

La division mécanique a pour but de mettre les aliments dans un état où ils soient plus facilement absorbés par les animaux. Mais cette opération ne peut pas avoir pour résultat de faire acquérir aux fourrages, aux grains, aux graines, aux racines, des facultés nutritives qu'ils ne possédaient pas. C'est quelquefois une nécessité, par exemple pour les fourrages très durs ou pour ceux qui sont épineux, comme l'ajonc.

On divise les foins et les pailles en les hachant avec des couteaux ou mieux avec des instruments appelés hache-paille dont la description sera donnée plus loin. — Les racines et les tubercules sont divisés en lamelles minces, d'une épaisseur de

1 à 2 centimètres. Si l'on a des fourrages de qualité différente, mais qui peuvent subir ensemble l'action de l'appareil diviseur, on les mêle avant de les couper; le mélange est plus intime, et le bétail le mange sans faire de triage.

Les grains, graines, tourteaux, etc., sont concassés, c'est-à-dire réduits en fragments plus ou moins gros. Lorsque l'on fait consommer des grains non concassés, on constate qu'une certaine quantité traverse le tube digestif et se retrouve dans les déjections sans être altérée, par conséquent sans avoir contribué à la nutrition. Ce fait tient à l'insuffisance de la mastication; le concassage sert de préliminaire à cette importante opération.

Pour certains aliments, la cuisson est un excellent mode de préparation; elle est employée surtout pour les tubercules et les racines. La cuisson a pour effet de dilater et de ramollir les tissus, de dissoudre les substances solides, ou au moins de les rendre plus facilement solubles, de détruire quelquefois les principes irritants, et, dans toutes les circonstances, de rendre les principes immédiats renfermés dans les végétaux, plus facilement digestibles. La cuisson a toujours pour résultat d'accroître le volume des aliments, et souvent elle en augmente le poids: car, en cuisant, les aliments absorbent une certaine quantité d'eau.

La cuisson se pratique à l'eau ou à la vapeur; elle produit de bons effets sur tous les fourrages secs, mais elle n'est employée que rarement pour ces substances. Les aliments cuits sont extrêmement salubres, favorisent l'engraissement et activent la sécrétion du lait; ils sont moins appréciés pour les animaux de travail. On en fait un très grand usage dans presque toutes les porcheries.

La macération consiste à faire tremper dans l'eau les substances alimentaires. Cette opération présente de l'utilité pour améliorer certains fourrages secs et pour en augmenter la saveur. On fait macérer les aliments dans de l'eau froide ou dans de l'eau chaude : quelquefois on combine la macération avec la cuisson. Les aliments macérés sont plus faciles à absorber et à digérer; on les recommande pour les jeunes animaux et pour les vaches laitières.

A la même catégorie appartiennent les barbotages, appelés

aussi buvées ou soupes. On les prépare en faisant macérer dans de l'eau chaude ou tiède des aliments secs, tels que tourteaux, farines, sons, etc., de manière à constituer des bouillies.

La fermentation provoque, dans les substances organiques, des modifications qui en changent les propriétés chimiques et physiques. Toutes les substances qui renferment de la fécule, des principes albuminoïdes ou du sucre peuvent fermenter. Tels sont les foins, les pailles, les grains, les tourteaux. Pour provoquer la fermentation des aliments, on les mélange, après les avoir hachés, dans des récipients en bois, où on les brasse, en y ajoutant des liquides sucrés légèrement chauffés. Au bout de deux à trois jours, la préparation est achevée. C'est une excellente préparation pour les aliments durs, substances fibreuses, menues pailles, balles, cosses, etc. Pour les aliments destinés aux porcs, on provoque souvent la fermentation avec les eaux de cuisine.

8ᵉ LEÇON

APPAREILS POUR PRÉPARER LES ALIMENTS

Sommaire. — Instruments et machines servant à la préparation des aliments. — Hache-paille. — Concasseurs et aplatisseurs. — Laveurs de racines, coupe-racines. — Appareils de cuisson.

Résumé

Pour opérer la division des aliments, on a inventé un certain nombre d'instruments et de machines dont l'usage s'est répandu dans un grand nombre d'exploitations agricoles. Ces appareils diffèrent suivant qu'il s'agit de préparer des aliments secs ou des aliments frais.

La préparation des aliments secs se fait avec les hache-paille, les concasseurs et les aplatisseurs.

Les hache-paille, comme le nom l'indique, servent à couper en lames minces la paille que l'on destine au bétail. Ils se composent d'une sorte d'auge allongée dans laquelle on met la paille en long; à l'une des extrémités tourne un volant armé de plu-

sieurs lames dont le mouvement circulaire coupe la paille, qui
leur est présentée. En même temps que tourne le volant, des
engrenages saisissent la paille et lui impriment le mouvement nécessaire pour qu'elle se présente régulièrement à l'action
des lames. Suivant la disposition des engrenages, on coupe la
paille en morceaux plus ou moins longs. Quelques appareils
sont disposés de manière à pouvoir couper à plusieurs longueurs
différentes, à volonté.

Pour faciliter la mastication et la digestion des grains, on
emploie des concasseurs qui les broient en morceaux grossiers.
Le concasseur le plus simple consiste en une noix conique tournant dans un cône en fonte cannelé; suivant qu'on veut obtenir
des morceaux plus ou moins fins, on rapproche plus ou moins
la noix de son enveloppe, à l'aide d'une vis. Généralement, les
concasseurs consistent en un bâti surmonté d'une trémie; les
grains mis dans la trémie sont saisis par une noix métallique,
et ils tombent entre deux cylindres cannelés qui opèrent le
concassage. Quelquefois le cylindre est unique, et il tourne
dans une enveloppe métallique striée. Dans certains modèles de
concasseurs, le travail est opéré par des couronnes ou des plateaux garnis de dents, et tournant parallèlement.

L'avoine qu'on donne aux chevaux doit être, non concassée,
mais simplement aplatie, pour en briser l'enveloppe corticale.
On obtient ce résultat par des aplatisseurs. Ces instruments consistent généralement en une trémie au-dessous de laquelle tour-
nent deux cylindres horizontaux lisses et parallèles, entre lesquels les grains d'avoine sont plus ou moins comprimés suivant
le degré de rapprochement des cylindres.

Les aliments secs autres que les pailles et les grains sont le
plus souvent des tourteaux. Le cultivateur les trouve dans le
commerce entiers ou pulvérisés; le meilleur mode d'achat consiste
à acheter les tourteaux entiers, car les tourteaux en poudre
peuvent être mélangés de substances sans valeur. Pour réduire,
à la ferme, les tourteaux en poudre grossière, on a recours à
des appareils spéciaux appelés concasseurs de tourteaux ou brise-
tourteaux. Ces appareils consistent généralement en cylindres,
tournant parallèlement et armés de fortes dents : les tourteaux,
divisés en morceaux à coups de marteau, sont jetés dans une

trémie qui surmonte ces cylindres, et ils sont brisés par les dents en morceaux dont on peut faire varier la finesse suivant le rapprochement des cylindres.

Les racines et les tubercules sont soumis à des préparations spéciales. Pour les débarrasser de la terre qui y est toujours adhérente, on a recours à des laveurs de racines. Ces appareils consistent en une caisse allongée en bois, renfermant une deuxième caisse cylindrique à claire-voie, un peu inclinée. A l'intérieur de celle-ci tourne un axe garni de palettes, et son extrémité supérieure porte une trémie dans laquelle on place les racines et les tubercules. L'appareil étant rempli d'eau, les racines qui tombent de la trémie dans la cage à claire-voie, sont agitées dans l'eau par les palettes de l'axe central, et elles sortent à l'autre extrémité, débarrassées de la terre qui tombe à travers les ouvertures de la claire-voie dans la première caisse.

La division des racines en rubans ou en cossettes se fait avec les coupe-racines. Ces appareils consistent le plus souvent en une trémie fermée à sa partie inférieure, mais ouverte latéralement. Devant cette ouverture, tourne un volant vertical armé de lames droites ou recourbées. Ces lames coupent en lanières minces les racines, qui dépassent l'ouverture par l'effet de leur propre poids.

S'il s'agit de réduire les racines en une sorte de pulpe en déchirant la masse, on a recours aux dépulpeurs. Ces instruments se composent d'un disque garni de petites lames en acier, tournant dans une trémie. Ces lames déchirent les racines par le mouvement de rotation qu'on imprime au disque. Cette pulpe est souvent mélangée avec de la paille hachée, pour être distribuée aux animaux.

Tous les instruments dont il vient d'être question sont construits dans des proportions variables. Certains modèles sont mus à bras, d'autres sont mus par un manège ou même une machine à vapeur. Le choix à faire dépend de la quantité d'animaux qu'on entretient, c'est-à-dire du travail qu'exige la préparation de leur nourriture.

Pour les tubercules, pommes de terre et topinambours, on les cuit préalablement. La cuisson se fait le plus souvent à la vapeur. Les appareils employés pour cet objet consistent en une petite chaudière à vapeur, placée entre deux récipients qui renferment les tubercules. La vapeur est dirigée de la chaudière dans les récipients, et la cuisson s'y fait rapidement. Quelques agriculteurs se trouvent bien de faire cuire aussi les racines, betteraves, navets, etc. La cuisson des pailles et des grains, en amollissant toutes leurs parties, les rend plus facilement digestibles.

9° LEÇON

RATIONS ALIMENTAIRES

Sommaire. — Définition des rations. — Rations de développement, d'entretien, de production. — Équivalence des rations. — Digestibilité. — Exemples de composition des rations. — Influences diverses qui agissent sur l'utilisation des rations.

Résumé

La ration est la quantité d'aliments que l'on donne chaque jour aux animaux domestiques. La distribution raisonnée des rations constitue une partie très importante de la science zootechnique : il importe, en effet, pour le cultivateur de distribuer les rations de telle façon qu'elles correspondent aux besoins des animaux et au but qu'on poursuit, et d'autre part qu'elles soient composées de telle sorte qu'elles assurent un bénéfice.

Sous ce dernier rapport, un fait capital domine la situation : ce n'est pas du nombre des animaux, mais de la valeur de l'alimentation qu'on leur donne que dépend le bénéfice du cultivateur. Par conséquent, celui-ci doit calculer l'importance numérique de son élevage ou de son entretien d'après les ressources que la terre peut lui donner en aliments, de telle sorte que ses animaux ne souffrent jamais du besoin, et d'après les débouchés qu'il peut trouver pour la vente tant du bétail que de ses produits.

En ce qui concerne la technique même des rations, on doit envisager le problème sous trois faces. Il s'agit de déterminer la ration de développement, c'est-à-dire la quantité de substances nutritives nécessaire pour que les jeunes animaux arrivent régulièrement à l'état adulte; — la ration d'entretien, c'est-à-dire la quantité d'aliments nécessaire au bon fonctionnement de l'organisme animal, sans qu'il perde de sa substance, mais sans qu'il donne aucun produit; — la ration de production, c'est-à-dire la quantité d'aliments nécessaire pour obtenir un but utile, production de la force, sécrétion du lait, augmentation de poids ou engraissement.

Il est d'une importance capitale que la ration de développement soit aussi large que possible, la pénurie dans le jeune âge ayant une influence extrême sur l'avenir des animaux. Le mieux est de fournir aux jeunes leurs aliments naturels (herbes et fourrages secs) à volonté. Si l'on ne peut pas réaliser ce but, on doit calculer les rations d'après le principe expérimental, que, pour un développement moyen, on doit donner des aliments renfermant une quantité de matière sèche égale à 2 pour 100 environ du poids des animaux; la proportion de protéine doit y être de 0,6 à 0,7.

La ration d'entretien ou de conservation ne peut être considérée que sous le rapport théorique, car il serait absurde de conserver des animaux sans en tirer aucun produit. D'après les calculs des pertes que l'organisme subit constamment, on évalue la ration d'entretien à 5 pour 100 en matière sèche environ du poids vif, le rapport de la protéine étant de 0,1.

Les rations de production varient suivant le but qu'on poursuit; elles sont toujours supplémentaires de la ration d'entretien.

S'il s'agit d'animaux de travail, le but à poursuivre est de réparer la perte qu'entraîne la dépense de force. Dans ce cas, il résulte de nombreuses expériences que la ration supplémentaire doit renfermer de 220 à 280 grammes de matières azotées ou protéine par quintal de poids vif, pour le cheval de trait, et de 200 à 300 grammes pour le bœuf de travail. C'est d'après ces proportions que l'on doit former la ration, en choisissant d'ailleurs les aliments qui conviennent le mieux, par leur nature, à chaque espèce.

Les vaches laitières doivent recevoir, dans les aliments supplémentaires de la ration d'entretien, de 240 à 300 grammes de

matières azotées et de 70 à 100 grammes de matières grasses
par quintal de poids vivant. Les sons, les farines, les tourteaux,
les betteraves sont, en dehors des fourrages verts, les aliments
qui conviennent le mieux pour la sécrétion laitière.

La ration d'engraissement comporte à la fois l'augmentation
de poids et la formation de viande. Pour que l'engraissement
soit rapide, il faut donner une ration aussi forte que possible.
Elle peut renfermer, par quintal vivant, de 300 à 450 grammes
de protéine, de 90 à 200 grammes de matière grasse. En dehors
de l'engraissement à la prairie, c'est avec des aliments concentrés,
grains, farines et tourteaux, qu'on obtient ce résultat. Plus
l'engraissement approche de son terme, plus est grande la quantité
de substances nutritives nécessaire pour accroître le poids. Pour
rester dans des conditions économiques, il ne convient pas de
pousser l'engraissement à l'extrême.

Voici quelques exemples de rations de production :

Cheval de labour (poids, 500 kilogrammes) : avoine, 5 kilogrammes; foin de pré, 7 kilog. 500.

Bœuf de travail : betteraves, 25 kilogrammes; paille de blé,
10 kilogrammes; tourteaux de colza, 1 kilog. 500.

Bœuf à l'engrais : betteraves, 25 kilogrammes; paille
hachée, 4 kilogrammes; foin, 4 kilogrammes; tourteau de
colza, 2 kilogrammes.

Les rations équivalentes sont celles que l'on peut substituer
les unes aux autres pour obtenir un résultat déterminé. Les proportions nécessaires des aliments pour se remplacer mutuellement sont indiquées par les tables de leur composition élémentaire. Mais il faut, en outre, tenir compte de la digestibilité des
aliments, c'est-à-dire la proportion des principes utiles qui deviennent solubles dans l'appareil digestif. C'est la seule proportion qui soit réellement utile. La digestibilité varie non seulement suivant les aliments, mais suivant les mélanges qu'on
en fait. Elle dépend le plus souvent du rapport entre les matières azotées et les matières hydrocarbonées. En connaissant ce
rapport, on peut établir le coefficient de digestibilité d'une ration. L'étude de l'équivalence des rations sous ce rapport présente une très haute importance.

Tous les animaux n'utilisent pas également la nourriture

qu'ils absorbent. Ces différences tienne..t à plusieurs causes dont
les principales sont : la race, certaines races ayant une plus
grande aptitude à un développement rapide; — l'individua-
lité, les animaux d'une même race ayant une puissance assimi-
latrice variable; — l'âge, les fonctions organiques devenant plus
lentes à mesure que l'animal devient plus vieux; — la taille,
les petits animaux étant plus grands consommateurs que les
grands, proportionnellement au poids; — le tempérament, les
animaux d'un tempérament vif dépensant davantage que ceux
d'un tempérament lymphatique.

10ᵉ LEÇON

MÉTHODES D'ENTRETIEN DU BÉTAIL

Sommaire. — Pâturage et stabulation. — Estivage, hivernage —
Transhumance. — Parcours et vaine pâture.

Résumé

On élève et on entretient les animaux domestiques suivant
deux méthodes : en les alimentant exclusivement à l'étable,
c'est le système de la stabulation; ou bien en les faisant paître
au dehors, c'est le système du pâturage. Ces deux systèmes sont
le plus souvent combinés, c'est-à-dire que les mêmes animaux
sont soumis alternativement, suivant les saisons et les ressources dont on dispose, au régime du pâturage et à celui de la
stabulation.

A l'étable, on distribue aux animaux les rations alimentaires
qui leur sont nécessaires, en repas réguliers, en soumettant
chaque aliment à la préparation qui lui convient. Au pâturage,
les animaux mangent ce qu'ils trouvent à leur portée.

On doit choisir, pour chaque espèce d'animaux, les pâturages
qui lui sont appropriés. Le cheval, qui possède des incisives
aux deux mâchoires, se trouve très bien des terres où l'herbe
est fine et substantielle plutôt que longue. Les bœufs et les

vaches, qui n'ont d'incisives qu'à une mâchoire, coupent plus facilement les herbes longues, mêmes dures, que celles qui sont courtes. Le mouton, dont les mâchoires sont étroites et les lèvres minces, coupe les gazons les plus ras et trouve sa nourriture dans les lieux les plus secs.

Les effets nutritifs des herbages varient non seulement avec la nature des herbes, mais encore avec la taille, le tempérament, etc., des animaux. On évalue généralement qu'il faut par année 115 ares de pâturage pour un cheval, 92 pour un bœuf, 75 à 80 pour une vache, 18 pour un poulain, 7 pour un mouton. Certains pâturages très fertiles peuvent donner, dans les bonnes années, des résultats supérieurs; en Normandie, on évalue à 2 hectares la surface nécessaire pour engraisser trois bœufs. Les animaux mangent généralement de 5 à 6 kilogrammes d'herbe verte par jour, par quintal de leur poids vivant; on calcule d'après cette donnée la surface que l'on peut faire paître dans un temps déterminé.

On fait pâturer les animaux en liberté ou bien en les retenant sur des points d'où ils ne doivent pas s'éloigner.

Le pâturage en liberté présente l'avantage que les animaux sont libres et peuvent prendre l'exercice qui leur est nécessaire; mais il entraîne toujours la perte d'une certaine quantité d'herbe qui est foulée et piétinée. On évite cet inconvénient, en divisant le pâturage en un certain nombre de compartiments dans lesquels on fait passer successivement les animaux.

Pour fixer les animaux sur un point déterminé de pâturage, on les retient à l'aide d'un lien. Ce lien est le plus souvent une corde qui part du licol et se termine à un piquet fiché en terre; c'est ce qu'on appelle le pâturage au piquet. Ce système permet de faire consommer successivement toutes les parties de l'herbage, et de mettre constamment de l'herbe fraîche à la disposition du bétail. On maintient la fertilité du pâturage en le faisant consommer à propos et en régularisant la distribution des engrais sur la surface. Le pâturage au piquet présente des avantages surtout quand il s'agit de faire consommer des herbes longues que les animaux piétineraient sans profit ou des légumineuses dont une absorption considérable peut entraîner de graves inconvénients par suite de la météorisation. Les bêtes

confinées sur un espace restreint en consomment tout le produit, avec lenteur, sans gaspillage. Mais avec le pâturage au
piquet, on doit veiller à la distribution journalière de l'eau, ce
qui entraîne une certaine dépense.

Les entraves qu'on met quelquefois aux animaux sont destinées
à limiter l'étendue de leurs mouvements et à les retenir, sans
gardien, dans un pâturage, même non clôturé. On les entrave
soit en suspendant une pièce de bois à un licol, soit en fixant la
tête à l'un des membres antérieurs ou deux membres ensemble
avec une corde. Cette méthode peut causer des accidents
graves.

Le pâturage est permanent, c'est-à-dire dure pendant toute
l'année, ou bien il est limité à quelques mois.

L'utilisation des pâturages sur les terres incultes étant mise
hors de cause, on pratique le pâturage permanent principalement pour l'élevage du cheval, et, dans quelques régions, pour
l'engraissement des bœufs. Souvent, on construit dans les pâturages des abris pour la nuit et pour préserver les animaux
contre les excès des intempéries. En Angleterre, l'habitude générale est de faire pâturer les moutons pendant l'été sur les
prairies, et pendant l'hiver sur les cultures sarclées; cette
pratique est facilitée par le climat.

Le plus souvent, en France, le pâturage est temporaire. Il est
parfois permanent pendant toute la belle saison; les animaux
sont rentrés à l'étable pour l'hiver, et ils n'en sortent que pendant
quelques heures chaque jour, lorsque le temps le permet.

Dans les pays de montagnes, on distingue deux saisons pour
l'entretien des troupeaux : l'estivage et l'hivernage. Pendant
l'estivage, qui dure de mai à octobre, les animaux sont conduits
sur les pâturages élevés, où ils restent à demeure; pendant
l'hivernage, c'est-à-dire d'octobre à avril, on les ramène dans
les vallées, et ils sont confinés dans les étables. Les troupeaux
sont généralement plus nombreux pendant l'estivage que pendant l'hivernage, tant à raison du croît que des achats faits au
commencement de la belle saison, en vue de reventes avant
l'hiver.

La transhumance consiste à faire émigrer les troupeaux de
bêtes à laine pendant l'été sur les pâturages des montagnes,

pour revenir passer l'hiver dans les plaines ou vallées. Cette pratique n'est usitée en France que dans les régions des Alpes et des Pyrénées; elle constitue un des modes d'utilisation des pâturages des hautes altitudes.

Au système de pâturage se rattachent la vaine pâture et le parcours. — La vaine pâture est l'usage qui donne aux propriétaires d'une commune le droit de faire pâturer leurs bestiaux sur les terres des uns et des autres; ce droit n'est pas général, et il ne peut s'exercer que dans les conditions déterminées par la loi. — Le parcours est le droit que possèdent les propriétaires d'une commune de faire paître leurs troupeaux sur les terres incultes des communes voisines. Le parcours et la vaine pâture sont des coutumes anciennes qui sont appelées à disparaître.

44ᵉ LEÇON

LAIT ET VACHES LAITIÈRES

Sommaire. — Nature et composition du lait. — Caractères de la sécrétion lactée. — Aliments convenables. — Étude des bêtes laitières. — Caractères des vaches laitières, système Guenon.

Résumé

Le lait est un liquide sécrété par les femelles des animaux mammifères pour l'alimentation des jeunes animaux pendant les premiers temps qui suivent la naissance.

Ce liquide est opaque, de couleur blanche spéciale, d'une saveur douce et sucrée. Sa densité varie de 1,031 à 1,035; elle est en moyenne de 1,033. Il est constitué par de l'eau tenant en dissolution ou en suspension des matières grasses, azotées, sucrées et des sels minéraux. Voici la composition moyenne du lait de vache (Bouchardat) :

Eau	86,20
Matière grasse	5,14
Matière azotée	3,87
Sucre de lait	3,94
Sels minéraux	0,85
	100,00

La matière grasse se présente sous forme de globules en suspension dans la masse du liquide (diamètre, $0^{mm},004$ à $0,010$); ils constituent la matière première du beurre.

La matière azotée du lait est de la caséine, en partie dissoute, en partie en suspension. C'est à tort qu'on a longtemps

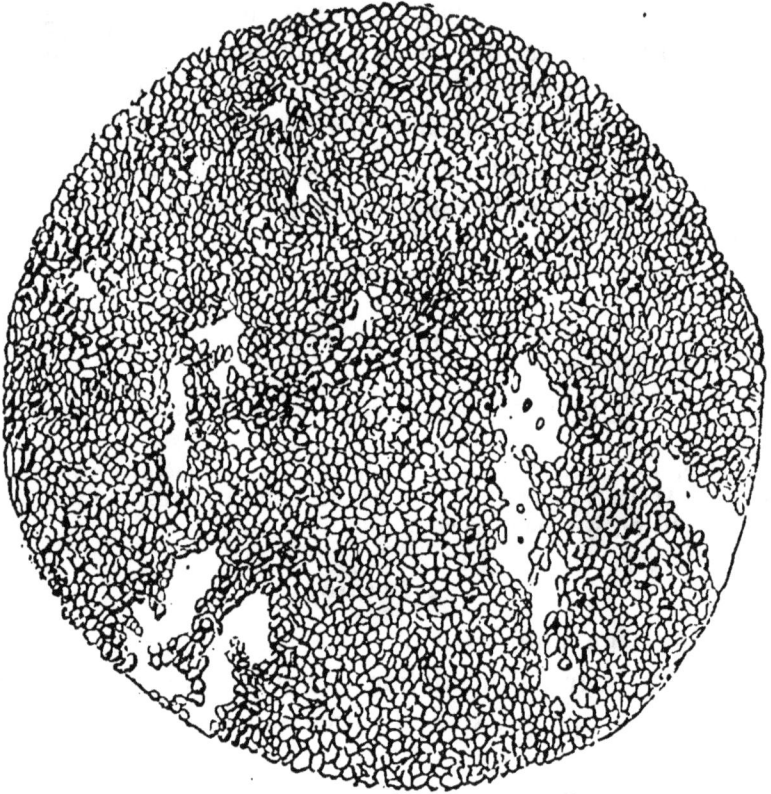

Fig. 9. — Lait pur vu au microscope.

pris une partie de la caséine pour de l'albumine. Elle est coagulable par les acides.

Le sucre de lait est analogue à la glucose. Sous l'influence de l'air, il se transforme en acide lactique, qui cause la coagulation du lait.

Les sels sont surtout des phosphates de chaux et de magnésie et des chlorures.

Le lait, laissé au repos pendant vingt-quatre heures à la température de 12 à 15 degrés, se partage en deux couches. La plus légère, à la partie supérieure, est la crème, constituée par les globules gras. La plus fluide est au-dessous; c'est le lait écrémé, contenant les autres principes du liquide. Le lait écrémé renferme toujours une certaine proportion de globules

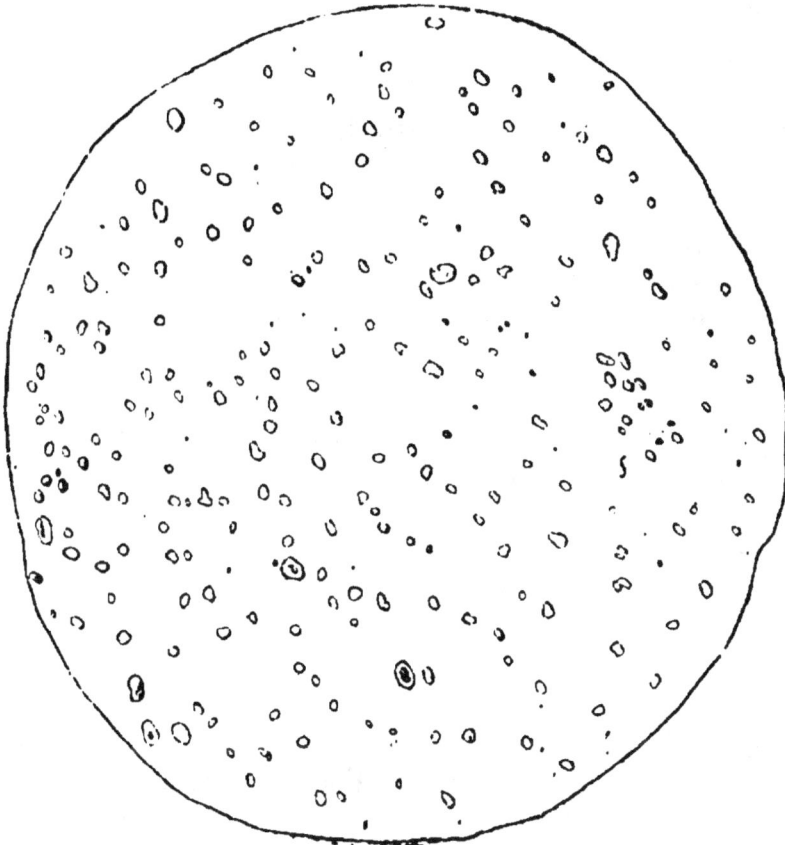

Fig. 10. — Lait écrémé vu au microscope.

butyreux, qui restent dans la masse après la coagulation. On peut provoquer la coagulation immédiate du lait frais en y versant du vinaigre ou un acide : dans ce cas, la crème est entraînée dans le coagulum. Si de l'acide lactique se forme avant que la crème soit enlevée, le lait se divise en trois couches, savoir : la crème, un liquide jaunâtre qui est le sérum, et la caséine qui forme la couche inférieure. — En faisant bouillir le lait, on en retarde la coagulation.

C'est dans les mamelles que le lait est sécrété; par conséquent sa qualité dépend en partie des aliments ingérés par les animaux. Ces aliments influent surtout sur la saveur du lait, sur la quantité de matière grasse et la proportion d'eau qu'il renferme.

L'abondance de la sécrétion laitière et sa qualité sont en raison directe de la richesse de l'alimentation et des aptitudes spéciales des animaux.

Les indications relatives aux proportions de principes utiles que doit renfermer la ration des vaches laitières, ayant été données précédemment (page 216), il suffit d'indiquer les aliments qui conviennent le mieux à ces animaux. La nourriture verte est toujours préférable, mais il importe que l'herbe soit celle de prairies saines, bien entretenues et bien composées. Les racines et les tubercules, donnés frais, assurent l'abondance de la sécrétion laitière, mais le lait est souvent assez pauvre; on fait disparaître cet inconvénient, en soumettant préalablement les racines à la cuisson. Les pulpes et les drèches ne doivent entrer que dans des proportions modérées dans la nourriture des vaches laitières. Une excellente nourriture d'hiver, pour ces animaux, est un mélange de fourrages secs et de choux fourragers.

Certaines races possèdent des facultés laitières spéciales; dans une même race, certaines variétés ou familles sont plus laitières que d'autres. Parmi les variétés françaises, il en est quatre qui sont plus spécialement laitières : les normande, flamande, bretonne et tarentaise. Parmi les variétés étrangères qu'on rencontre le plus souvent en France, les variétés hollandaise, de Schwitz et de Fribourg possèdent aussi des facultés laitières remarquables.

Dans une même race, certains individus ont des facultés particulières pour la sécrétion laitière. Des caractères extérieurs permettent de reconnaître ces facultés; les principaux se rapportent aux mamelles et aux trayons. Des mamelles volumineuses et régulières, recouvertes d'une peau fine et douce, très élastique, sont des signes excellents. Plus le bord antérieur de la mamelle s'étend sous le ventre et plus la masse de la glande est considérable, plus grande est la sécrétion du lait.

Les trayons doivent tomber verticalement, être régulièrement espacés, allongés et égaux.

Les jeunes bêtes donnent généralement peu de lait, les vieilles non plus. C'est à l'âge de quatre à cinq ans, après le deuxième ou le troisième veau, que la vache atteint son maximum de sécrétion laitière. Cette proportion se maintient le plus souvent, chez les bonnes vaches, jusqu'à l'âge de neuf à dix ans; elle diminue ensuite. Sous les climats méridionaux, cette limite arrive plus tôt.

Pour reconnaître les qualités laitières des vaches, on trouve aussi certains caractères dans la partie postérieure de la peau des mamelles. Lorsque les poils fins qui la recouvrent sont dirigés de bas en haut, sur une étendue assez considérable, on dit que la vache a un bel écusson. Plus l'écusson a une large surface et plus la vache est réputée laitière.

La forme affectée par l'écusson est très variable, mais elle a moins d'importance que son étendue. On doit à Guénon une classification des vaches laitières d'après la forme de l'écusson. Dans cette classification, les vaches sont réparties en huit catégories dénommées comme il suit :

Flandrines, dont l'écusson, partant du pis et des faces internes des cuisses, remonte sur le périnée sans interruption jusqu'à la partie supérieure.

Lisières, dont l'écusson ressemble à une lisière qui s'étend tout le long du périnée, en s'arrondissant vers la base du pis.

Courbelignes, dont l'écusson, partant des mamelles et de la face interne des cuisses, se dirige en pointe au sommet par des lignes courbes.

Bicornes, dont l'écusson se termine à sa partie supérieure par deux divisions en forme de cornes droites.

Poitevines, dont l'écusson dessine une sorte de grosse bouteille à goulot tronqué.

Équerrines, dont l'écusson, qui se termine en pointe, forme une sorte d'équerre.

Limousines, dont l'écusson se termine, au-dessus des mamelles, par un triangle étroit.

Carrésines, dont l'écusson est coupé horizontalement et carrément à sa partie supérieure.

Les vaches qui ne présentent pas d'écusson sont réputées mauvaises laitières.

———

12ᵉ LEÇON

PRODUCTION DU LAIT

Sommaire. — Conditions favorables à la production du lait. — Installation des laiteries. — Matériel et outillage. — Commerce du lait en nature.

Résumé

On élève pour la production laitière les vaches et les brebis. Mais ce n'est que dans des circonstances spéciales, très-rares d'ailleurs, qu'on entretient des troupeaux de brebis laitières. Dans l'immense majorité des circonstances, c'est sur les vaches que portent exclusivement les spéculations qui ont la production du lait pour objet.

Si le bon choix des vaches exerce une influence décisive sur les résultats de la production laitière, les conditions dans lesquelles elles vivent exercent aussi une action sérieuse. Le climat et le mode d'entretien se placent au premier rang parmi ces agents.

C'est sous les climats humides et présentant une température assez uniforme, sans variations brusques et sans extrêmes violents, que les vaches laitières se développent le mieux. Les climats à hivers froids sont défavorables à la production du lait; toutefois, lorsque les étés sont chauds avec des printemps humides, on peut y élever avec avantage de bonnes vaches laitières. Les climats secs sont les plus désavantageux sous ce rapport; les meilleures vaches laitières, transportées dans un climat sec, sur des pâtures maigres, y perdent quelquefois très rapidement leurs aptitudes spéciales. C'est ce qui arrive, par exemple, aux vaches normandes, que l'on cherche à élever sur certains plateaux secs du centre de la France.

Il n'est pas indifférent d'entretenir les vaches laitières dans les pâturages ou les herbages, ou bien en stabulation dans les étables. La stabulation a pour effet de provoquer une plus grande abondance dans la sécrétion laitière, mais c'est parfois aux dépens de la qualité du produit. C'est dans les bons pâturages, bien composés d'herbes succulentes, que l'on obtient une sécrétion laitière à la fois abondante et de bonne qualité. Toutefois, pour que la production soit longtemps soutenue, il importe que les vaches n'éprouvent pas de fatigues, soit pour se rendre dans les pâturages, soit pour trouver leur nourriture dans des parcours vastes et de maigre rendement.

La laiterie est l'annexe indispensable de l'étable à vaches. Ce local, dans lequel on garde le lait après la traite, doit présenter certaines qualités spéciales pour la manipulation et la conservation du liquide.

Les conditions nécessaires à l'installation de la laiterie sont les suivantes : elle doit être éloignée des fosses à fumier ou à purin, des dépôts de résidus, etc.; construite de telle sorte que la température y soit sensiblement constante, de 12 à 15 degrés, et qu'on puisse y entretenir une extrême propreté. On choisit généralement l'exposition du nord, et on installe quelquefois la laiterie dans un local souterrain et voûté. Quant aux dimensions qu'on lui donne, elles varient suivant l'importance de la production laitière. Le sol doit en être imperméable; le dallage en pierres ou en carreaux bien cimentés présente des avantages. On blanchit les murs à la chaux, et on les lave à intervalles réguliers.

L'outillage de la laiterie est assez simple; il consiste en seaux, vases à lait, appareils d'écrémage, tamis pour passer le lait, etc. Tous ces instruments doivent être nettoyés avec soin à l'eau chaude, puis à l'eau froide, chaque fois qu'on s'en sert.

L'utilisation du lait se fait suivant trois méthodes : vente en nature, fabrication du beurre, fabrication des fromages. Le choix à faire de l'une ou l'autre de ces industries dépend des conditions dans lesquelles on est placé. A proximité des villes, quand les débouchés sont assurés, on trouve avantage à vendre le lait pour la consommation. Dans la plupart des autres circonstances, il est préférable de le convertir en beurre ou en fromage.

Vente du lait en nature. — Le producteur peut expédier lui-même son lait dans les villes, ou bien il le vend à un négociant qui en prend livraison à domicile; ce dernier procédé donne le plus souvent les meilleurs résultats, en ce sens qu'il est le plus simple et qu'il fait disparaître les risques de transport.

Dans quelques circonstances, le producteur trouve à vendre son lait dans de grandes fromageries; ailleurs, surtout dans certains pays de montagnes, il trouve un débouché dans la vente du lait aux associations connues sous le nom de fruitières, formées pour la fabrication du beurre et du fromage.

Les ustensiles nécessaires sont ceux qui servent à la traite, au coulage et au transport du lait en dehors de la ferme.

Les meilleurs seaux à traire sont en fer étamé ou en cuivre rouge étamé; on les munit d'une anse. Leur capacité varie, en général, de 10 à 15 litres suivant les usages locaux. Le mieux est de se servir toujours d'ustensiles de même dimension, avec lesquels on peut se rendre compte facilement des quantités de lait sur lesquelles on opère.

Le lait transporté à la laiterie est immédiatement versé dans les vases qui serviront à l'emporter. En opérant ce transvasement, on fait passer le liquide à travers un tamis ou une passoire qui le débarrasse des poils et des ordures qui y seraient tombés. Les meilleurs tamis sont ceux en crin ou en fer battu.

Les vases dans lesquels on emporte le lait sont le plus souvent des pots en fer-blanc, plus élevés que larges, rétrécis à la partie supérieure, munis de deux anses et d'un couvercle. La forme de ces vases est propre à retarder l'ascension de la crème. En attendant le départ de la ferme, on place ces vases dans des bacs remplis d'eau fraîche.

Les laitiers en gros ont pour habitude de chauffer le lait, puis de le refroidir rapidement, avant de l'expédier à des distances un peu considérables.

15ᵉ LEÇON

FABRICATION DU BEURRE

Sommaire. — Composition du beurre. — Méthode de fabrication — Écrémage, barattage, délaitage. — Conservation du beurre. — Résultats de la production du beurre. — Débouchés, commerce.

Développement

Le beurre est un des principes constituants du lait des mammifères. Il se trouve en suspension dans la masse liquide, sous la forme de petits globules libres, qui se réunissent et s'agglomèrent lorsqu'on bat ou qu'on agite le lait. Le beurre ordinaire est fourni par le lait de vache, mais on l'extrait aussi du lait de brebis ou de chèvre. C'est une substance alimentaire, de nature grasse, de consistance plus ou moins solide, jaune ou blanc jaunâtre, d'une saveur douce et d'un arome spécial.

Le beurre pur est formé par un mélange de corps gras neutres, dont la découverte est due à M. Chevreul. Ils s'y présentent, en moyenne, dans les proportions suivantes : margarine, 68; oléine et butyroléine, 30; butyrine, caprine et caproïne, 2. Solide à la température ordinaire, le beurre devient liquide en fond entre 31 et 33 degrés centigrades; après avoir été fondu, il commence à se solidifier vers 22 degrés. Exposé à l'air, il rancit au bout de quelque temps : sa couleur s'altère et tourne à l'orange, son goût devient âcre et irritant. Cette transformation est due à la production, sous l'influence de l'air, d'acides oléique, margarique et butyrique mis en liberté par la décomposition de l'oléine, de la margarine et de la butyrine. Lorsqu'il est complètement débarrassé des matières caséeuses du lait, le beurre rancit beaucoup moins vite; l'addition de sel met obstacle à la rancidité.

Voici deux analyses chimiques de beurre de lait de vache et une analyse de beurre de lait de chèvre :

	BEURRE DE NORMANDIE	BEURRE DE FLANDRE	BEURRE DE LAIT DE CHÈVRE
Matière grasse.	86,25	86,50	75,60
Eau	9,80	10,54	22,10
Caséine	2,23	1,42	1,75
Cendres.	0,10	0,85	0,18
Matières non dosées. . .	1,62	0,69	0,67
	100,00	100,00	100,00

La quantité de beurre que renferme le lait des mammifères varie dans des proportions assez étroites. D'après les expériences de Boussingault, plusieurs fois confirmées, le lait de vache renferme de 3,50 à 4,80 pour 100 de beurre; d'après Payen, le lait de brebis en renferme parfois jusqu'à 8 pour 100. Le beurre ne paraît pas réparti également dans la masse du lait que contient la mamelle de la vache : on sait depuis longtemps que le lait recueilli à la fin de la traite est plus chargé de beurre que celui recueilli au commencement, mais seulement lorsque le lait a séjourné quelques heures dans les mamelles. On peut tirer parti de cette observation, en réservant pour la fabrication du beurre les dernières parties des traites.

Si la proportion de beurre que renferme le lait varie peu, il n'en est pas de même de sa qualité. Sous ce rapport, le beurre présente des variations très considérables qui paraissent provenir surtout de l'alimentation des vaches et des conditions de propreté qui président à la préparation du produit. L'influence de l'alimentation est prépondérante; il est d'expérience pour ainsi dire quotidienne que l'arome et le goût du beurre provenant d'une même vache dépendent en partie de sa nourriture : l'herbe fraîche des prairies est l'aliment qui assure la meilleure qualité du beurre; le foin vient ensuite. Certains aliments, notamment quelques tourteaux, les pulpes de distillerie et celles de sucrerie, exercent sur la qualité du beurre une influence néfaste. La stabulation permanente paraît également nuisible, du moins dans certaines proportions.

Pour que le beurre soit de bonne qualité, il est d'une importance absolue que les locaux dans lesquels on le prépare soient tenus avec une extrême propreté, que les ustensiles dont on se sert, et que les linges mis en contact avec le lait ou le beurre, soient lavés avec le plus grand soin ; enfin que les personnes qui manipulent le lait soient elles-mêmes couvertes de vêtements très propres. La minutie est ici une qualité de premier ordre.

On peut fabriquer le beurre suivant trois méthodes : 1° battage de la crème qui renferme les globules butyreux, après l'avoir isolée du lait ; 2° battage du lait doux ; 3° battage du lait caillé en totalité ou en partie. La première méthode est préférable à la seconde, car le battage du lait doux dépense plus de force et donne un rendement plus faible. Quant à la troisième méthode, on doit la proscrire comme vicieuse, car il en résulte toujours un mélange avec le beurre de matières caséeuses qui le font rancir rapidement. D'ailleurs, ces trois méthodes ne diffèrent, dans la pratique, que parce que, dans les deux derniers cas, on se dispense de procéder à la séparation de la crème ; les opérations qui suivent cette séparation sont identiques. Il suffit donc de décrire la fabrication du beurre par le battage de la crème.

Cette fabrication comporte les opérations suivantes : écrémage, c'est-à-dire séparation de la crème contenue dans le lait ; barattage, ou agitation de la crème pour agglomérer les globules butyreux ; délaitage, c'est-à-dire pétrissage du beurre pour le débarrasser du sérum retenu par les globules après leur réunion en grumeaux.

Lorsqu'on abandonne le lait frais au repos dans un vase, la matière grasse qu'il renferme en suspension ne tarde pas à monter à la surface, en entraînant un peu de caséine et de sérum, et à y former une couche de couleur jaunâtre, plus ou moins épaisse suivant les dimensions du vase. C'est ce qu'on appelle la montée de la crème. La quantité de crème que renferme le lait varie de 10 à 15 pour 100 de son poids, suivant la race des animaux, leur âge et quelques autres circonstances encore mal définies. Il importe que la montée de la crème se fasse avec une grande régularité. Pendant longtemps, on a professé qu'il était nécessaire, pour une montée régulière, que le lait fût maintenu à une température de 12 à 15 degrés, sans descendre au-dessous. M. Schwarz en Suède, et M. Tisserand en France, ont démontré, par des expériences décisives, que le refroidissement du lait active la montée de la crème. Sous l'action du froid, le lait étant en grande masse, il faut seulement 12 heures pour que le lait refroidi à 2 degrés donne toute sa crème, tandis qu'il faut 24 heures s'il est refroidi seulement à 6 degrés, et 36 heures au moins s'il est abandonné au repos à la température de 14 à 15 degrés. La figure 11 représente les aspects qu'offrent au microscope des laits écrémés aux températures de 22 degrés centigrades, de 15 degrés et de 2 degrés seulement.

Non seulement la montée de la crème est plus rapide quand la température à laquelle le lait a été exposé est plus voisine de zéro, mais le volume de crème obtenue est plus grand, lorsque le lait a été soumis à un plus fort refroidissement; en outre,

Fig. 11. — Aspect au microscope de lait écrémé aux températures de 2, de 15 et de 22 degrés centigrades.

le rendement de la crème en beurre est plus considérable, et enfin le lait écrémé, le beurre et le fromage sont de meilleure qualité. L'explication de ce résultat serait dans ce fait, d'après M. Tisserand, que le refroidissement énergique arrête l'évolution des organismes vivants qui constituent les ferments du lait, et empêche par conséquent les altérations dues à leur action.

La montée de la crème suivant les anciennes méthodes se fait dans des vases larges, de forme variée, appelés écrémeuses. Pour appliquer les principes dont on vient de lire l'exposé, on leur a substitué des écrémeuses réfrigérantes consistant en bacs dans lesquels les vases à lait sont entourés de glace ou d'eau de source très froide.

Un dernier procédé donne des résultats encore plus rapides

que la méthode du refroidissement : c'est l'écrémage méca-

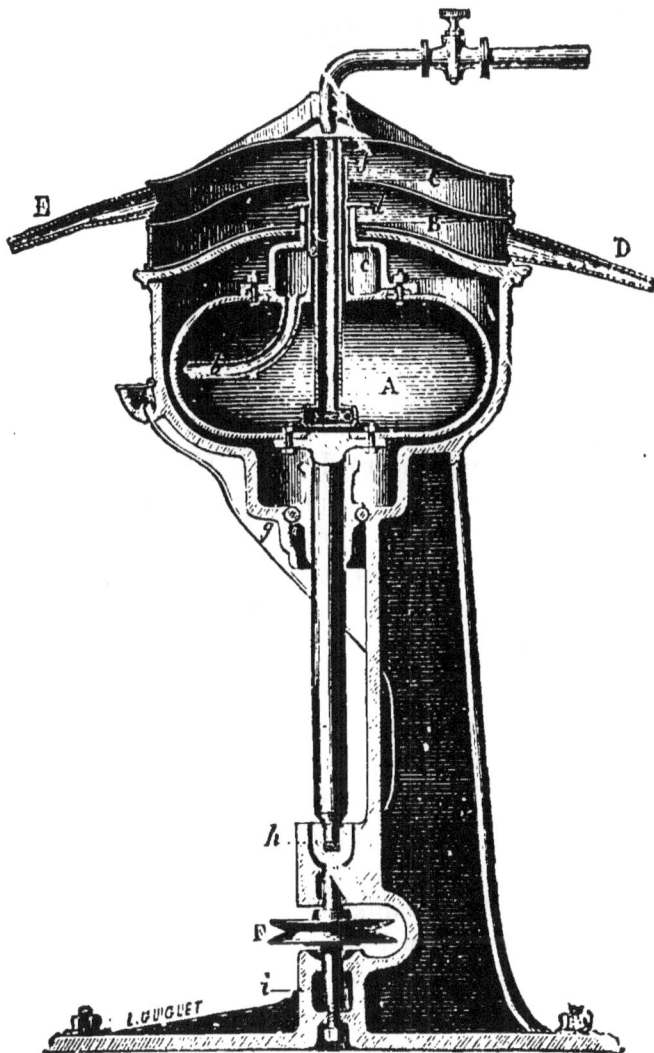

Fig. 12. — Écrémeuse centrifuge. — A, turbine dans laquelle le lait pénètre par un tuyau central évasé à sa partie inférieure pour former une couronne percée de trous; — b, tuyau de sortie du petit-lait pour pénétrer dans la calotte c, d'où il remonte en d, dans la chambre B, pour sortir par le tuyau D; — e, couronne par laquelle la crème remonte jusqu'en f, pour remplir la chambre C, d'où elle sort par le tuyau E. — F, poulie à gorge recevant le mouvement de rotation; son axe se prolonge en i, où il repose sur un écrou fileté, et il porte en h l'axe de la turbine, qui doit tourner à raison de 5000 à 6000 tours par minute. — g, huilier et tuyau pour lubrifier les organes du mouvement.

nique. Il repose sur la différence de densité de la crème et du sérum; en soumettant le lait à l'action de petites turbines, on sépare ces deux éléments presque instantanément; on obtient ce résultat avec les écrémeuses centrifuges (fig. 12). L'écrémage mécanique peut s'opérer immédiatement après la traite; il présente l'avantage de supprimer l'ancien matériel des vases à crème, qui prend beaucoup de place dans la laiterie, et de faire disparaître aussi tous les dangers d'accident entre le moment de la traite et la montée de la crème.

Lorsque la crème est montée dans les anciennes écrémeuses, au repos et à la température ambiante, on peut la battre immédiatement. Mais si elle est montée sous l'influence du froid ou bien si elle a été séparée mécaniquement, on doit la placer dans des vases en grès où on la laisse séjourner pendant 24 à 30 heures, à la température de 14 à 15 degrés. Ce temps est nécessaire pour qu'elle prenne une légère réaction acide, indispensable pour le développement de l'arome du beurre.

On bat la crème dans des barattes. La forme de ces instruments varie beaucoup : une baratte est bonne quand elle est construite de telle sorte que le battage de la crème y soit régulier et qu'on puisse la nettoyer facilement. Parmi les principaux modèles, on cite : la baratte bretonne, vase allongé en bois ou en terre, dans lequel on fait rapidement monter ou descendre un piston ou bat-beurre percé de trous; — la baratte normande, qui a la forme d'un tonneau tournant rapidement sur son axe à l'aide d'une manivelle et dont les douves sont garnies de planchettes dentelées qui battent la crème; — les barattes polyédriques, formées par un prisme dans l'intérieur duquel est fixé un axe garni de palettes auquel on imprime un mouvement rapide de rotation par une manivelle; — les barattes danoises, formées par un tronc de cône traversé par un axe vertical tournant, muni de palettes pour battre la crème. — Quelle que soit la baratte dont on se serve, on doit toujours la laver à l'eau chaude avant et après chaque opération.

La température à laquelle se fait le barattage n'est pas indifférente. Il résulte d'expériences souvent répétées que la température la plus convenable pour cette opération est celle de 12 à 14 degrés centigrades. Si la température de la crème n'est que de 10 degrés, il est nécessaire que le batteur de l'instrument marche très vite ; au lieu de 80 tours à la minute, par exemple, il en faut 120 à 130 ; la température s'élève alors graduellement dans la baratte, et elle atteint 13 à 14 degrés à la fin de l'opération. Lorsque la température est trop élevée, les globules butyreux se réunissent mal ; il est alors utile d'ajouter de l'eau froide ou de la glace pour la ramener au degré convenable.

La durée du barattage varie avec la forme et le mécanisme de la baratte, avec la saison, etc.; elle est, en général de 40 à 50 minutes.

Lorsque les globules butyreux se sont agglomérés dans la baratte, ils forment des grumeaux plus ou moins volumineux, mêlés à un liquide blanchâtre qui constitue ce qu'on appelle le lait de beurre. C'est par le délaitage que l'on sépare complètement le beurre de ce liquide ; on pratique le délaitage à l'eau ou à sec.

Pour délaiter à l'eau, on commence par faire sortir le lait de beurre de la baratte, puis on ajoute de l'eau fraîche, et on met la baratte en mouvement ; le beurre est lavé, et on renouvelle l'eau jusqu'à ce qu'elle sorte absolument claire.

Dans le délaitage à sec, on proscrit l'emploi de l'eau. On enlève le beurre de la baratte, et on le reçoit sur un tamis à travers lequel passe le premier excédent de lait de beurre. On le porte ensuite, soit dans une délaiteuse mécanique, douée d'un mouvement circulaire rapide, qui fait sortir le lait de beurre par l'effet de la force centrifuge, soit dans une auge en bois dont le fond est percé d'un trou, où le beurre réuni en petites mottes de la grosseur du poing est battu avec des spatules en bois. Pendant l'été, on superpose à cet auge des boîtes garnies de morceaux de glaces, afin que l'effet du froid raffermisse le beurre. On achève le délaitage par l'action de malaxeurs mécaniques qui pétrissent la masse et en font sortir jusqu'à la dernière goutte de liquide.

On reconnaît qu'un beurre est bien délaité lorsque, en le coupant, on ne voit suinter aucune goutte de liquide blanchâtre sur la section.

Le beurre étant délaité, on le met en mottes plus ou moins grosses, de poids variable suivant les usages des marchés auxquels il est destiné.

En résumé, les bonnes méthodes de fabrication du beurre ne demandent que du soin; elles peuvent se traduire par quelques indications pratiques, comme il suit :

1° Enlever la crème aussitôt que possible du lait, et quel que soit le procédé d'écrémage adopté, lui faire prendre une légère acidité, sans la laisser fermenter;

2° Opérer le barattage à une température de 12 à 14 degrés;

3° Dès que les grumeaux de beurre sont formés dans la baratte, les enlever et procéder immédiatement à un délaitage complet;

4° Malaxer le beurre délaité avant de former les mottes;

5° Après chaque opération, laver tous les ustensiles, d'abord à l'eau chaude, puis à l'eau froide, et les exposer à l'air. Éviter de toucher le beurre avec les mains, et veiller scrupuleusement à la propreté de ses vêtements.

Le beurre récemment fabriqué est du beurre *frais*. Il se conserve en cet état plus ou moins longtemps, suivant le soin qui a présidé à sa préparation. La durée moyenne de la conservation du beurre à l'état frais, quand il a été bien préparé, est de huit à dix jours. On prolonge cette durée, en entourant le beurre, dès qu'il a été fabriqué, d'une enveloppe en mousseline qui le soustrait à l'action de l'air.

Pour conserver le beurre pendant plus longtemps, on le sale ou on le fond.

La salaison se fait en ajoutant du sel à la masse. On mélange le sel en malaxant fortement la motte, jusqu'à ce que la pénétration dans sa masse soit complète. On conserve le beurre salé dans des tonneaux, dans des vases en grès, ou enfin dans des boîtes en métal.

On dit que le beurre est *demi-sel* lorsque la proportion de sel n'y dépasse pas 3 à 4 pour 100; qu'il est *salé*, lorsque cette proportion atteint 5 pour 100; elle peut s'élever jusqu'à 10 pour 100. Le beurre destiné au commerce d'exportation est presque toujours salé.

La meilleure méthode pour préparer le beurre *fondu* consiste à le faire chauffer au bain-marie. On verse dans des vases en grès le beurre devenu liquide, en le faisant passer à travers un tamis fin qui en enlève les impuretés. Après le refroidissement, on recouvre le beurre d'une légère couche de sel, et on ferme le vase hermétiquement. Le beurre fondu sert surtout aux usages culinaires.

Les consommateurs recherchent les beurres d'un beau jaune d'or. C'est surtout en été que le beurre possède cette couleur. Pour la lui donner pendant les autres saisons, on a recours à diverses matières colorantes qu'on ajoute le plus souvent à la crème dans la baratte. Les principales substances qu'on emploie sont le jus de carottes, les fleurs de souci, le safran, l'orcanète. On trouve dans le commerce des colorants pour le beurre, à base de rocou.

Quelque soin que l'on apporte à la préparation du beurre, il reste toujours dans le lait de beurre une certaine proportion de globules butyreux. D'après les recherches de M. Boussingault, cette proportion varie de 1,72 à 1,76 pour 100. La présence de ces globules butyreux dans le lait de beurre est d'ailleurs décelée par l'examen microscopique. Le lait de beurre sert surtout à la nourriture des porcs.

La transformation du lait en beurre est un des meilleurs moyens, pour les cultivateurs, de tirer parti des vaches laitières. Il faut, en général, de 25 à 30 litres de lait pur pour obtenir un kilogramme de beurre. Le produit en beurre d'une vache qui donne annuellement 2000 litres de lait, varie donc dans les limites de 65 à 80 kilogrammes. Avec un rendement de 2500 litres de lait, on obtient de 75 à 100 kilogrammes de beurre. Au prix de 4 francs le kilogramme, le produit brut d'une vache est, de ce seul chef, de 260 à 370 francs dans le premier cas, et de 300 à 400 francs dans le second. Toutes les fois que l'on ne se trouve pas à proximité d'un grand centre de consommation, où l'on peut vendre le lait en nature, on trouve un bénéfice certain à en transformer la crème en beurre. Le lait écrémé est utilisé soit pour la fabrication du fromage, soit pour l'entretien d'une porcherie.

La fabrication du beurre sur une grande échelle peut donner des résultats encore plus considérables, quand on a recours à l'outillage moderne des écrémeuses centrifuges, des grandes barattes mues à la vapeur, des malaxeurs mécaniques. Avec ces appareils, on peut opérer chaque jour sur 1200 à 1500 litres de lait, et fabriquer la quantité équivalente de beurre. Les frais de production sont réduits notablement, et par suite, le bénéfice est accru. Le nombre de vaches nécessaire pour obtenir ces quantités de lait est rarement réuni dans une seule exploitation; les cultivateurs doivent donc s'associer, comme on le fait souvent pour la fabrication des fromages. Les associations laitières sont des œuvres de progrès agricole, qui doivent se multiplier partout.

Le beurre frais se vend soit en pains allongés ou ronds du poids d'un demi-kilogramme (c'est ce qu'on appelle généralement du beurre en livre), soit en mottes dont le poids varie de 5 à 20 kilogrammes suivant les usages locaux. Le beurre demi-sel ou salé se vend en boîtes métalliques dont le poids varie suivant les pays, ou bien en tonneaux qui pèsent de 30 à 40 kilogrammes.

En France, la Normandie est le principal centre de production du beurre. Quelques parties de cette province, notamment le Bessin (qui fait partie des départements du Calvados et de la Manche), ont acquis sous ce rapport une réputation universelle. Les beurres frais et les beurres salés d'Isigny et de Bayeux, pour ne citer que les plus célèbres, obtiennent une plus-value notable sur tous les marchés du monde. Après la Normandie, la Bretagne fournit le plus de beurre au commerce, surtout en ce qui concerne les beurres salés pour l'exportation. Les départements qui produisent le plus de beurre sont ensuite : Seine-et-Oise, le Pas-de-Calais, le Nord, la Sarthe, le Loiret, les Deux-Sèvres, la Charente, le Puy-de-Dôme, le Cantal, Indre-et-Loire, Maine-et-Loire, Eure-et-Loir, l'Aube, la Marne, l'Yonne. Les beurres de la plupart de ces provenances sont désignés dans le commerce sous le nom de beurres de ferme. On les distingue, aux halles de Paris, en beurres plats ou en demi-kilogramme, et en petits beurres vendus en mottes. Dans la plupart des départements français, le lait des vaches est généralement de qualité supérieure ; mais trop souvent on n'en tire que des produits assez défectueux, faute de soins suffisants dans la préparation du beurre. Il est donc d'une haute importance que les procédés rationnels de fabrication se généralisent partout.

La France fait avec les autres pays un commerce important

de beurres, principalement de beurres salés. Elle exporte chaque année de 4 à 5 millions de kilogrammes de beurres frais et de 30 à 34 millions de kilogrammes de beurres salés; la valeur de ce commerce varie de 105 à 110 millions de francs. Les beurres frais sont principalement expédiés en Angleterre, en Suisse, en Belgique et en Algérie; quant aux beurres salés, ils vont principalement en Angleterre et au Brésil. L'importation atteint à peine le sixième de l'exportation; elle vient principalement de la Belgique et de l'Italie. Ce dernier pays approvisionne surtout les villes du midi de la France; les beurres italiens arrivent même aux halles de Paris.

C'est dans les pays de l'Europe septentrionale que les procédés modernes de la fabrication du beurre ont été d'abord appliqués; ces perfectionnements ont procuré de nouveaux débouchés aux beurres de ces pays. L'exportation des beurres danois s'est notamment accrue dans des proportions considérables; ces beurres font sur les marchés les plus lointains une concurrence sérieuse aux beurres français; l'Amérique du Nord (États-Unis et Canada) a aussi beaucoup développé sa production laitière.

Comme toutes les denrées alimentaires, le beurre est sujet à des falsifications. On le falsifie en y ajoutant de l'eau, de la craie, du plâtre, du fromage blanc, et surtout divers corps gras, parmi lesquels on doit signaler les graisses animales et la margarine. Ces fraudes ont pris, dans quelques pays, de grandes proportions, et on se préoccupe des mesures à prendre pour les réprimer sévèrement; une loi sur ce sujet paraît devoir bientôt être promulguée en France.

44ᵉ LEÇON

FABRICATION DES FROMAGES

Sommaire. — Composition du fromage. — Principes de la fabrication. — Fromages à pâte molle et à pâte ferme. — Fromages cuits, fruitières. — Accessoires des fromageries.

Résumé

Le fromage est le résultat de la coagulation de la caséine et des fermentations variées qu'on lui fait subir.

Pour faire coaguler la caséine du lait, il suffit d'y verser quelques gouttes de vinaigre ou de présure, c'est-à-dire de l'infusion obtenue par la macération de la caillette de veaux soumis au régime lacté. Lorsque le lait frais se coagule, les globules butyreux sont entraînés par la coagulation, et l'on obtient des fromages gras; lorsque le lait a été écrémé, le fromage qu'on en obtient est un fromage maigre. Le liquide qui s'écoule du caséum coagulé, quand on le fait égoutter, constitue le petit-lait.

Il existe un très grand nombre de sortes de fromages, mais les principes de la fabrication sont toujours les mêmes; ils comprennent quatre opérations principales : coagulation de la caséine, séparation du caillé, enlèvement du petit-lait, fermentation du caillé.

La coagulation de la caséine est toujours provoquée. Il importe qu'elle se fasse avant le développement de l'acide lactique qui entraîne la coagulation naturelle, mais dont la présence donnerait mauvais goût au fromage. On emploie soit la présure préparée à la ferme, soit des extraits de présure qu'on trouve dans le commerce. Tantôt on fait coaguler le lait à la température ordinaire, tantôt on lui fait subir une cuisson en même temps qu'on le coagule; on obtient, dans ce dernier cas, des fromages à pâte cuite.

Le caillé étant formé, on le place dans des moules préalablement préparés, dont la forme et les dimensions varient suivant les habitudes des régions, et on le met à égoutter afin de faire sortir le petit-lait qu'il renferme; souvent on le soumet à la pression pour hâter la sortie du petit-lait et donner de la fermeté à la pâte.

Les fromages égouttés sont salés et mis en cave, où ils mûrissent pendant un temps plus ou moins long suivant les espèces. C'est alors que s'y développent les ferments dont l'action donne aux diverses sortes de fromages leurs qualités spéciales. L'excès de maturation entraîne la décomposition du fromage, et lui enlève plus ou moins rapidement son goût et les qualités nutritives qui le font rechercher.

Les fromages se divisent en deux grandes catégories : fromages à pâte molle, qui conservent une consistance molle après leur préparation et qui sont mangés frais ; fromages à pâte ferme, qui prennent et conservent une consistance solide et une dureté plus ou moins grande après leur fabrication Ces derniers peuvent se conserver pendant des mois, même pendant des années, et on peut les transporter sur tous les points du globe sans avaries, sans perte ; quant aux premiers, on doit les consommer dès leur maturité qui arrive rapidement, et leur transport à grandes distances présente des difficultés.

Les types de fromages à pâte molle sont très nombreux. Les plus connus sont les suivants :

Fromages frais, ou à la crème, ou double crème, préparés avec de la crème qu'on malaxe et qu'on met en moules :

Fromages Bondons, Malakoff, Gournay, qu'on fait fermenter pendant quelques semaines, après les avoir salés légèrement; on les fabrique souvent avec le lait dont la crème a servi à faire les fromages à la crème ;

Fromages de Camembert, préparés en Normandie ;

Fromages de Brie, dont le centre de fabrication est dans Seine-et-Marne, parmi lesquels on distingue les fromages gras, demi-gras et maigres, suivant que le lait qui sert à la fabrication est pur ou qu'il a été plus ou moins écrémé; — fromages de Coulommiers, qui ont beaucoup d'analogie avec ceux de Brie.

Il faut citer aussi : les fromages de Pont-Lévèque, de Port-du-Salut, fabriqués en Normandie; les fro ages de Marolles, les tuiles de Flandre, qui viennent des départements du Nord et de l'Aisne; ceux de Rollot, de Compiègne, de Marquelines, de Thury, qui sont produits dans le département de l'Oise; le fromage d'Olivet, fabriqué aux environs d'Orléans; les fromages d'Ervy, de Troyes, de Chavence, de Barberay, originaires de la Champagne; le fromage de Géromé, spécial aux Vosges; le fromage de Mont-d'Or et ses congénères, fabriqués aux environs de Lyon; les fromages de Sassenage et de Saint-Marcelin, qui viennent des montagnes du Dauphiné, etc. Cette nomenclature serait difficilement complète, à raison de la diversité des fromages spéciaux à un grand nombre de cantons.

Les fromages à pâte ferme sont ou simplement pressés, ou fabriqués avec du lait cuit.

Le type de la première catégorie est, en France, le fromage de Roquefort, fabriqué dans le département de l'Aveyron avec du lait de brebis, auquel on ajoute quelquefois une petite proportion de lait de vache. — A la même catégorie appartiennent les fromages du Cantal, d'Auvergne, de Laguiole, fabriqués avec du lait de vache; mais la plupart n'ont encore qu'une qualité assez médiocre à raison des soins défectueux apportés à leur fabrication.

Le principal fromage cuit est le fromage de Gruyère, qui se fabrique en France et en Suisse. On distingue parmi les fromages de Gruyère les fromages gras, demi-gras ou maigres, suivant qu'on a plus ou moins écrémé le lait employé à la fabrication. Le produit est d'autant meilleur que le lait était plus riche en crème, mais il se conserve d'autant plus longtemps que l'écrémage a été plus complet. — A la même catégorie appartiennent les fromages des Pyrénées.

Les fruitières sont des associations formées pour la fabrication en commun. Généralement, tout le lait des vaches est travaillé ensemble, et les associés partagent le fruit des ventes; dans quelques circonstances, le partage se fait en nature. Les fruitières sont très répandues dans les montagnes du Jura et des Alpes; elles sont de création récente dans les Pyrénées.

La manipulation de grandes quantités de lait pour fabriquer le fromage laisse toujours une proportion considérable de résidus, principalement sous forme de petit-lait. On fait généralement consommer ces résidus par les porcs; l'installation d'une porcherie est toujours l'accessoire avantageux d'une fromagerie.

Cette industrie permet de retirer du lait un prix qui atteint parfois le double de celui qu'on obtiendrait par la vente en nature, laquelle est souvent impossible dans les circonstances où les fromageries prospèrent.

— — · — —

15ᵉ LEÇON

PRATIQUE DE L'ENGRAISSEMENT

Sommaire. — Sécrétion de la matière grasse. — Aliments propres à l'engraissement. — Types des animaux de boucherie, maniements. — Engraissement des diverses espèces de bétail. — Circonstances extérieures qui influent sur l'engraissement.

Résumé

L'engraissement a pour but d'augmenter la proportion de viande et de graisse (tissu musculaire et tissu cellulaire) dans les animaux préparés pour la consommation. La boucherie est la destination finale du bétail des races bovine, ovine et porcine; il ne peut y avoir de différence qu'en ce que certains animaux y sont destinés dès leur naissance, tandis que d'autres sont d'abord entretenus en vue d'autres produits, lait, travail, etc.

L'engraissement entraîne à la fois production de viande et production de graisse. La graisse entre dans le tissu cellulaire et elle y forme des dépôts qui augmentent par la prolongation du régime d'engraissement. La graisse a son origine d'une part dans les principes gras des aliments, et d'autre part dans la transformation des principes protéiques ou azotés qui peuvent en fournir près de la moitié de leur poids.

On distingue l'engraissement ordinaire et l'engraissement extrême. Ce dernier se fait généralement dans des conditions économiques défavorables, mais la viande qu'il fournit est de qualité bien supérieure. Pendant la période d'engraissement, la viande devient progressivement moins aqueuse, plus riche et de plus grande valeur. Tandis qu'au commencement de l'opération, les substances sèches ne forment que 30 à 40 pour 100 de l'accroissement de poids, à la fin elles en forment 70 à 75 pour 100 : soit 60 à 65 de graisse, 7 à 10 de matières azotées et de 2 à 3 de matières minérales.

Un grand nombre d'aliments sont utilisés pour l'engraissement. Suivant celui qui domine, on distingue généralement l'engraissement avec le lait, avec l'herbe, avec le foin, avec les grains, avec la pulpe, etc.

L'engraissement avec le lait se pratique exclusivement pour les jeunes animaux, notamment pour les veaux et les agneaux. Il se termine, en donnant, outre le lait de la nourrice, du foin et des grains.

Les prairies, surtout les prairies riches des vallées dans les climats humides, servent à engraisser de nombreux animaux. Lorsque les bêtes ne restent pas au pâturage d'une façon permanente, on leur donne du foin comme supplément de nourriture à l'étable. L'engraissement avec des fourrages verts, surtout le trèfle et les vesces, est une autre forme de l'engraissement par la nourriture verte; de la paille hachée et des grains concassés servent souvent d'aliments complémentaires.

L'engraissement avec le foin, avec les grains, avec les pulpes, etc., est ainsi nommé parce que ces aliments forment une partie importante de la nourriture, mais jamais exclusivement. Le plus souvent, on combine des mélanges de ces aliments pour obtenir une ration qui corresponde aux exigences de l'opération d'après les principes indiqués précédemment (2e leçon). Les aliments les plus utiles pour cet objet sont les pommes de terre, les betteraves et les autres racines, les graines, les farines, les tourteaux, etc.

Exemple de ration d'engraissement pour un bœuf pesant 500 kilogrammes au commencement de l'opération (Kuhn) :

1re période : betterave, 25 kilogrammes; paille d'avoine, 4,5; foin de trèfle rouge, 4; son de seigle, 1,5; tourteaux de colza, 2; farine de lin, 0,250; sel, 50 grammes.

2e période : betteraves, 30 kilogrammes; paille d'avoine, 4; foin de trèfle rouge, 4; son de seigle, 1,5; tourteaux de colza, 3; farine de lin, 0,500; sel, 67 grammes.

3ᵉ période : betteraves, 25 kilogrammes ; paille d'avoine, 5 ; foin de trèfle rouge, 4 ; orge égrugée, 2 ; tourteaux de colza, 2,5 ; farine de lin, 0,750 ; sel, 85 grammes.

L'engraissement le plus rapide est le plus économique et par conséquent le plus rémunérateur.

Les caractères des bons animaux de boucherie sont : la poitrine large et profonde, l'épaule droite et ronde, la tête petite, le cou court, le corps large et affectant la forme cylindrique, le dos droit depuis la naissance du cou jusqu'à l'extrémité de la croupe, la queue attachée bas, sans faire de saillie, les hanches larges, les cuisses bien développées, la peau épaisse et molle, bien détachée, les poils cotonneux, les membres courts et fins, une ossature réduite.

Pendant l'engraissement, il importe qu'en même temps qu'augmentation de poids, il y ait accroissement de qualité. On reconnaît celle-ci par les *maniements*, régions extérieures du corps, dans lesquelles la graisse se dépose ou s'accumule. On en compte seize dans le bœuf, qui se développent à des intervalles assez distants. Ceux qui apparaissent les premiers sont : la poitrine, la côte, la hanche, le grasset, les abords ou bords ; ceux qui se développent les derniers sont : le dessous de langue, le cordon, la veine ou avant-cœur, le contre-cœur, le cœur, le travers ou aloyau, le flanc. Les uns indiquent la graisse extérieure, d'autres la graisse intérieure, d'autres enfin la graisse dans toutes les parties superficielles ou profondes du corps ; ces derniers sont le travers ou aloyau, le flanc et la hanche.

Les mêmes règles s'appliquent à l'engraissement de toutes les races d'animaux domestiques, qu'il s'agisse de bœufs, de moutons ou de porcs. Dans tous les cas, l'alimentation au maximum, avec les aliments les plus riches, est la base du succès de l'opération.

Plusieurs conditions extérieures influent sur la marche de l'engraissement. Dans tous les cas, les animaux doivent rester dans un état de tranquillité absolue, qu'ils soient au pâturage ou dans l'étable. C'est pourquoi, dans beaucoup de fermes, on les isole des autres animaux dans des étables ou bergeries spéciales. La température de l'étable doit être constamment maintenue de 10 à 12 degrés, et légèrement humide. Une propreté scrupuleuse est entretenue autour des animaux, et on doit les soumettre à un pansage régulier. Une demi-obscurité dans les bâtiments est une excellente condition pour la tranquillité des animaux et l'assimilation de la nourriture.

L'engraissement le plus parfait est celui dans lequel les parties les plus précieuses sont le plus développées : ces parties constituent les quatre-quartiers, leur proportion est en moyenne de 55 à 65 pour 100 du poids vif. Le reste du poids vif est formé, par le cuir, le suif, les issues (têtes, pieds, etc.), et par les déchets.

16e LEÇON

PRODUCTION DE LA FORCE. — FUMIER.

Sommaire. — Principales bêtes de travail. — Source de l'énergie, comparaison des diverses races. — Conformation des animaux de travail. — Aliments de force, rationnement. — Production du fumier.

Résumé

Les animaux de travail employés en agriculture sont les chevaux et les bœufs, dans quelques circonstances les ânes et les mulets.

Quoiqu'elle produise tous les genres de chevaux, ceux de selle et de luxe, comme ceux de trait, ce sont ces derniers que l'agriculture utilise dans ses travaux. Les principaux caractères des chevaux de trait sont les suivants : cou épais, encolure forte, poitrail large, poitrine ample, croupe courte et musclée, épaule un peu oblique, membres forts avec des articulations solides. Le cheval de gros trait est celui qui est destiné à traîner de lourdes charges à des allures lentes; celui de trait léger, plus alerte, est capable d'allures plus rapides, même avec des charges lourdes. Entre les deux, la différence principale est dans le volume et la taille.

La conformation du bœuf de travail ne présente pas de caractère spécial; il n'y a qu'un bon type de bœuf, celui du bœuf de boucherie. La bonne conformation sous ce rapport n'exclut pas l'aptitude au travail.

L'agriculteur exploitant les animaux pour en tirer profit, a tout avantage à les utiliser pour le travail pendant leur période de croissance; dans ces conditions, l'augmentation de poids payant la nourriture absorbée, le travail est fourni gratuitement par les animaux. C'est en vertu de cette considération que l'on regarde généralement le travail des bœufs comme plus économique que celui des chevaux, et qu'on n'élève le plus souvent ceux-ci, en dehors de la vente dans leur bas âge, qu'en vue des services aux allures rapides pour lesquels les autres animaux sont impuissants.

Le travail résulte des contractions musculaires. Contrairement aux anciennes théories sur les combustions internes considérées comme source de l'énergie, il est démontré aujourd'hui que l'énergie mécanique résulte de la dissociation des matières azotées et autres qui constituent les éléments du tissu musculaire. Pour que l'énergie se maintienne, il est nécessaire que cette perte soit réparée; elle ne peut l'être que par une alimentation convenable. Dès lors, le moteur doit recevoir, en dehors des aliments constituant sa ration d'entretien, une ration supplémentaire équivalente au travail qu'on exige de lui. Si cette ration est insuffisante, la perte de substance dépasse le gain, et l'animal diminue de poids, en même temps que son organisme devient sujet à des troubles morbides.

L'expérience a démontré que le kilogramme de protéine alimentaire équivaut à un travail de 1 600 000 kilogrammètres. Dès lors, la ration de travail doit contenir un poids de protéine proportionnel au nombre de kilogrammètres qui exprime le travail total d'une journée. L'excès d'alimentation au delà de cette limite n'est utile que pour les animaux qui sont en période de croissance. Pour établir la ration de travail, on doit calculer d'abord la quotité de ce travail; les indications à cet égard sont données dans une autre leçon (dix-septième leçon de la 1re année, page 61.)

Le bon foin de prairie étant considéré comme l'aliment normal du cheval, à raison de 15 kilogrammes par jour pour un cheval de 500 kilogrammes, les aliments de force qui lui

conviennent le mieux sont les aliments concentrés qui sont
riches en protéine et renferment peu de cellulose brute. Ceux
qui sont le plus généralement employés sont les graines céréales, légumineuses, oléagineuses, notamment l'avoine, l'orge,
le maïs, la féverole, le son de froment ; on peut y ajouter aussi
quelques tourteaux. On calcule les rations d'après les tables
qui indiquent la composition moyenne de ces divers aliments.

Quant aux bovidés, mâles ou femelles, la question est plus
simple. L'agriculteur doit leur donner une alimentation aussi
copieuse que possible ; pour qu'ils augmentent de poids tout
en fournissant du travail, il ne faut leur demander qu'une
partie de la force motrice qu'ils sont capables de déployer.
C'est une question de combinaison des cultures organisées de
telle sorte qu'elles fournissent les matières alimentaires en
quantité suffisante pour nourrir au maximum le nombre de
bovidés nécessaire pour l'exécution des travaux, à raison, pour
chacun, de l'emploi du tiers ou du quart de son énergie motrice.

Relation entre l'alimentation et le fumier. — Tous les aliments qu'absorbent les animaux ne sont pas assimilés : une
partie est éliminée soit directement à l'état de déjection, soit
par les urines, après avoir servi à l'entretien de l'animal. Les
déjections et les urines mêlées à la litière constituent, comme on
sait, le fumier.

Si le bétail n'est pas entretenu en vue du fumier, ce résidu
n'en a pas moins une valeur très réelle, puisqu'il est employé
à entretenir la puissance productive des terres.

Une partie des aliments devient ainsi directement de l'engrais. De cette partie rien ne reste dans l'organisme ; la substance azotée, les phosphates, les sels, tout passe au fumier.
La proportion en est d'autant plus grande que l'alimentation
est plus copieuse. La conséquence première est qu'une alimentation riche assure abondance de fumier.

En outre, le fumier provenant d'une alimentation riche possède
une qualité supérieure, et cela ressort de la nature même des
choses. Plus les aliments ont été élaborés dans l'appareil digestif, plus aussi les résidus de la digestion sont pourvus de
propriétés énergiques ; leur transformation est devenue beaucoup plus facile.

Conclusion de l'étude de l'alimentation. — La conclusion à tirer de ces faits, c'est que si bien nourrir coûte cher, mal nourrir coûte encore plus cher au cultivateur. Car, d'une part le bétail ne donne pas les produits directs pour lesquels on l'entretient, et d'autre part, son fumier, c'est-à-dire son produit indirect, n'a qu'une valeur médiocre. La bonne alimentation et l'hygiène sont la source de tout succès.

17ᵉ LEÇON

HABITATION DES ANIMAUX

Sommaire. — Dispositions et orientation des bâtiments. — Espace nécessaire pour les animaux. — Matériel des écuries, étables, bergeries, porcheries. — Ouvertures, pavage, drainage. — Température et ventilation.

Résumé

L'emplacement des bâtiments dans une ferme dépend le plus souvent de la disposition des chemins ruraux, de la configuration des terres, de la proximité des eaux, de celle de chemins publics en bon état. La meilleure forme est celle qui permet une surveillance facile, tout en assurant l'hygiène des animaux qu'on y abrite. Quant à la dimension des bâtiments, elle est en relation directe avec l'étendue du domaine et avec les spéculations auxquelles on se livre. On évalue, en général, qu'il faut compter sur 8 mètres carrés de bâtiments par hectare, tant pour loger les animaux, que pour abriter les récoltes, les approvisionnements, l'outillage, etc.

La première condition à rechercher dans les constructions rurales est la salubrité. On doit donc éviter de les élever dans des lieux malsains, sur des sols humides. La meilleure orientation est celle du midi, avec une légère inclinaison du terrain de ce côté : à son défaut, on préfère les expositions qui passent du sud au nord par l'est. On place les ouvertures autant que possible sur les côtés opposés aux vents dominants, surtout aux vents humides ou froids. On exhausse généralement le sol des bâtiments pour en assurer la salubrité en écartant les eaux pluviales.

Les dimensions des logements des animaux doivent être telles que ceux-ci y trouvent la quantité d'air qui est nécessaire pour l'accomplissement des fonctions vitales. On sait par expérience qu'un cheval, du poids de 500 kilogrammes, a besoin, pour respirer régulièrement pendant 24 heures, de 4700 litres d'oxygène, ce qui correspond à 25 mètres cubes d'air. On doit donc calculer les dimensions des écuries de telle sorte que chaque cheval ait ce cube d'air à sa disposition. Pour les bœufs et les vaches, la quantité d'air nécessaire est estimée de 24 à 25 mètres cubes; pour les moutons, de 3 à 4 mètres cubes; pour les porcs, de 5 à 6.

L'espace nécessaire à chaque animal pour qu'il puisse se tenir et se coucher sans être gêné, varie comme il suit : pour un cheval moyen, 1m,75 de largeur sur 2m,40 à 2m,50 de longueur; pour un bœuf, 1m,35 de largeur sur 2m,20 à 2m,40 de longueur; pour une vache, 1m,25 de largeur sur 2m,20 de longueur; pour un mouton, 75 décimètres carrés à 1 mètre carré.

En partant de ces principes, on peut établir les dimensions des logements des animaux; il faut tenir compte, en outre, des surfaces nécessaires pour le service (fig. 13).

Une écurie est simple, lorsque les chevaux sont placés sur un seul rang; elle est double, lorsqu'ils sont placés sur deux rangs. Les places des animaux sont séparées par des planches suspendues à la voûte à l'aide de cordes, et appelées bat-flancs; on les remplace quelquefois par des divisions fixes en planches. On distribue les grains dans les mangeoires, les fourrages dans les râteliers. On attache les animaux aux mangeoires par des licols ou des longes.

Dans les étables, on place les animaux sur un ou plusieurs rangs. Du côté de la tête sont disposées des mangeoires dans lesquelles on distribue la nourriture pour chaque repas. Les bœufs et les vaches sont attachés aux mangeoires. Quelle que soit la forme des bâtiments, on ménage un espace assez large derrière les rangs pour enlever le fumier et opérer les travaux de nettoyage (fig. 14).

Les bergeries sont garnies d'auges et de râteliers fixes ou mobiles, en nombre suffisant pour que tous les animaux puissent prendre leur repas en même temps.

Dans les porcheries, on forme des cases par des divisions en

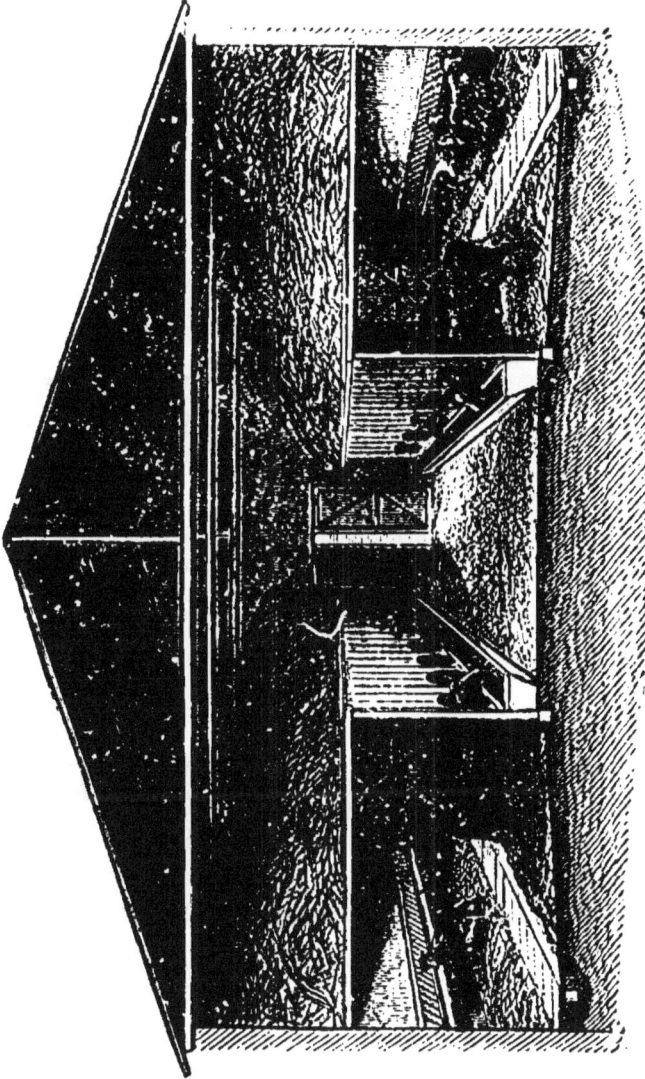

Fig. 15. — Coupe d'une vacherie du Limousin.

planches ou en pierres pour que chaque animal soit isolé. On garnit les cases avec des auges fixes ou mobiles. Les auges fixes sont garnies de portes mobiles (fig. 15). Le sol de la porcherie est légèrement incliné pour faciliter le nettoyage. Derrière les

porcheries, on ménage une petite cour fermée, dans laquelle les
porcs peuvent circuler librement.

Pour que les animaux aient à leur disposition la quantité
d'air qui leur est nécessaire, il faut que l'air vicié par la
respiration et par les émanations des litières puisse s'échapper

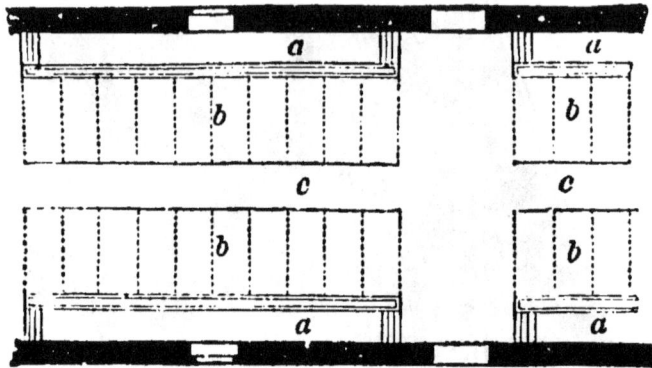

Fig. 14. — Plan d'une étable à deux rangs : *a*, couloirs pour distribuer les aliments ; *b*, place des animaux ; *c*, passage central pour le service.

et être remplacé par de l'air pur. On obtient ce résultat par une
bonne aération, mais on doit la ménager de telle sorte que
le renouvellement de l'air n'entraîne pas un abaissement de
température qui soit nuisible aux animaux. L'air se renouvelle

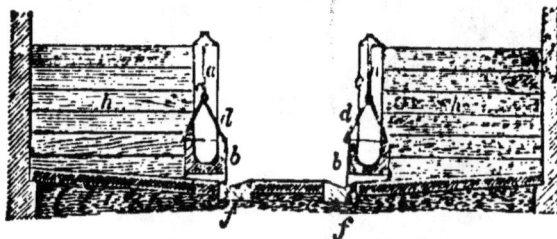

Fig. 15. — Coupe d'une porcherie : *a*, petit mur fermant les cases ; *h*, barrières des cases ; *b*, auges ; *d*, porte des auges basculant autour du support *c* ; *f*, rigoles de nettoyage.

soit par les cheminées d'appel, soit par les fenêtres ou par les
ventouses ménagées dans les murs. On place les ouvertures des
fenêtres assez haut pour que les animaux ne soient pas incommodés par des courants d'air ; dans les étables et écuries, une

bonne hauteur est celle de 2 mètres à 2ᵐ,50 ; dans les bergeries, il suffit que les fenêtres s'ouvrent à 1ᵐ,50 au-dessus du sol. On peut régulariser la ventilation en ouvrant plus ou moins les fenêtres.

La température la plus convenable pour les animaux est celle de 15 à 20 degrés. On l'obtient par le jeu des ouvertures. Parmi les moyens usités, deux présentent des avantages. Le premier consiste à garnir les fenêtres de châssis à lames mobiles qu'on peut ouvrir plus ou moins suivant les besoins. Le second consiste à employer des portes coupées en deux dans le sens de la hauteur : on peut laisser la partie supérieure de la porte ouverte, pendant que la partie inférieure est fermée ; l'air se renouvelle ainsi sans secousses.

Les écuries sont pavées avec des matériaux non poreux et suffisamment résistants aux chocs et aux frottements des fers des chevaux ; on emploie les pierres, les briques, le ciment. On donne une légère inclinaison de la tête aux pieds, pour que les urines non absorbées par la litière s'écoulent dans une rigole qui les conduit au dehors. On peut éviter cette inclinaison, en pratiquant sous la place des animaux, un drainage qui recueille ces liquides. — Les étables se pavent à peu près de la même manière que les écuries, mais on peut avoir recours à des matériaux moins résistants. On ménage aussi des rigoles pour l'écoulement de l'excès des urines ; mais la pente du plancher ne doit pas dépasser 10 à 15 millimètres par mètre, surtout pour les étables à vaches. — Le plus souvent, le sol des bergeries consiste simplement en terre fortement battue, sur laquelle on étend la paille des litières. — Dans les porcheries bien tenues, le sol est pavé et assez incliné pour que les liquides s'écoulent rapidement, et pour qu'on puisse le laver facilement à grande eau. Le ciment ou de larges dalles en pierres plates sont les meilleurs matériaux qu'on puisse employer pour paver les porcheries.

18ᵉ LEÇON

REPRODUCTION DES ANIMAUX DOMESTIQUES

Sommaire. — Notions sur l'espèce, la race, la variété, la famille. — Fixité de l'espèce et formation des variétés. — Influence du milieu sur les variations. — Classification des races domestiques. — Choix des reproducteurs mâles et femelles.

Résumé

Pour donner des résultats profitables, l'élevage des animaux domestiques doit obéir aux lois de la vie animale. Lorsqu'il s'agit de reproduction, ces lois exercent une influence absolue, et ce n'est qu'en s'y conformant qu'on peut espérer le succès.

Chaque individu vivant appartient à une famille, à une race, à un genre.

La *famille* est la collection des animaux formant une descendance restreinte. La *race* est la descendance d'un couple primitif. L'*espèce* est le type d'après lequel sont construits tous les individus de la même race. Le *genre* est le groupe des espèces d'une même classe, qui ont un ou plusieurs caractères communs entre elles.

Les caractères de la race, chez les vertébrés, se trouvent dans le squelette, et notamment dans les vertèbres et le crâne. Chez les animaux du même genre, le nombre des os du crâne est toujours le même, mais leurs formes et leurs dimensions absolues ou relatives sont toujours différentes entre individus qui ne sont pas de même race. Le type de l'espèce est ainsi délimité et ramené à l'étude craniologique (A. Sanson).

La notion de la race ainsi définie implique forcément qu'il ne peut pas se former de race nouvelle dans le sens exact du mot. Mais, dans une même race, il peut se former des *variétés*, lesquelles sont constituées par la collection des individus de même race qui présentent un ou plusieurs caractères secondaires communs. Chaque race présente un nombre plus ou moins grand de variétés, dont la formation, le maintien ou la disparition dépendent surtout des conditions dans lesquelles les individus sont placés.

Dans chaque variété, il se présente toujours des individus se distinguant des autres par une conformation qui se rapproche davantage du but considéré comme la perfection de cette variété. L'agriculteur doit étudier avec un soin scrupuleux ces qualités et ces aptitudes individuelles; car c'est en en provoquant le développement qu'il peut former des familles qui possèdent et se transmettent au plus haut degré ces aptitudes exceptionnelles. Les aptitudes des individualités, mises à profit, sont la base du succès dans les entreprises de zootechnie.

La formation des variétés est, pour ainsi dire, indéfinie dans une race. Elle dépend surtout des conditions dans lesquelles les animaux sont placés. Si les circonstances extérieures ne peuvent pas modifier le type spécifique, elles en changent constamment les réalisations dans leurs caractères secondaires. Les principales influences sont les suivantes : climat, régime alimentaire, conditions dans lesquelles se fait l'exploitation des animaux, gymnastique des divers ordres d'organes, etc. Les transformations que l'influence de l'homme peut produire dans les variétés n'entraînent jamais la création de nouvelles races. Les éleveurs ne peuvent pas créer des races; leur action est bornée à développer une des aptitudes de la race naturelle sur laquelle ils opèrent.

La classification scientifique des races domestiques a été établie d'après ces principes par M. Sanson. Dans chaque genre, les races sont divisées en deux groupes, d'après leur indice céphalique (brachycéphales, ou à crâne court; dolichocéphales, ou à crâne allongé), et d'après la forme, les dimensions et les rapports réciproques des os du crâne et de la face. En voici le tableau :

Équidés (genre *Equus.*) — Dans ce genre, deux sous-genres, les Équidés caballins (*Equus caballus*) et les Équidiens asiniens (*Equus asinus*), sont domestiqués.

Aux Équidés caballins, appartiennent huit races ou espèces : les races *asiatique*, *africaine*, *irlandaise*, *britannique*, qui sont brachycéphales (fig. 16), et les races *germanique*, *frisonne*, *belge* et *séquanaise*, qui sont dolichocéphales (fig. 17).

Les Équidés asiniens se divisent en deux espèces : la *race d'Europe*, qui est brachycéphale, et la *race d'Afrique*, qui est dolichocéphale.

Fig. 16. — Tête de cheval brachycéphale.

Bovidés (genre *Bos*). — Les Bovidés taurins (*Bos taurus*) se divisent en douze races : races *asiatique* ou *grande race grise*,

Fig. 17. — Tête de cheval dolichocéphale.

ibérique, *vendéenne, auvergnate, jurassienne* et *écossaise*, qui sont brachycéphales ; — races *des Pays-Bas, germanique*, *irlandaise*, *britannique*, *des Alpes*, *d'Aquitaine*, qui sont dolichocéphales.

Ovidés (genre *Ovis*). — Ce genre se divise en deux groupes : les Ovidés ariétins (*Ovis aries*) et les Ovidés caprins (*Ovis capra*).

Au premier groupe (ou des races ovines) appartiennent onze espèces : races *germanique*, *des Pays-Bas*, *des dunes*, *du plateau central*, qui sont brachycéphales ; races *du Danemark*, *britannique*, *du bassin de la Loire*, *des Pyrénées*, *mérine* ou *mérinos*, *de Syrie* ou à large queue, *du Soudan*, lesquelles sont dolichocéphales.

Au deuxième groupe (races caprines) se rattachent trois races : la *race d'Europe*, qui est brachycéphale, et les races *d'Asie* et *d'Afrique*, qui sont dolichocéphales.

Suidés (genre *Sus*). — Ce genre se divise en trois espèces : la race *asiatique* et la race *celtique*, qui sont brachycéphales ; la race *ibérique*, qui est dolichocéphale.

Dans cette classification, les noms des races ont été choisis d'après l'aire géographique sur laquelle elles s'étendent naturellement et qui constitue leur berceau.

Quelle que soit la race qu'il entretient, quelque but qu'il se propose, le premier soin de l'éleveur est de choisir avec soin les animaux qu'il consacre aux fonctions de reproducteurs. Il faut que les animaux accouplés soient le plus possible semblables entre eux, qu'ils soient de la même race, qu'ils appartiennent à une famille dans laquelle les qualités qu'on recherche se sont montrées depuis plusieurs générations. C'est la seule méthode dont on puisse prévoir sérieusement les résultats.

19ᵉ LEÇON

AMÉLIORATION DES RACES

Sommaire. — Influence de l'homme sur les races domestiques. — Sélection ; méthodes et résultats. — Croisement et métissage, réversion. — Conditions économiques à étudier. — Conservation des bonnes races.

Résumé

Les caractères spécifiques des races étant fixes, l'influence que l'agriculteur peut exercer sur leur transmission se réduit, lorsqu'il connaît bien ces caractères, à dégager les conditions dans lesquelles il peut en provoquer l'évolution d'une manière économique, c'est-à-dire avec le plus grand profit qu'on puisse atteindre.

Les races animales ne peuvent se maintenir que là où elles rencontrent les conditions de climat en rapport avec leurs besoins naturels. Ces conditions présentent des extrêmes plus ou moins rapprochés, mais cependant assez tranchés pour influer d'une manière différente sur les caractères secondaires des races. De là, sous l'action seule des agents naturels, la formation de variétés, lesquelles, sous l'influence de l'homme, peuvent devenir plus nombreuses ou acquérir des caractères généraux ou particuliers plus accentués. La conséquence est que la connaissance des lois qui régissent la formation ou la conservation des variétés sert de base pratique à l'agriculteur pour le choix des méthodes à suivre dans l'exploitation des animaux domestiques.

Ces méthodes se rapportent d'une part à la direction à donner à la reproduction, d'autre part à l'évolution des animaux à partir de leur naissance.

Les méthodes de reproduction sont au nombre de trois : sélection, croisement, métissage.

La *sélection* est la méthode qui consiste à unir entre eux des individus appartenant à la même race : c'est la reproduction naturelle. Ce mot s'applique plus spécialement dans le cas où l'on choisit les animaux reproducteurs aussi semblables que possible, et possédant d'une manière plus complète que leurs congénères les qualités dont on recherche la réunion chez leurs descendants.

C'est par la sélection que l'on forme des familles possédant, en dehors des caractères généraux de la race, des aptitudes spéciales utiles pour le cultivateur. Pour former ou pour maintenir ces familles, on accouple souvent ensemble des animaux ayant le même sang, c'est-à-dire issus d'un même couple. C'est ce qu'on appelle la *consanguinité* (*méthode in-and-in* des Anglais), souvent réprouvée, mais à tort; car l'expérience en a démontré la valeur, toutes les fois que l'on élimine de la reproduction les animaux atteints de vices ou de défauts originaires.

La sélection est le procédé certain d'amélioration des races; elle en assure la pureté, qui est la condition indispensable de fixité des caractères. Par cette méthode, la transmission des qualités est certaine et infaillible, mais à une condition absolument nécessaire, c'est que les animaux trouvent, dans l'alimentation et l'hygiène, les éléments indispensables pour le maintien de ces qualités.

Le *croisement* est la méthode de reproduction qui consiste à unir des animaux de race ou d'espèce différente. Si les races sont naturellement proches, on obtient des *métis* qui conservent la fécondité; lorsque les races sont éloignées, on obtient des *hybrides* qui sont généralement inféconds.

Le but que l'on poursuit par le croisement est d'imprimer à une race un caractère ou une qualité qui lui manque, par son union avec une autre race qui possède déjà cette qualité développée à un degré remarquable. On comprend que le produit de cette union puisse posséder les qualités spéciales qu'il reçoit de l'un de ses auteurs : par exemple, un taureau d'une race d'un développement rapide, croisé avec une vache d'une race plus tardive, donnera d animaux possédant une plus grande aptitude à prendre la graisse. Mais l'expérience a démontré que les métis ne transmettent pas, généralement, les mêmes caractères à leurs descendants. Au bout de quelques générations, il se produit un retour fatal à l'un des deux premiers types, à celui dont les caractères présentent le plus de fixité. C'est la loi de *réver-*
sion.

La réversion est le résultat de l'*atavisme*, c'est-à-dire la transmission, en ligne directe ou en ligne collatérale, des propriétés d'un ancêtre à ses descendants. On ne doit pas confondre l'atavisme avec l'*hérédité*, qui est la transmission immédiate des propriétés de l'ancêtre à ses descendants.

La conséquence de ces principes est que l'on ne peut tenter utilement le croisement entre deux races que dans le but de créer des produits de vente, et non pour faire souche de reproduction.

La troisième méthode de reproduction est le *métissage*. Cette méthode consiste à unir entre eux des métis; le plus généralement, le mâle seul est métis; quelquefois les deux reproducteurs sont métis. L'application de cette méthode met en présence deux atavismes distincts; il en résulte que, dans le plus grand nombre des cas, la réversion se produit tantôt dans un sens, tantôt dans un autre. Les produits ne sont presque jamais semblables entre eux; on exprime ce fait en disant que ces groupes de métis sont en variation désordonnée (A. Sanson). Un exemple de cette méthode est donné en France sur une grande échelle par l'administration des haras, laquelle, dans la plupart des départements, met à la disposition des cultivateurs des métis anglo-normands pour le service des juments des races locales.

L'application de ces principes constitue l'ensemble des méthodes zootechniques entre lesquelles le cultivateur doit opter. Contrairement à des idées souvent préconisées, le but exclusif de l'élevage n'est pas la production de beaux animaux sous le rapport esthétique, mais bien la production des animaux qui donnent es plus grands profits. Dans la plupart des cas, ce résultat est obtenu par l'entretien des races locales, qui se trouvent dans leurs conditions naturelles d'expansion qu'il suffit de ne pas contrarier : la sélection bien comprise joue dans ces conditions le principal rôle. L'introduction de races plus perfectionnées et par conséquent plus exigeantes suppose un état de culture avancé qui permette de répondre à ces besoins. Parmi les races domestiques, il n'en est pas qui soit rebelle à une sélection intelligente.

Dans tous les cas, la valeur des spéculations sur le bétail est donnée par le prix auquel la vente de leurs produits fait ressortir la valeur en argent des aliments qu'ils ont consommés. Toutes les fois que le bétail paye sa nourriture à un prix plus élevé que celui qu'en aurait fourni la vente directe, l'opération est bonne, et la différence donne la mesure de sa valeur.

20ᵉ LEÇON

ÉLEVAGE ET ENTRETIEN DES REPRODUCTEURS

Sommaire. — But de l'élevage. — Précocité. — Soins d'entretien des reproducteurs. — Naissance, allaitement, sevrage. — Castration.

Résumé

L'exploitation des animaux domestiques peut être envisagée sous trois formes différentes : exploiter les mères en vue de la gestation pour vendre les jeunes animaux dans leur bas âge, entretenir ces jeunes animaux pendant leur première période jusqu'à ce que cette période soit achevée, exploiter les animaux adultes pour tirer parti de leurs produits : laine, lait, etc.

Pour apprécier chacune de ces méthodes, on doit partir de ce principe que les animaux constituent un capital dont la valeur va en augmentant jusqu'au jour où leur croissance est complète, mais ne peut plus que se maintenir ou décroître à partir de ce moment. Dès lors, la troisième méthode se présente comme devant être la moins avantageuse, car c'est elle qui engage le capital le plus élevé, avec la certitude que la valeur de ce capital n'augmentera pas.

Entre les deux autres méthodes, c'est-à-dire la production et l'élevage des jeunes animaux, le choix à faire dépend des circonstances extérieures. On peut les pratiquer simultanément, de même qu'on peut les séparer. La préférence à donner aux combinaisons dépend des conditions dans lesquelles on se trouve placé, des genres d'animaux sur lesquels on doit opérer, des substances alimentaires dont on dispose ou que l'on peut pro-

duire, des débouchés qui sont plus ou moins faciles pour telle
ou telle nature de produits. D'autre part, le système de culture
du sol est intimement lié avec les aptitudes des animaux qu'on
peut élever avantageusement.

Le choix à faire d'une méthode d'exploitation du bétail est
donc ardu; une seule loi fondamentale trouve toujours son application, c'est que le rendement d'une entreprise dépend moins
du nombre des animaux exploités que de l'alimentation de ces
animaux. Avec une alimentation riche, on obtient un développement rapide; avec une alimentation restreinte, on ne tire pas
de bénéfice réel de la consommation des aliments.

C'est ainsi qu'intervient la notion de *précocité*.

La précocité est la faculté que possèdent certains animaux
d'atteindre rapidement tout leur développement. Ils sont adultes
plus tôt que les autres.

L'âge adulte est caractérisé, d'une manière apparente, par
l'évolution de la dentition qui correspond à l'accroissement du
squelette de l'animal. La précocité est une qualité que les animaux tiennent d'abord de l'hérédité, et qui est développée par
une alimentation riche et abondante.

Il est d'expérience journalière que les animaux qui se développent rapidement sont de forts mangeurs. Augmenter l'aptitude digestive, c'est par conséquent donner aux animaux la
faculté de devenir précoces.

Contrairement à une opinion qui a été admise pendant longtemps, la précocité n'est pas une qualité propre à certaines
races, à l'exclusion des autres. C'est une qualité dont l'acquisition dépend, pour une race ou pour une variété, des efforts et
de la persévérance de l'agriculteur, lorsqu'il observe avec soin
les conditions d'alimentation propres à la provoquer.

La production et l'élevage des jeunes animaux constituent
l'opération zootechnique la plus avantageuse, d'une part parce
que cette opération engage un capital moins élevé, et d'autre
part parce que ce capital augmente de valeur d'une manière
constante. On doit entretenir les animaux reproducteurs, qui
sont la base de l'opération, dans les meilleures conditions d'alimentation et d'hygiène; ces conditions exercent une influence
décisive sur les forces des produits au moment de leur nais-

sance, par suite sur leur aptitude vitale et sur leur capacité à profiter des soins dont ils seront entourés.

Les naissances, dans l'état de nature, ont lieu au printemps. Pendant la première partie de leur existence, les jeunes animaux vivent exclusivement du lait de leur mère, jusqu'à ce que leurs premières dents évoluent; à mesure que leur première dentition se complète, ils ajoutent d'eux-mêmes au lait maternel les pousses des herbes, en choisissant les plus tendres, qui sont plus appropriées à leurs organes. Le sevrage se fait naturellement.

Dans la pratique de l'élevage, on réalise autant que possible ces conditions. Lorsque le moment du sevrage arrive à l'arrière-saison, on remplace les herbes tendres par des aliments concentrés auxquels on fait subir, par le concassage, le délayage ou la cuisson, suivant leur nature, une préparation qui les rend plus facilement digestibles par les jeunes organes.

On opère ainsi méthodiquement la transition entre le régime lacté et le régime végétal. Dans tous les cas, pour provoquer un développement rapide, il convient de prolonger autant que possible l'allaitement par les mères : pour les veaux, sa durée est très avantageusement de six mois; pour les agneaux, de quatre mois. Pendant les derniers mois, on diminue par périodes progressives la quantité de lait prise chaque jour, en augmentant celle des aliments étrangers dans les proportions nécessaires pour que la ration ait toujours sa valeur maximum.

Les animaux que l'on ne destine pas à la reproduction sont soumis à la castration dès leur bas âge. C'est une opération qui a pour objet d'annuler les organes essentiels de la génération, soit qu'on les isole des centres nerveux, soit qu'on en détermine l'atrophie en empêchant le sang d'y affluer dans la mesure suffisante pour que leur nutrition soit complète.

Les méthodes de castration varient suivant les races auxquelles on les applique. Les principales sont celles des casseaux, du fouettage, de l'arrachement, du bistournage.

Le résultat de la castration est d'adapter d'une manière plus complète les animaux aux usages de la domesticité, et de modifier le développement de l'organisme de telle sorte que celui-ci acquière des formes spéciales, différentes de celles qu'il aurait

prises, s'il avait été laissé à son état naturel. Parmi ces résultats, la prédisposition à l'engraissement, c'est-à-dire à la production plus rapide de viande et de graisse, est un de ceux dont
l'agriculteur tire le parti le plus fréquent et le plus avantageux.

———

24ᵉ LEÇON

RACES CHEVALINES

Sommaire. — Modes d'emploi du cheval. — Cheval de trait. — Cheval de selle,
cheval de luxe. — Élevage du cheval. — Races indigènes.

Résumé

Les Équidés sont les principaux moteurs animés utilisés par
l'homme. Le premier rang appartient au cheval (*Equus caballus*) ; mais les services rendus par l'âne (*Equus asinus*) et surtout
par le mulet, produit de l'accouplement du baudet avec la ju-
ment, ne sont pas à dédaigner.

Le cheval est employé soit pour porter l'homme, soit pour
traîner des fardeaux plus ou moins lourds à des allures plus ou
moins rapides. D'après la nature de ces services, on distingue
plusieurs catégories de chevaux ; les principales sont : le cheval
de trait, le cheval de luxe ou de carrosse, le cheval de selle.
L'agriculteur produit toutes ces catégories de chevaux.

D'après la nature même de ses usages, la constitution régulière
des membres du cheval est une condition indispensable pour
un bon service. Cette constitution est régulière, lorsque les
membres sont dirigés de telle sorte que le corps soit toujours
en équilibre. On dit alors que les aplombs sont réguliers.

Les membres antérieurs sont d'aplomb de face, quand ils sont
bien parallèles depuis l'épaule jusqu'au talon, et de profil quand
les jambes descendent verticalement jusqu'aux sabots, dont le
talon est sur la ligne même du canon. Les membres postérieurs
sont d'aplomb par derrière, lorsque deux lignes parallèles
abaissées de la pointe des fesses divisent chaque membre en

deux parties égales; ils sont d'aplomb de profil quand, le canon étant vertical, le membre est contenu tout entier entre deux lignes descendant l'une de la pointe des hanches, l'autre de la pointe des fesses.

L'irrégularité dans la direction des membres entraîne toujours de la faiblesse dans l'exercice des fonctions motrices.

Avec le développement du commerce et de l'industrie, la production de toutes les catégories de chevaux est une opération zootechnique qui donne toujours des résultats avantageux. Les diverses races ont des aptitudes spéciales qu'on peut augmenter par une sélection bien conduite, par les soins dans l'élevage et par le dressage, c'est-à-dire le travail par lequel on habitue le jeune cheval à bien remplir ses fonctions.

Le cheval de trait est dit *cheval de gros trait* ou *cheval de trait léger*. Le premier sert à traîner des charges lourdes à des allures lentes; le deuxième, plus alerte, est capable d'avoir des allures plus rapides avec de lourdes charges.

Le cheval de gros trait doit posséder des muscles puissants : plus ces muscles auront des contractions énergiques, par conséquent plus ils seront épais, et plus l'animal remplira bien son rôle. Les formes arrondies et un poids vif élevé sont les principaux éléments de sa conformation; l'encolure est généralement courte et forte, et la croupe arrondie et musclée.

Le cheval de trait léger ne diffère du précédent que par le volume et la taille. Les membres sont forts, les muscles épais, mais l'animal est plus agile; son poids ne dépasse pas, en général, 500 kilogrammes. Ce cheval peut fournir un travail considérable à l'allure du trot.

Le carrossier se distingue par une taille élevée, des membres musculeux, mais assez fins, l'élégance générale des lignes du corps et la souplesse des allures, au trot surtout. Cette dernière qualité, lorsqu'il s'agit de chevaux purement de luxe, augmente leur valeur marchande dans de grandes proportions.

Le cheval de selle est souvent un cheval de luxe : ce qu'on recherche surtout, c'est l'élégance des formes, unie à la souplesse et à la rapidité des allures. Sous ce rapport, suivant les temps et suivant les lieux, de grandes différences se manifestent dans les goûts des amateurs, et par suite dans les appréciations; ces

du poids en travaillant; d'un autre côté, le travail a pour résultat immédiat d'accroître l'activité des fonctions organiques, et par suite de provoquer une plus grande rapidité dans cet accroissement de poids. Il est donc préférable de profiter du travail des jeunes animaux, en prenant soin de le limiter aux proportions qui n'excèdent pas leurs forces, et d'en réaliser la valeur lorsqu'ils arrivent à l'âge adulte. Le travail est ainsi donné gratuitement au cultivateur par les jeunes bêtes dont l'accroissement de poids représente les frais de nourriture.

La production de la viande se lie à la production de la force; il suffit de laisser reposer les animaux pendant quelques semaines pour les mettre en bon état de graisse, qui permet d'en réaliser la plus grande valeur marchande. Le choix des bœufs de travail se fait d'ailleurs dans les mêmes conditions que celui des bêtes de boucherie; les meilleurs sont ceux dans lesquels les parties du corps qui donnent la viande de meilleure qualité sont les plus développées.

En combinant de cette manière les opérations d'élevage et d'entretien, on arrive à un renouvellement plus fréquent du capital engagé, et par suite à un bénéfice plus élevé.

Sous le rapport de la production du lait, l'entretien des vaches laitières peut être combiné avec la production des jeunes bêtes, ou être fait exclusivement pour tirer parti du lait. Dans les deux cas, le choix à faire, en dehors des aptitudes individuelles des animaux, dépend des conditions de culture et de climat. Dans ce cas, comme dans les autres, les animaux qui donnent le plus de profit sont ceux qui utilisent le mieux les aliments qu'on peut leur fournir, ce qui arrive lorsqu'ils sont placés dans les conditions climatériques les plus convenables pour leur race.

Pour la triple utilité qu'on en retire, la France est riche en races bovines appropriées aux différences de climat des diverses régions.

A chaque race se rattachent un certain nombre de variétés (appelées communément races), dont les principales sont : les variétés nantaise, parthenaise, maraîchine, dans la race vendéenne; de Salers, d'Aubrac, dans la race auvergnate; comtoise, fémeline, charolaise, nivernaise, dans la race jurassique; flamande, dans la race des Pays-Bas; normande, dans la race britannique; bretonne, dans la race irlandaise; tarentaise, gasconne et ariégeoise, dans la race des Alpes; garonnaise, limousine, dans la race d'Aquitaine.

Parmi les variétés d'origine étrangère répandues en France, les principales sont celles de courtes-cornes, hollandaise, fribourgeoise, de Schwitz.

Parmi ces races, les unes sont dites de grande taille, et les autres de petite taille. La taille se mesure par la hauteur des animaux au garrot; elle atteint 1^m,75 à 1^m,80 dans les grandes races; elle ne dépasse pas 1^m,25 dans les petites races, avec des longueurs respectives de 1^m,50 et de 2 mètres. Le poids est la conséquence de la taille; dans les grandes races, il atteint 850 à 900 kilogrammes pour les bœufs adultes, 550 à 600 kilogrammes pour les vaches; dans les petites races, 500 kilogrammes en moyenne pour les bœufs et 300 à 350 kilogrammes pour les vaches.

Sous le rapport de l'extension, les variétés se répartissent comme il suit : dans la région septentrionale, les variétés flamande, hollandaise, normande (laquelle se subdivise en cotentins et augerons); dans l'ouest, les variétés bretonne, parthenaise, nantaise; dans le centre, les variétés limousine, nivernaise et charolaise, de Salers, d'Aubrac; dans l'est, les variétés fémeline, comtoise; dans le sud-ouest, les variétés garonnaise, gasconne et ariégeoise; dans le sud-est, la variété tarentaise et celle de Schwitz.

Il faut signaler, en outre, les populations métisses dont la plupart sont le résultat de croisements des races locales avec la variété anglaise courtes-cornes ou durham. Les principaux types sont actuellement les durham-manceaux et les durham-charolais.

La plupart des races françaises sont naturellement propres au travail et aptes à se développer rapidement lorsqu'on leur donne les soins suffisants. La spécialisation des races, les unes destinées au travail, les autres exclusivement à la boucherie, autrefois préconisée comme un progrès, est désormais considérée comme une erreur. La preuve en est donnée par les résultats obtenus en vue d'accroître la précocité de variétés qu'on considérait naguère exclusivement comme races de travail l'exemple le plus remarquable est celui de la variété limousine.

Certaines variétés possèdent héréditairement des facultés laitières spéciales; telles sont notamment les variétés flamande, normande, bretonne, tarentaise.

Observation. — Cette leçon sera complétée par l'examen des pratiques de l'élevage suivies par les cultivateurs et des progrès à réaliser dans le département.

25ᵉ LEÇON

RACES OVINES ET CAPRINES

Sommaire. - - Utilités des Ovidés. — Laine, viande, lait. — Modes d'exploitation. — Parcage, transhumance. --- Principales races ovines. — Chèvres.

Résumé

Deux genres d'Ovidés sont exploités comme animaux domestiques : les Ovidés ariétins (moutons et brebis), et les Ovidés caprins (chèvres).

Les produits des moutons sont la laine, la viande et le lait.

Autrefois, la laine était le produit recherché presque exclusivement dans l'élevage du mouton. Pour la plupart des troupeaux, ce produit est devenu moins important : c'est surtout en vue de leur viande que les moutons sont élevés.

Dans la plupart des troupeaux, le lait est un produit accessoire; dans quelques circonstances cependant, des troupeaux de brebis sont entretenus pour leurs facultés laitières, principalement en vue de la transformation du lait en fromage.

La tonte des toisons des moutons se pratique chaque année à la fin du printemps. Cette époque est choisie pour que les animaux dépouillés souffrent moins des intempéries. La laine brute, que l'on vient d'enlever à l'animal, est dite laine en suint; si le mouton a préalablement subi un lavage, la laine est dite lavée à dos. Suivant le diamètre de ses brins, la laine est fine, commune ou grossière. Les laines longues sont les plus estimées : on les appelle laines à peigne; les laines courtes sont dites laines à carde. Dans le commerce, on distingue aussi, dans chaque sorte, les laines d'agneau et les laines d'adultes ou laines-mères. Les toisons les plus recherchées sont les toisons fines, bien tassées, réparties uniformément sur tout le corps, sans mélange de poils grossiers ou jarre. On obtient, dans ces conditions, qualité et quantité.

Les moutons les plus estimés sous le rapport du produit en viande sont les moutons à poitrine large et profonde, à gigot régulier et fortement développé.

Les qualités de la laine et la régularité des formes se transmettent héréditairement; on les développe par la sélection. Ces deux aptitudes ne sont d'ailleurs pas contradictoires, de même que la précocité n'est pas exclusive de la production de toisons fines et abondantes (A. Sanson).

La mode d'exploitation des troupeaux de moutons varie avec les systèmes de culture. Le but qu'on doit principalement poursuivre est le renouvellement rapide des sujets qui forment le troupeau. C'est la règle générale qui domine toutes les opérations sur le bétail.

Certaines régions de la France, possédant des pâturages secs, à herbe courte, sont spécialement des pays à moutons; c'est dans ces régions que l'on pratique surtout l'élevage. Ailleurs, une opération commune consiste à acheter après la moisson des troupeaux qu'on fait pâturer sur les chaumes, et dont on achève l'engraissement à la bergerie; on utilise les chaumes et on réalise une fumure précieuse en faisant parquer les moutons dans les champs.

Dans les régions montagneuses, on pratique la transhumance. C'est la méthode d'utilisation des pâturages à moutons des hautes altitudes.

Certains troupeaux sont entretenus principalement en vue de l'élevage des reproducteurs, lesquels sont le principal produit du troupeau par la vente ou la location. Ce système suppose une culture avancée, produisant une nourriture riche et toujours abondante.

Les principales variétés de moutons que possède la France

sont : les variétés flamande et poitevine, de la race du Dan
mark ; berrichonne et solognote, de la race du bassin de la Loir
basquaise, landaise, lauraguaise, albigeoise, du Larzac, de la ra
des Pyrénées ; barbarine, de la race de Syrie ; auvergnate, limo
sine, marchoise, de la race du plateau central.

La race mérinos, originaire d'Espagne, acclimatée en Franc
y a donné naissance à plusieurs variétés, dont les principal
sont celles du Roussillon, de la Champagne, de la Brie, de
Beauce, du Soissonnais, du Chatillonnais. La production de
laine fine est l'aptitude prédominante du mérinos ; certaines v
riétés, notamment les deux dernières citées, ont acquis u
précocité remarquable.

Deux variétés anglaises, la variété southdown (de la race d
dunes), et la variété de Leicester ou dishley (de la race du Nord
introduites en France au dix-neuvième siècle, ont été employé
surtout à des croisements, lesquels ont donné naissance à pl
sieurs populations métisses ; le plus répandu est le croiseme
dishley-mérinos, préconisé pour accroître la précocité de
race mérinos.

Les troupeaux se répartissent comme il suit sur la surface
pays : dans la région septentrionale, le mouton flamand,
mouton mérinos, le croisement dishley-mérinos ; dans l'est,
mouton mérinos ; dans le centre, les moutons berrichons et s
lognots, et leurs croisements multiples, tant entre eux qu'av
les variétés anglaises ; dans le sud-ouest, les moutons lauragua
albigeois ou des causses, landais ; dans le sud-est, les mouto
mérinos et barbarins. Dans les Cévennes, la population ovi
est surtout représentée par les moutons du Larzac, variété r
marquable pour ses aptitudes laitières ; le lait de nombre
troupeaux sert à la fabrication du fromage de Roquefort et
ses similaires.

Chèvres. — Les chèvres sont élevées surtout pour la produ
tion du lait, qu'on consomme en nature ou que l'on transforr
en fromage. Les chèvres qu'on rencontre en France appartienne
à trois variétés de la race d'Europe, les variétés du Poitou, d
Alpes et des Pyrénées.

C'est surtout dans les régions montagneuses que les troupea
de chèvres sont nombreux : ces animaux se contentent des p

turages les plus médiocres, et ils trouvent leur nourriture sur des terres où les moutons mêmes dépériraient ; mais les chèvres sont friandes des jeunes pousses des arbres, et sous ce rapport elles causent des dégâts, lorsqu'elles ne sont pas suffisamment gardées.

Les bonnes chèvres donnent de 10 à 12 litres de lait par semaine ; à l'étable, la production peut s'élever à 14 litres.

24ᵉ LEÇON

RACES PORCINES

Sommaire. — But de l'élevage des Suidés. — Modes d'exploitation. — Principales races porcines.

Résumé

Les Suidés sont produits uniquement pour l'utilisation de leur cadavre. Mais toutes les parties de leur corps entrent dans la consommation : la chair du tronc et des membres, la graisse ou lard, la tête, les pieds, les viscères de toute sorte dont la manipulation est l'objet d'une industrie spéciale, la charcuterie.

Les porcs sont précieux pour la fécondité des femelles et pour la rapidité de leur croissance. La femelle porte dès l'âge de huit à dix mois, et elle donne, par an, au moins deux portées de six à dix porcelets, jusqu'à l'âge de cinq à six ans. La valeur de ces porcelets après le sevrage représente plusieurs fois celle de la mère.

Quant aux jeunes porcs, leur développement est très rapide ; s'ils sont largement nourris, leur poids peut dépasser 100 kilogrammes à l'âge de douze à treize mois, et leur volume est alors le décuple de ce qu'il était au moment du sevrage.

De tous les animaux domestiques, les porcs sont ceux qu'on nourrit le plus facilement. Leur nourriture peut consister en substances végétales ou animales. On leur fait consommer les eaux grasses des cuisines, et un grand nombre de déchets qui seraient perdus; c'est ainsi, par exemple, que les porcheries sont des annexes précieuses pour les fromageries.

Les porcs sont nourris aux pâturages ou dans les porcheries. Le pâturage se prend soit sur les prairies artificielles, soit sur les champs dépouillés de leurs récoltes, soit dans les bois. A l'automne, ces animaux recherchent, dans les forêts de chênes, les glands verts qui constituent un excellent aliment pour eux. A la porcherie, le régime d'été consiste surtout en fourrages verts mêlés à des farineux; le régime d'hiver se compose de racines, de tubercules, etc.

Le rendement des porcs, en viande et en lard, est de 80 à 85 pour 100 du poids vif, chez les individus les mieux conformés. La bonne conformation est la principale qualité chez ces animaux; il importe autant que possible de réduire les issues au minimum et que la partie musculaire atteigne un grand développement; on obtient ce résultat par la sélection, les qualités de bonne conformation se transmettant par l'hérédité.

Dans certaines races, il y a tendance à la formation d'une proportion considérable de viande par rapport à la graisse; dans d'autres races, c'est le contraire qui se produit. Le choix à faire dépend des débouchés, dans chaque circonstance; dans certains pays, on recherche le lard, tandis qu'ailleurs le goût des consommateurs est surtout en faveur de la viande.

La population porcine se répartit, en France, en un assez grand nombre de variétés. Les principales sont les suivantes : variétés craonnaise, mancelle, normande, dans la race celtique; variétés bressane, périgourdine, limousine, béarnaise, dans la race ibérique.

Plusieurs variétés anglaises, recherchées pour la rapidité de leur croissance, ont été introduites dans notre pays : les plus connues sont les variétés yorkshire, berkshire, qui sont les produits de croisements de la race asiatique avec les anciennes races locales. On a pratiqué un grand nombre de croisements de ces variétés avec les variétés françaises.

Dans les régions du nord et de l'ouest, on élève surtout les races normande, mancelle, craonnaise; dans l'est, la variété bressane; dans le centre, les variétés limousine et périgourdine;

dans le sud-ouest, la variété béarnaise. La plupart des races porcines possèdent d'ailleurs une grande faculté d'expansion.

25ᵉ LEÇON

ANIMAUX DE BASSE-COUR

Sommaire. — Produits de la basse-cour. — Œufs et viande, engraissement, gavage. — Oiseaux de la basse-cour. — Lapins et clapiers.

Résumé

Les animaux de basse-cour sont les petits animaux (quadrupèdes et oiseaux) qu'on élève dans la ferme. Leurs produits sont la viande de ces animaux et les œufs.

Pour accroître les profits des basses-cours, on applique les mêmes règles que pour l'élevage des autres animaux domestiques. On choisit les races qui donnent le plus rapidement la plus grande quantité de produits; on les améliore par la sélection, afin d'obtenir des animaux d'une chair plus abondante et plus délicate, dans lesquels les parties inutiles ont un volume restreint. Les races pures sont celles qui donnent les meilleurs résultats.

Les règles générales de l'hygiène s'appliquent à la basse-cour; on doit y faire régner la propreté la plus absolue. Le poulailler est le logement de ces animaux; le plus simple est le meilleur. On le place dans un lieu sain et on lui donne la forme nécessaire pour qu'on puisse le nettoyer facilement. On le construit en bois ou en maçonnerie, sur un sol sablé, et abrité par des plantations ou des constructions.

Le mobilier consiste en perchoirs, en pondoirs, en augettes pour la nourriture. Pour faire couver les poules, il est utile de les isoler dans une chambre spéciale, sombre, où elles trouvent la tranquillité.

Pour augmenter les éclosions, on peut avoir recours aux couveuses artificielles. Ces appareils consistent en boîtes à tiroirs, dans lesquels on place les œufs; la boîte forme une étuve dans laquelle la chaleur est donnée par des tuyaux ou de petits compartiments remplis d'eau chaude. La régularité de la chaleur est la condition du succès.

Il est toujours utile de garnir les basses-cours de clôtures; il ne faut pas laisser les animaux errer dans les champs, où ils peuvent causer des dégâts considérables.

On pratique l'engraissement des animaux de basse-cour suivant plusieurs méthodes. On castre les coqs pour les transformer en chapons; on provoque chez les oies et chez les canards une maladie du foie qui en augmente le volume, etc. Les épinettes sont les appareils les plus employés pour engraisser les oiseaux de basse-cour; ce sont des boîtes à claire-voie, de dimensions restreintes, dans lesquelles les animaux sont maintenus prisonniers, dans une demi-obscurité. Pour accélérer l'engraissement, on gave les animaux, c'est-à-dire on leur fait prendre, souvent de force, les aliments propres à les engraisser.

Coqs et poules. — Les races gallines de la France sont nombreuses; elles diffèrent par la taille, le plumage, la précocité, la qualité de la chair, l'aptitude à donner beaucoup d'œufs.

La race la plus répandue est la poule commune, d'origine incertaine, probablement métisse, médiocre pondeuse, dont la chair est peu savoureuse.

Les races les plus estimées sont : les races de Crèvecœur, à chair délicate, poule bonne pondeuse; de Houdan, précoce, à chair fine; de la Flèche, de grande taille; de la Bresse, de moyenne taille, à chair très fine.

Parmi les races étrangères, les plus répandues sont : la race cochinchinoise, la plus volumineuse de toutes, dont la poule est excellente couveuse; la race de Dorking, à chair délicate, poule bonne pondeuse et bonne couveuse; la race de Padoue, de petite taille, à chair fine.

Canard. — Le canard, de l'ordre des Palmipèdes, est caractérisé par un bec de largeur uniforme dans toute sa longueur, moins haut que large. La plupart des races domestiques sont issues du canard sauvage; les principales sont : le canard barboteur ou commun, le canard de Rouen, d'un volume énorme et d'un riche plumage, le canard du Labrador, à plumage noir, le canard d'Aylesbury, à plumage blanc et à bec rose.

On élève aussi le canard de Barbarie ou canard muet et le canard mandarin. Ces dernières races sont encore peu répandues.

L'élevage des canards ne présente pas de difficultés; on peut laisser ces oiseaux en plein air, jour et nuit. L'engraissement a principalement pour objet d'accroître le volume du foie; avec ce régime, on arrive à donner à cet organe le poids de 200 à 550 grammes.

Oie. — L'élevage de l'oie se pratique habituellement en troupeaux qu'on mène pâturer dans les champs.

Deux races principales sont élevées : l'oie commune, et l'oie de Toulouse, cette dernière de grande taille et de très fort volume.

Dindon. — Le dindon, originaire d'Amérique, est l'oiseau de basse-cour dont la taille est la plus forte. On en élève trois variétés, qu'on distingue par la couleur de leur plumage, qui est noire, grise ou blanche.

On entretient généralement les dindons en troupeaux, suivant la même méthode que pour les oies.

Pigeon. — Les pigeons vivent à l'état demi-sauvage; ils errent en liberté pendant le jour, et rentrent le soir au colombier, où ils forment souvent de grandes troupes.

Les races de pigeons sont très nombreuses; la plus commune est le pigeon biset.

Pintade. — Peu répandue dans les basses-cours, la pintade donne une chair délicate; on l'élève suivant la même méthode que la poule.

Lapin. — Le lapin est le seul mammifère des basses-cours. Son élevage se fait dans de très grandes proportions. Les variétés sont assez nombreuses; les principales sont : le lapin gris ou lapin commun, le lapin argenté et le lapin bélier.

Les lapins sont gardés dans des clapiers, ou cabanes divisées en cases. Ces animaux se multiplient très rapidement. Ils s'accommodent bien de la plupart des nourritures végétales. Le principal soin de l'élevage consiste à entretenir la propreté dans le clapier.

26ᵉ LEÇON

HYGIÈNE DES ANIMAUX DOMESTIQUES

Sommaire. — Principes généraux de l'hygiène. — Propreté des animaux, pansage et tondage. — Exercice et travail, harnais. — Soins à donner aux animaux de trait. — Désinfection des bâtiments ruraux.

Développement

Si l'hygiène humaine a pour objet principal de maintenir les hommes en état de santé, d'éloigner les causes des maladies, afin de prolonger leurs jours autant que possible, le but que l'on se propose d'atteindre dans l'hygiène des animaux domestiques n'est plus le même dans toutes ses parties. En effet, on n'entretient le bétail, ainsi qu'il est démontré dans quelques-unes des leçons précédentes, que pour en tirer des produits; or, il arrive que, pour obtenir ces produits, on doit souvent placer les animaux dans des conditions spéciales dont l'effet est d'altérer plus ou moins leur santé ou d'abréger la durée normale de leur existence. On crée pour eux une sorte de vie artificielle dans laquelle on les entretient presque contre nature. Ce genre d'existence exige qu'ils soient entourés de soins spéciaux et appropriés aux conditions spéciales faites aux animaux. La plupart des races domestiques, si elles retournaient à la vie sauvage, disparaîtraient rapidement; elles seraient incapables de résister aux causes multiples de destruction qui les entoureraient. L'hygiène du bétail est donc plus compliquée que celle de l'homme, car on la pratique en plaçant les animaux en dehors des conditions naturelles de leur existence.

Prenons un exemple. Les femelles des mammifères sécrètent, après le part, le lait qui sert à la nourriture de leurs petits; ce lait est pris par ceux-ci, directement, à la mamelle. La sécrétion laitière n'a qu'une durée limitée; elle diminue à mesure que les petits prennent de l'âge, et elle cesse complètement lorsqu'ils sont en état de chercher et de trouver toute la nourriture qui leur est nécessaire. Les conditions sont bien différentes pour les vaches laitières que l'homme entretient ; on s'efforce d'obtenir d'elles des quantités de lait bien supérieures à celles qui seraient nécessaires pour la nourriture de leurs veaux ; à cet effet, on répète les traites, et on vide deux fois par jour les mamelles à fond. Par une alimentation appropriée, par la stabulation permanente, on provoque la prolongation pour ainsi dire indéfinie de la sécrétion laitière. Ce n'est pas sans fatigue que les vaches donnent ainsi un produit permanent qui est contre nature ; elles s'épuisent rapidement, l'époque de la vieillesse est avancée pour elles, et on doit les abattre prématurément si l'on veut éviter les maladies qui les atteignent fatalement au bout de quelques années d'un pareil régime.

L'hygiène du bétail consiste à le maintenir en état de fournir les produits qu'on lui demande. On obtient ce résultat, d'une part par une alimentation convenable, comme il a été expliqué précédemment, d'autre part par certains soins, dont les uns doivent s'appliquer à toutes les races, et dont les autres sont spéciaux à certaines catégories d'animaux.

Les soins généraux ont surtout pour objet de maintenir les animaux dans un état permanent de propreté. Les principaux sont le pansage, le tondage et les bains.

Le pansage est une opération qui consiste à passer à différentes reprises, sur le corps des animaux, des instruments particuliers qui débarrassent la surface de la peau de la crasse et des autres impuretés dont elle peut être souillée. Les instruments qui servent le plus souvent sont l'étrille, le bouchon, la brosse et l'éponge.

L'étrille consiste en une plaque métallique de 12 à 14 centimètres de longueur sur 8 à 10 de largeur, portant, sur la face qu'on passe sur la peau, des rangs dentés et des couteaux unis sur leurs bords. On s'en sert en la passant et la repassant, à diverses reprises, rapidement et légèrement, sur les parties du corps où la peau recouvre des couches charnues, mais non sur celles où elle recouvre des surfaces osseuses. On en fait usage au début du pansage, pour séparer les poils agglutinés par la sueur, pour détacher la crasse qui obstrue les pores de la peau, et pour provoquer chez celle-ci une certaine excitation.

Le bouchon est formé par une tresse de paille serrée, à peu près de la grosseur du bras, d'une longueur de 25 à 30 centimètres. Quelquefois, pour le rendre plus rude et lui donner plus d'action sur la crasse, on l'entaille de quelques coups de couteau, afin que les brins se dressent à la surface. On se sert du bouchon pour nettoyer les places sur lesquelles on n'a pas fait usage de l'étrille. Pour les bœufs et les vaches, il est souvent employé d'une manière exclusive.

Le bouchon suffit pour enlever la poussière, et il détache la boue humide ou desséchée qui adhère aux membres des animaux qu'on a fait travailler dans des terrains fangeux. Lorsque le corps est baigné de sueur, le bouchon est très efficace pour l'assécher et le nettoyer.

Le bouchon est parfois remplacé par une brosse en chiendent longue et étroite, que l'on peut promener facilement sur toutes les régions du corps. Ailleurs on complète l'opération par une brosse garnie de crin ou même de fils métalliques sur sa surface de frottement; cette brosse, qu'on dirige d'abord à contre-poil, puis dans le sens direct, enlève bien la poussière et la crasse; en outre elle donne du lustre aux poils.

L'éponge imbibée d'eau propre sert à laver les yeux, les naseaux, le pourtour de la bouche, le périnée, etc. On s'en sert aussi pour humecter la queue, et la débarrasser des saletés qui y sont adhérentes. Cette opération est nécessaire, chez les bœufs et les vaches, afin qu'ils puissent se servir de leur queue pour chasser les mouches et les insectes qui les incommodent, surtout pendant l'été.

Le nettoyage des pieds constitue enfin le dernier acte du pansage; il est inutile d'insister sur la nécessité de maintenir la corne des pieds dans un état de propreté absolue.

Le pansage se pratique dans les écuries ou les étables, ou mieux au dehors. Quand on le fait dehors, on évite de répandre dans l'air des bâtiments les poussières et les débris qui se dégagent du corps des animaux; si on le fait à l'intérieur des bâtiments, on en ouvre les portes et les fenêtres pour que la poussière soit emportée plus vite. — Dans toutes les circonstances, il est prudent de ne pas se servir d'instruments dont on aurait fait usage pour des animaux malades ou simplement

soupçonnés d'être atteints de maladies contagieuses. C'est là
une précaution qui doit d'ailleurs être prise pour tous les ustensiles ou instruments en usage dans une ferme.

Le pansage, pratiqué habituellement pour les chevaux, est
souvent négligé pour les autres animaux. C'est une pratique
vicieuse, au moins en ce qui concerne les bœufs et les vaches.
Pour les bêtes de travail, le pansage, en donnant une activité
nouvelle à la peau, facilite le mouvement général de la nutrition
et la réparation des forces perdues par la fatigue. — S'il s'agit
d'animaux d'engraissement, la malpropreté retarde l'opération
en irritant la peau et en causant des démangeaisons qui constituent une réelle souffrance pour les bêtes. S'il s'agit de vaches
laitières, surtout de celles soumises à la stabulation, les fric-
tions sur la peau produisent une excitation qui réagit favorable-
ment sur tous les organes, et en particulier sur ceux de la digestion; on doit notamment maintenir les mamelles et les
trayons dans un état de propreté méticuleuse.

Le tondage, qu'on ne doit pas confondre avec la tonte de la
laine des moutons, se pratique sur les animaux à poils ras, et
surtout le cheval et le bœuf. Il consiste à couper les poils à des
intervalles plus ou moins rapprochés. Cette opération a pour
effet de faciliter le pansage et d'entretenir la peau dans un état
de propreté favorable à l'accomplissement de ses fonctions.
Chez les animaux dont le poil est long et touffu, elle empêche
la formation sous le harnais de feutrages qui peuvent devenir
le point de départ de blessures. Enfin, elle s'oppose à la pullulation des animaux parasitaires. Toujours utile pour les chevaux, le tondage est pratiqué aussi avec avantage sur les bœufs,
notamment sur les bêtes d'engrais; il facilite les soins de propreté dans les étables; mais il n'est pratiqué que dans des
proportions trop restreintes.

Le principal avantage des bains hygiéniques est de nettoyer
la surface du corps des résidus de la sueur et des poussières
qui s'y accumulent, ainsi que des ordures qui peuvent y adhérer.
Les bains sont administrés le plus généralement dans l'eau
courante, dans les abreuvoirs, dans des mares. Ils stimulent la
peau et donnent de l'énergie au tissu vasculaire sous-cutané.
C'est principalement aux chevaux qu'ils sont utiles. Les ani-

maux des races bovines en ont moins besoin, parce qu'ils trans-
pirent moins que ceux des races chevalines, mais ils en tirent
cependant le grand avantage d'être ainsi débarrassés des ordures
dont leur corps est trop souvent couvert, même dans les étables
bien tenues. « Les bains, dit M. Zundel, sont nécessaires au
chien et au porc; la nature les leur fait rechercher avec avidité;
ils sont un puissant moyen d'entretenir la santé des porcs, de les
garantir des maladies, et de leur faire bien prendre la graisse.
Chacun sait que le chat les redoute. Quant au mouton, comme
il craint beaucoup l'humidité, et que sa laine sèche difficilement, on ne doit lui en faire prendre que rarement, dans les
jours secs et chauds, et le tenir ensuite au soleil; du reste, l'eau
est moins à redouter pour ceux à laine longue que pour ceux à
laine courte. La durée du bain varie selon le but qu'on se propose. Quelques minutes d'immersion suffisent quand il ne s'agit
que de rafraîchir l'animal; un plus long temps est nécessaire
toutes les fois qu'on veut détremper les ordures dont son corps
est couvert. »

Quant à la manière dont on doit donner les bains hygiéniques
généraux, le même savant vétérinaire prescrit des règles très
sages qu'il est utile de signaler aux agriculteurs. « On ne doit,
dit-il, prudemment administrer les bains, surtout entiers, que
pendant l'été, et dans les jours plus chauds de l'année, depuis
deux heures après-midi jusqu'à six ou huit heures du soir. Il
faut s'en abstenir quand la température de l'air est trop basse,
et spécialement en hiver. On doit veiller aussi à ce que les animaux s'y remuent; car, en restant immobiles, ils pourraient se
refroidir; il faut, autant que possible, les faire généraux. On ne
les leur permet ni quand ils ont le corps trempé de sueur, ni
lorsqu'ils viennent de prendre leur repas; en négligeant ces précautions, on les exposerait à des inflammations des organes
thoraciques, à des indigestions, à des apoplexies foudroyantes.
Les femelles pleines, et celles surtout qui allaitent, méritent plus
d'attention encore sous ce rapport, et presque toujours il convient de ne leur faire prendre que rarement des bains. Au sortir
de l'eau, on se hâte de sécher les animaux. On les frotte avec un
bouchon de paille, un linge sec ou une brosse, et on leur
fait prendre un exercice modéré au grand air et au soleil. »

Les bêtes de travail réclament, sous le rapport de l'hygiène, des soins spéciaux. Ces soins se rapportent à la conduite même des animaux, à la quantité de travail qu'on exige d'eux, aux harnais et au mode d'attelage.

Le charretier ou le bouvier chargé de conduire les attelages, exerce sur les animaux qu'il conduit une influence heureuse ou pernicieuse. Son véritable talent consiste à diriger ses animaux du geste et de la voix, à faire prendre les chevaux et à les faire travailler ensemble avec régularité, sans qu'ils soient arrêtés par les ornières ou les mauvais pas. S'il est brusque, s'il bat les animaux, il les surmènera, ne prendra pas souci des conditions d'un bon travail, et il peut en résulter des accidents ou des maladies graves pour les bêtes de trait. Le talent du bon charretier s'acquiert non par des préceptes théoriques, mais par l'exemple et la pratique ; il demande aussi une certaine disposition innée qui se développe par l'expérience.

La quantité de travail qu'on peut demander aux animaux dépend de plusieurs conditions. En règle générale, on exige moins de travail des animaux jeunes que des adultes, des animaux castrés que de ceux qui ne le sont pas. Il est bon, autant qu'il est possible, de faire alterner les travaux durs avec ceux qui sont plus doux. Enfin, le travail interrompu par un repos plus ou moins prolongé est toujours moins pénible que celui qui est accompli pendant de longues heures consécutives. C'est pourquoi la pratique qui consiste à diviser la journée de travail en plusieurs attelées est une pratique toujours utile.

L'influence des harnais, c'est-à-dire des pièces de formes variées que l'on applique sur le corps des animaux pour servir au travail, est considérable tant sur le travail lui-même que sur la conservation des forces. Il importe que les harnais soient à la fois solides et légers, qu'ils soient entretenus dans un état de propreté absolue, qu'ils s'ajustent parfaitement aux parties du corps sur lesquelles ils doivent porter. Avec des harnais mal ajustés, une partie des efforts des animaux est dépensée en pure perte ; en outre, des blessures plus ou moins graves peuvent résulter de ces dispositions vicieuses. La selle, le collier, le joug doivent porter sur des surfaces assez étendues pour que les pressions ne soient pas limitées à un petit nombre de points ; la

pression régulièrement répartie sur une surface large est beaucoup moins sensible sur chacune des unités dont cette surface se
compose. Il faut veiller, en outre, à ce que les harnais ne gênent
pas les mouvements musculaires, ni qu'ils exercent une action
sur les organes d'une fonction importante, comme la respiration, la circulation, etc. A cet effet, on en proportionne les dimensions à la taille et au développement des sujets auxquels ils
sont destinés, et l'on veille à ce qu'ils soient rigoureusement
mis sur le corps aux places qu'ils doivent occuper. En
effet, un changement de position peut faire perdre le bénéfice
d'une bonne adaptation, des harnais mal placés peuvent tout
aussi bien blesser la peau que les harnais trop grands ou trop
petits.

La propreté des harnais n'est pas moins importante; des
cuirs et des étoffes souillés, mouillés, puis mal séchés, perdent
leur souplesse, deviennent rigides et irritent les points de la
peau avec lesquels on les met en contact. Des excoriations et
des blessures au poitrail, au flanc, etc., peuvent résulter de
l'emploi des harnachements mal entretenus.

Les soins de propreté dans les logements des animaux ne
sont pas moins importants, sous le rapport de l'hygiène, que
ceux qu'on donne à ces animaux. Ces soins consistent d'une
part dans l'enlèvement de toutes les immondices, et, d'autre
part, dans le nettoiement du sol, des murs et de tout le matériel
des écuries, des étables, des bergeries, etc.

C'est dans les matières organiques en putréfaction que se
développent ou que se conservent les virus d'un grand nombre
de maladies dangereuses.

Les lavages fréquents du sol et du matériel constituent la
précaution la plus simple à prendre; mais ces lavages sont souvent insuffisants. On doit donc avoir recours à des procédés plus
énergiques, surtout lorsqu'on a le sujet de craindre l'invasion
de maladies contagieuses.

Parmi ces procédés, le ratissage et le blanchiment à la chaux
sont ceux qui sont le plus généralement adoptés. On ratisse les
auges, les crèches, les râteliers, les bat-flancs, soit avec une
simple lame métallique, soit avec un rabot. Après ce premier
travail, on badigeonne ces objets avec du lait de chaux. On em-

ploie aussi le lait de chaux pour blanchir les murs et les pla-
fonds : le lait de chaux cache d'abord les matières organiques
sur lesquelles il est étendu, et il les détruit ensuite plus ou
moins rapidement suivant leur nature.

On peut aussi pratiquer la désinfection avec de l'eau renfermant en dissolution des acides tels que l'acide chlorhydrique,
l'acide sulfurique, etc. Ainsi, pour le nettoyage des poulaillers,
on recommande de laver à grande eau les murs, les perchoirs
et le sol avec de l'eau renfermant 5 grammes d'acide sulfurique par litre, en se servant d'un balai rude ou d'une brosse.

Dans quelques cas, on peut se servir de dissolutions d'alcali,
soude ou potasse, ou simplement de l'eau dans laquelle on a
fait bouillir des cendres de bois. Ces préparations sont plus
communément usitées que celles avec les acides, mais leur effet
est moins énergique. Le chlorure de chaux est un agent efficace
dans ces circonstances : le liquide qu'on emploie est préparé en
mettant 500 grammes de chlorure de chaux dans 20 à 50 litres
d'eau. L'eau qui tient du chlorure de chaux en dissolution nettoie les surfaces sur lesquelles on l'emploie, et, en outre, elle
laisse exhaler des gaz qui étendent leur action au delà des
substances qui ont été lavées.

Le feu est un excellent désinfectant; il purifie l'air en acti-
vant l'aération. D'un autre côté, l'action de la flamme sur les
objets métalliques et sur les objets en bois qui peuvent résister
pendant quelques instants à son action, est très énergique.

Lorsqu'il s'agit de la désinfecton d'étables dans lesquelles se
sont déclarées des maladies contagieuses, la question est plus
complexe : on cherche, en effet, à détruire des germes micro-
scopiques de virus qui possèdent souvent une vitalité très énergique. Il résulte d'expériences faites avec beaucoup de soin sur
des wagons ayant renfermé des animaux atteints de ces maladies, que les agents chimiques employés le plus généralement,
tels que l'acide phénique, le chlorure de zinc, le sulfate de zinc,
le soufre, n'agissent qu'à très hautes doses et par un contact
très prolongé avec les virus; que la vapeur d'eau humide, dont
la température n'est pas supérieure à 100 degrés, se montre inef-
ficace. Au contraire, la vapeur d'eau surchauffée à 110 degrés
est d'une efficacité rapide, et il suffit de soumettre les murs et le mo-

bilier des étables, pendant quelques minutes, à un jet de vapeur surchauffée, pour détruire tous les germes des maladies contagieuses. Ce procédé ne peut être employé que dans les fermes qui possèdent des machines à vapeur; mais, on pourrait néanmoins l'employer dans toutes les exploitations, à l'aide des machines à vapeur locomobiles qui sont faciles à transporter d'un point à un autre.

27ᵉ LEÇON

POLICE SANITAIRE

Sommaire. — Caractères des maladies contagieuses. — Législation sur les épizooties. — Devoirs des détenteurs de bestiaux et des administrations. — Vices rédhibitoires.

Résumé

Les maladies contagieuses sont des maladies qui se propagent d'un animal à un ou plusieurs autres animaux de la même race ou de race différente. Ces maladies, lorsqu'elles éclatent dans un troupeau, dans une étable, etc., peuvent y devenir la cause de pertes immenses pour les agriculteurs, tant à raison du nombre des animaux qui en sont les victimes que de l'amoindrissement de valeur qui peut en résulter pour leurs produits.

Longtemps, les maladies contagieuses ont été considérées comme se produisant spontanément dans l'organisme par suite d'altération des organes ou des liquides qui le constituent. Aujourd'hui, on en regarde le plus grand nombre comme des maladies parasitaires provoquées par la pullulation dans le corps d'êtres infiniment petits, dont les germes, spores ou graines, flottent dans l'air, dans les eaux, sont répandus sur les fourrages et, lorsqu'ils se trouvent dans des conditions favorables à leur évolution, c'est-à-dire introduits dans un organisme approprié, y causent des désordres souvent mortels.

La plupart des maladies contagieuses résistent aux remèdes connus. On en combat l'extension surtout par l'hygiène et les procédés de désinfection. A cet effet, des règlements sont édictés dans tous les pays sur les mesures à prendre à cet égard. Ces mesures sont ordonnées, en France, par la loi du 21 juillet 1881, sur la police sanitaire des animaux.

D'après cette loi sont réputées maladies contagieuses :

La peste bovine pour toutes les races de ruminants ;

La péripneumonie, pour les races bovines ;

La clavelée et la gale, pour les races ovines et caprines ;

La fièvre aphteuse pour les races bovines, ovines, caprines et porcines ;

La morve, le farcin, la dourine pour les races chevalines et asines ;

La rage et le charbon pour toutes les races.

Les propriétaires d'animaux atteints ou soupçonnés d'être atteints d'une de ces maladies doivent en faire sans délai la déclaration au maire de la commune. En même temps, on doit séquestrer les animaux atteints et les maintenir isolés des autres animaux susceptibles de contracter la même maladie. On ne doit, sous aucun prétexte, les transporter au dehors avant que le vétérinaire préposé par l'administration les ait visités.

Quant au maire de la commune, dès qu'il est prévenu, ou dès qu'il a connaissance de la maladie, il doit faire visiter les animaux par un vétérinaire, veiller à la séquestration, et adresser immédiatement un rapport au préfet.

Le préfet arrête l'application des mesures prévues par la loi en rapport avec la maladie. Le plus souvent, il prend un arrêté portant déclaration d'infection.

Cette déclaration entraîne plusieurs conséquences, dont les principales sont :

1° L'isolement, la séquestration, la visite, le recensement et la marque des animaux et troupeaux dans les localités infestées ;

2° L'interdiction de ces localités ;

3° L'interdiction momentanée ou la réglementation des foires et marchés, du transport et de la circulation du bétail ;

4° La désinfection des écuries, étables, voitures ou autres moyens de transport, la désinfection ou même la destruction des objets à l'usage des animaux malades ou qui ont été souillés par eux, et généralement de tous les objets pouvant servir de véhicule à la contagion.

En outre, des mesures spéciales sont prises pour chaque nature de maladies. Généralement, on ordonne l'abatage immédiat des animaux atteints, et quelquefois celui des animaux contaminés.

Dans les cas de peste bovine et de péripneumonie, des indemnités sont accordées aux propriétaires d'animaux abattus administrativement. Dans les cas de péripneumonie et dans ceux de clavelée, le préfet possède le droit d'ordonner l'inoculation des animaux non atteints, par mesure prophylactique.

La vente ou la mise en vente des animaux atteints ou soupçonnés d'être atteints de maladies contagieuses est interdite. La chair des animaux qui en sont morts ou qui ont été abattus par mesure administrative, ne peut pas être livrée à la consommation. On doit enfouir les cadavres et les débris d'animaux; mais il est préférable, pour détruire en même temps les germes des maladies, de les brûler ou de les détruire en les plongeant dans un bain d'acide sulfurique.

Pour prévenir l'introduction des maladies contagieuses sur le territoire, un service d'inspection sanitaire fonctionne dans les bureaux de douane ouverts à l'importation du bétail. Tous les animaux présentés à la frontière y sont examinés par un vétérinaire.

Dans chaque département, un service des épizooties a été créé pour l'application de la loi sur la police sanitaire. Les communes dans lesquelles se tiennent des foires et des marchés sont obligées de préposer à leurs frais un vétérinaire pour l'inspection des animaux amenés sur ces foires et marchés. Enfin, les compagnies de chemins de fer sont tenues de procéder à la désinfection de leurs wagons, toutes les fois qu'ils ont servi à des transports de bétail, même en dehors de toute crainte d'épidémie. Tous les entrepreneurs de transports sont d'ailleurs astreints à prendre ces précautions.

Vices rédhibitoires. — Les vices rédhibitoires sont des maladies non apparentes, qui peuvent donner lieu à la résiliation de la vente des animaux domestiques. L'action rédhibitoire est réglée par les art. 1641 et suivants du Code civil. La loi du 29 juillet 1884 a déterminé les maladies pour lesquelles on peut l'intenter.

Ces maladies sont :

Pour le cheval, l'âne et le mulet : la morve, le farcin, l'immobilité, l'emphysème, le cornage chronique, le tic proprement dit avec ou sans usure des dents, les boiteries anciennes intermittentes, la fluxion périodique des yeux ;

Pour les races ovines : la clavelée (cette maladie reconnue chez un seul animal entraîne la rédhibition de tout le troupeau, s'il porte la marque du vendeur) ;

Pour les races porcines, la ladrerie.

Le délai pour intenter l'action rédhibitoire est de neuf jours francs, non compris le jour fixé pour la livraison ; pour la fluxion périodique des yeux, ce délai est de trente jours francs. L'acheteur doit, en tous cas, provoquer la nomination par le juge de paix d'experts chargés de dresser un procès-verbal.

28ᵉ LEÇON

APICULTURE

Sommaire. — L'utilisation des abeilles. — Mœurs de ces insectes, essaims. — Modèles de ruches. — Conduite d'un rucher. — Étude du miel et de la cire.

Résumé

Les abeilles, insectes hyménoptères de la tribu des Apiens, vivent en colonies, au nombre de 15 000 à 20 000, à l'état sauvage dans les trous des troncs d'arbres ou des rochers, à l'état demi-domestique dans les ruches construites par les hommes. On les entretient dans les ruches pour le miel et la cire qu'elles fournissent.

En Europe, il existe deux espèces d'abeilles : l'abeille commune (*Apis mellifera*), et l'abeille italienne ou des Alpes (*Apis ligustica*) ; cette dernière est plus forte et fournit une plus grande quantité de miel.

Dans une ruche, on distingue trois sortes d'insectes : l'abeille-mère ou reine, femelle féconde ; les mâles ou faux-bourdons ;

les abeilles ouvrières, ou neutres, qui forment la plus grande partie de la colonie, et dont le rôle consiste à élever les constructions de la ruche, à nourrir les larves et à former les approvisionnements de la colonie pendant la belle saison.

Les abeilles sécrètent de la cire. Avec la cire, elles construisent des cellules régulières, et qui sont destinées à recevoir le couvain, c'est-à-dire les œufs pondus par l'abeille-mère, et à loger les provisions. Les cellules sont disposées en rayons parallèles, constituant ce qu'on appelle des gâteaux. Les abeilles bouchent les fentes des cellules avec le propolis. Après la ponte des œufs, les abeilles ouvrières les soignent; après l'éclosion, elles nourrissent les larves, jusqu'à ce que celles-ci se transforment en chrysalides.

La nourriture des abeilles consiste en miel qu'elles vont butiner sur les fleurs, et dont elles font des provisions dans des cellules spéciales. Une colonie d'abeilles est d'autant plus prospère que les plantes mellifères sont plus abondantes autour d'elle. C'est pourquoi, dans quelques pays, on transporte les ruches d'un canton dans un autre pour y faire des récoltes successives. Toutes les plantes ne sont pas également bonnes pour les abeilles; c'est à la fin du printemps et au commencement de l'été que la récolte est la plus abondante.

Après l'éclosion des insectes parfaits, s'il se trouve une mère dans le nombre des nouvelles habitantes de la ruche, il se forme un essaim. L'une des deux mères quitte la ruche avec un nombre d'ouvrières plus ou moins considérable pour fonder une autre colonie. L'apiculteur qui voit partir un essaim le suit avec une ruche vide dans laquelle il a mis un peu de miel, et il en fait la capture.

Les systèmes de ruches sont assez nombreux; ils se rapportent à deux types : ruches fixes, ruches à rayons mobiles. Les premières consistent ou bien en un simple vase creux en forme de cloche, ou bien en un vase garni de cadres préparés pour la confection des rayons, mais fixés aux parois de la ruche. Dans les secondes, au contraire, les cadres sont simplement glissés dans des rainures intérieures; comme le toit de la ruche est mobile, on peut enlever ces cadres à volonté. Les ruches à cadres mobiles présentent le grand avantage qu'on peut enlever ces cadres pour faire la récolte du miel, sans avoir à étouffer la colonie d'abeilles, comme dans les ruches fixes.

Le miel se recueille généralement à la fin de la grande récolte, après la floraison des principales plantes mellifères. Il ne faut pas enlever tout le miel, mais laisser aux abeilles un approvisionnement qui leur permette de passer l'hiver. Si la provision de miel paraît épuisée dans les ruches avant le printemps, on doit leur préparer une nourriture artificielle, dans laquelle on fait entrer du miel, une solution de sucre, des œufs et du lait.

Le produit d'un rucher est variable suivant les années, car il dépend de la floraison plus ou moins abondante des plantes mellifères. Après les récoltes, on sépare le miel par la pression des gâteaux, puis on isole la cire par la fusion. La qualité du miel dépend des plantes sur lesquelles les abeilles l'ont récolté : le meilleur est le miel de sainfoin et des Labiées qui croissent sur les montagnes. Ce miel, limpide et filant après la récolte, devient d'un blanc transparent quand il est pris en masse. Certaines plantes donnent au miel un goût désagréable, notamment les bruyères, le buis, etc.

En France, les miels les plus réputés sont ceux du Gâtinais, de Narbonne, de la Savoie, etc.

Conduite des ruchers. — On conserve les ruches en bon état en en limitant le nombre aux ressources locales ; on peut y augmenter, au besoin, la population par des réunions artificielles de plusieurs ruches.

On augmente la quantité du miel et de la cire en plaçant les ruches dans les lieux les plus riches en plantes, en semant aux environs des plantes mellifères, en ne conservant que les ruches bien peuplées, et en supprimant l'essaimage.

On en assure la qualité en ne retardant pas la récolte de ces produits, en déracinant les mauvaises plantes autour des ruches.

Ennemis des abeilles. — Les principaux ennemis des abeilles sont les mulots et les fourmis, quelques oiseaux qui leur font la guerre, plusieurs reptiles et quelques insectes qui pénètrent dans les ruches. On place les ruches dans des endroits où elles soient à l'abri de la plupart de ces ennemis, et on doit exercer une surveillance attentive pendant toutes les saisons.

La *loque* est une pourriture du couvain dans les cellules,

qu'on reconnaît à l'odeur désagréable qui sort de la ruche. On y porte remède en enlevant les rayons atteints, et si la maladie est très développée, en chassant les abeilles dans des ruches vides ; en brûlant des mèches soufrées sous les ruches, on peut aussi arrêter la loque, mais on peut aussi être obligé de détruire complètement les ruches.

N. B. — Consulter : *Les Abeilles*, par Maurice Girard.

29ᵉ ET 50ᵉ LEÇONS

VERS A SOIE. — SÉRICICULTURE

Sommaire. — Description des espèces de vers à soie. — Ver à soie du mûrier. — Magnaneries, marche des éducations. — Conditions hygiéniques. — Maladies des vers à soie. — Grainage cellulaire, applications. — Vers à soie du chêne.

Résumé

La soie est une matière textile sécrétée par plusieurs insectes lépidoptères. La sériciculture est l'art d'élever les insectes sérigènes, de les reproduire et de les multiplier, et d'extraire la soie de leurs cocons.

Parmi les insectes producteurs de soie, les plus importants appartiennent, dans la famille des Bombyciens, aux genres *Attacus, Bombyx, Sericaria.* Le ver à soie du mûrier (*Sericaria mori*) occupe le premier rang.

Cet insecte, originaire de l'Asie, est un papillon de 50 millimètres environ d'envergure, qu'on ne connaît plus qu'à l'état domestique. Sa chenille est le ver à soie proprement dit ; très petite quand elle éclôt, elle atteint une longueur de 90 à 95 millimètres ; elle est blanchâtre, épaisse et glabre. Pour se transformer en chrysalide, elle se renferme dans un gros cocon ovoïde, parfois étranglé au milieu, dont la substance est constituée par les fils de soie, repliés un grand nombre de fois et réunis par une sorte de glu que la chenille sécrète.

On élève plusieurs variétés de vers à soie que l'on désigne surtout par la couleur des cocons. Ces cocons sont tantôt blancs, tantôt jaunes, plus rarement verts. Les races à cocons jaunes sont généralement les plus robustes. On évalue la production d'après la quantité de cocons qui résultent de l'éclosion d'un poids déterminé de graine de vers à soie; une once (25 grammes) de graine peut donner jusqu'à 50 kilogrammes de cocons.

Les magnaneries sont les locaux dans lesquels on se livre à l'éducation des vers à soie. Elles sont répandues, en France, surtout dans le bassin du bas Rhône; dans les régions septentrionales, la température du printemps est trop inégale pour que les éducations puissent avoir chance de réussir. Généralisée au seizième siècle, la sériciculture a pris depuis cette époque un développement important, arrêté au milieu du dix-neuvième siècle par plusieurs maladies qui ont atteint les vers.

Pour établir les magnaneries, on doit choisir des bâtiments bien aérés, afin que les chenilles y trouvent de bonnes conditions hygiéniques; les épidémies sont plus rares dans les petites magnaneries. A proximité des magnaneries se trouvent les plantations de mûriers dont les feuilles servent à nourrir les vers.

Une magnanerie (fig. 18) se compose d'une chambre d'éclosion pour la graine (nom donné communément aux œufs), d'une chambre d'élevage munie d'un appareil de chauffage, et enfin de magasins pour les feuilles. La chambre d'élevage est garnie de claies superposées, sur lesquelles on place les vers; à mesure que ceux-ci grandissent, on les change de claies.

L'entretien des vers à soie comprend plusieurs opérations qui se succèdent comme il suit : éclosion de la graine, élevage des vers, récolte des cocons, production de la graine.

La graine, que l'on conserve agglutinée sur des cartons ou des toiles, ou bien dans des sachets, est placée, au commencement du printemps, dans une chambre chauffée par un poêle. L'incubation dure quelques jours; lorsque l'éclosion approche, on recouvre la graine avec de la jeune feuille de mûrier hachée. Les vers, au moment de leur naissance, s'attachent aux feuilles, et on porte celles-ci sur les claies.

Pendant l'éducation, les soins consistent à donner chaque jour de la feuille fraîche hachée, et à enlever la litière des claies. La

voracité des vers est très grande; on a calculé que, pour venir
à terme, les vers provenant d'une once de graine consomment
jusqu'à 1000 kilogrammes de feuilles. Il importe toujours que

Fig. 18. — Coupe d'une magnancrie.

la feuille soit saine, fraîchement cueillie et surtout qu'elle ne soit
pas mouillée.

L'évolution des chenilles dure de trente à trente-deux jours.
Pendant ce temps, elles subissent quatre mues; on appelle *âge*,

l'intervalle qui sépare chaque mue. Pendant chaque âge, les vers présentent un aspect différent. Après la quatrième mue, la chenille est adulte; elle va se transformer en chrysalide. A ce moment, on garnit les claies de brindilles de bruyères, de genêt, etc., pour que les vers y montent afin d'y filer leur cocon. On peut remplacer ces branches par des claies spéciales, dites claies coconnières.

Le ver file son cocon en trois ou quatre jours; il s'y transforme ensuite en chrysalide. Le cocon est formé par plusieurs couches : la plus extérieure, qui est floconneuse, constitue la bourre; ensuite, vient la soie proprement dite; les derniers replis forment la *pelette*. Les chrysalides étant au repos, on procède au décoconnage, c'est-à-dire à la récolte et au triage des cocons; on élimine ceux qui sont mal formés ou percés. L'étouffage consiste à tuer les chrysalides en plaçant les cocons dans un courant d'air chaud. Le plus souvent les magnaniers vendent alors les cocons aux industriels, qui procèdent au dévidage.

Pour avoir les œufs (graine) nécessaires aux éducations de l'année suivante, on choisit quelques-uns des plus beaux cocons : généralement, les cocons mâles sont de grosseur moyenne et étranglés en leur milieu, les femelles sont plus gros et arrondis. L'éclosion des papillons a lieu quinze ou vingt jours après la formation du cocon, à la température de 22 à 25 degrés. Après la fécondation des femelles, on leur fait déposer leurs œufs sur des toiles ou des cartons où ils s'agglutinent. On conserve ces œufs dans un lieu frais et sec jusqu'à l'année suivante. Au printemps, on les place au besoin dans des caves, pour ne les porter dans les chambres d'incubation que lorsque la saison est assez avancée pour que l'on puisse compter sur une quantité suffisante de feuille de mûrier au moment de l'éclosion des vers.

Les vers à soie sont sujets à plusieurs maladies dont quelques-unes ont compromis le sort de la sériciculture. Les principales sont : la muscardine, la pébrine et la flacherie.

La *muscardine* est une maladie dans laquelle le ver prend une teinte rougeâtre ou brunâtre, uniforme ou avec des taches plus ou moins foncées; il peut filer son cocon, mais ne se transforme pas en insecte parfait. Cette maladie est due au développement d'une cryptogame dans le tissu adipeux. Le seul moyen de l'arrêter est de désinfecter énergiquement les locaux et le matériel des magnaneries.

La *pébrine*, appelée aussi *gattine*, est caractérisée par des taches noires qui apparaissent sur le corps des vers; ces taches se transforment en plaques qui s'étendent sur presque tout le corps, et les vers meurent bientôt. Si la maladie les atteint à une période avancée, ils peuvent filer leurs cocons et se transformer en papillons; mais on retrouve sur ces papillons les mêmes taches noires. Cette maladie est épidémique et d'une extension rapide dans les magnaneries. M. Pasteur a démontré qu'elle est due à des corpuscules qui se développent dans l'appareil digestif, et il a indiqué, pour la combattre, la méthode dite du grainage cellulaire.

Cette méthode a pour but de n'employer dans les éducations que de la graine provenant de papillons non atteints par la pébrine, afin d'obtenir des vers robustes et susceptibles d'accomplir toutes les phases de leur existence avant que l'épidémie les ait affaiblis. Par l'examen microscopique des papillons (fig. 19), on constate la présence ou l'absence de corpuscules dans leurs organes; on rejette les pontes des femelles corpusculeuses.

Pour propager la graine saine, on la reproduit dans de petites magnaneries où sont observées les règles de la plus scrupuleuse hygiène. La production de la graine, suivant les règles du grainage cellulaire, constitue actuellement une industrie importante.

La *flacherie*, ou maladie des *morts-flats*, est une épidémie qui atteint les vers à soie dans la dernière période de leur existence avant la transformation en chrysalides. Les vers restent petits et rabougris, et meurent avant de filer leurs cocons, sous l'influence de désordres dans l'appareil digestif: on y constate des ferments de nature diverse suivant l'époque de la maladie. Contre la flacherie, on doit éviter les grandes agglomérations de vers, et hâter la marche des élevages pour qu'ils soient achevés avant le milieu de juin, époque à laquelle la maladie sévit avec le plus d'intensité. On recommande de soumettre la graine au froid pendant l'hiver ou de la conserver dans des glacières. La flacherie étant éminemment contagieuse, on doit la prévenir par la propreté, la désinfection et l'hygiène.

Outre le ver à soie du mûrier, on peut élever plusieurs autres espèces de Bombyciens séricigènes, originaires de l'Asie orientale. Les principales sont : le ver à soie du chêne et le ver à soie de l'ailante.

La soie du ver du chêne est utilisée depuis longtemps dans les pays d'origine. Les espèces les plus connues sont au nombre

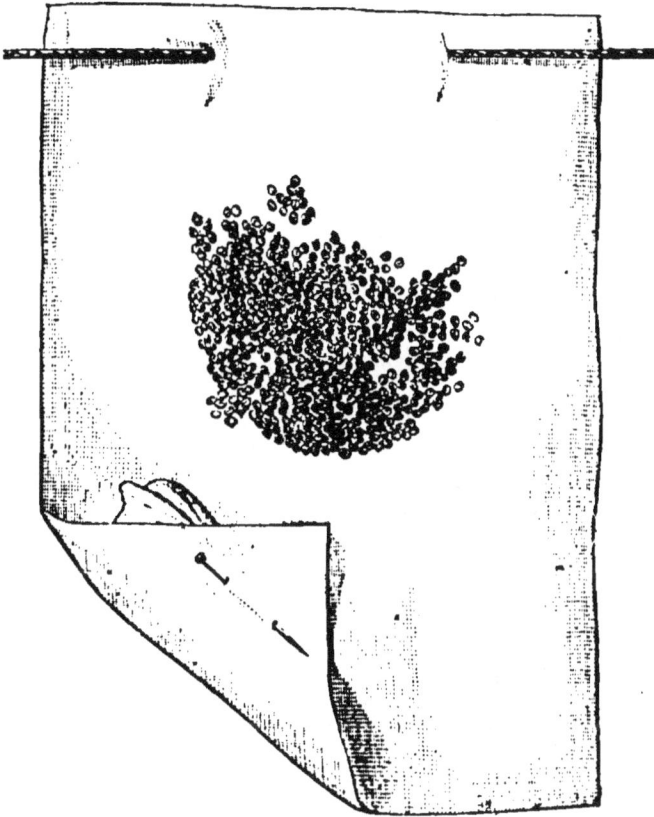

Fig. 19. — Carton de graine préparé pour l'examen microscopique du papillon, conservé dans un repli du carton.

de trois : *Attacus Pernyi*, *Attacus yama-maï* et *Attacus mylitta*; des éducations assez nombreuses de ces vers ont réussi sur divers points de la France.

Le ver à soie de l'ailante (*Attacus cynthia*) présente plusieurs races distinctes; c'est une espèce bivoltine, c'est-à-dire donnant deux générations par an. La plupart de ces espèces réussissent en plein air.

N. B. — Consulter : *Manuel du Magnanier*, par Léopold Roman.

51ᵉ LEÇON

NOTIONS DE PISCICULTURE

Sommaire. — But de la pisciculture. — Qualités des eaux propres aux poissons. — Fécondation artificielle, incubation, alevinage. — Frayères naturelles et artificielles.

Résumé

La pisciculture est l'art de tirer profit des eaux par la multiplication du poisson. Elle est née de la nécessité de parer à la diminution croissante des poissons dans tous les cours d'eau, résultant d'une pêche exagérée, de la pollution des eaux par les résidus des industries, etc. Bien pratiquée, la pisciculture est une source de profits qui peuvent être élevés, et elle fournit un excellent aliment pour la nourriture des populations humaines. La France possède de 700 à 800 000 hectares d'eau douce rapportant actuellement 34 millions de francs, et 2800 kilomètres de côtes marines rapportant 37 millions. Ces produits pourraient être facilement doublés, pour les eaux douces surtout.

La base de la pisciculture est la fécondation artificielle et l'incubation des œufs de poissons, suivies de l'élevage des alevins, puis de l'entretien des poissons dans les eaux. Ces eaux sont les eaux courantes, ruisseaux, rivières et fleuves, ou bien les eaux fermées, étangs, viviers, etc.

Toutes les eaux ne sont pas favorables aux poissons. Les eaux crues et non potables, renfermant du sulfate de chaux ou du carbonate de magnésie, sont impropres à la vie des poissons. On reconnaît les eaux propices aux plantes qui y poussent : charas, lentille d'eau, acore, renoncules, etc. Les meilleures eaux sont les eaux courantes, bien aérées, coulant sur des sols calcaires, fraîches, c'est-à-dire à la température de 10 à 15 degrés. La plupart des poissons ne vivent pas dans les eaux un peu chaudes ; la dorade seule fait exception.

La nature du fond exerce une influence sur les poissons :
pour les Salmones, les fonds cailloteux et sableux sont les
meilleurs ; pour les Cyprins, ce sont les fonds bourbeux et vaseux.
Les premiers se plaisent dans les eaux dont la température ne
dépasse pas 16 à 20 degrés ; les seconds, dans celles dont la
température ne dépasse pas 28 degrés au maximum.

Les poissons produisent un nombre d'œufs prodigieux (2000
par kilogr. de poids vivant pour les Salmones, 200 000 et plus
pour les Cyprins). La fécondation de ces œufs est naturelle ou
artificielle. La première se fait dans leur élément ; la seconde
est pratiquée par l'homme, suivant des procédés bien déterminés. Pour favoriser la fécondation naturelle, il suffit de préparer, dans quelques cantonnements des cours d'eau, des frayères
artificielles, quelques semaines avant le moment de la ponte.
Les plus simples consistent en claies en bois, qu'on garnit de
plantes aquatiques et de brindilles ; on les place dans des points
bien exposés au midi. On attire les poissons dans ces frayères,
en répandant autour d'elles des aliments dont ils sont friands.

La fécondation artificielle comprend plusieurs opérations :
choix des reproducteurs, fécondation et lavage des œufs, mise
en place.

On se procure, par la pêche, quelques sujets mâles et femelles de l'espèce qu'on veut multiplier : on les parque dans
des réservoirs, en les séparant, mais en les plaçant dans un milieu qui leur soit convenable sous le rapport de la température
de l'eau. Lorsque la maturité est achevée, ce qu'on reconnaît à
des signes extérieurs, on procède à la fécondation.

Le mode d'opérer varie suivant qu'il s'agit d'espèces à œufs
libres, c'est-à-dire simplement déposés sur les frayères, ou d'espèces à œufs adhérents, c'est-à-dire se collant sur les herbes où
ils tombent ; pour ces derniers, on garnit la cuvette sur laquelle
on recueille les œufs de brindilles en paquets. En pressant le
ventre d'une femelle, on fait tomber les œufs dans une cuvette
remplie d'eau à la température convenable (7 à 9 degrés pour
les Salmones, et 18 à 20 pour les Cyprins), puis on fait jaillir
immédiatement par-dessus la laitance d'un mâle. Au bout de
quelques minutes, on lave les œufs à grande eau, et on les
dépose, soit dans les frayères des cours d'eau, soit dans les

appareils d'incubation, après avoir éliminé les œufs clairs ou opaques.

Les appareils d'incubation sont de forme variable; ils consistent toujours en caisses dans lesquelles est établi un courant d'eau qui soit à la température de 7 à 9 degrés pour les œufs d'hiver et de 16 à 20 pour ceux de printemps. Ces caisses sont en ciment, en métal ou formées par des claies en fils de fer garnies de verre; les œufs y sont recouverts d'une couche d'eau de 3 centimètres environ. Cet appareil est dit appareil Coste. Les soins consistent à éloigner les ennemis des œufs, et à enlever ceux qui sont atteints par des parasites végétaux.

La durée de l'incubation varie suivant la nature des poissons et la température de l'eau. Elle est, en moyenne, de six à huit semaines pour les Salmones, et de deux à trois semaines pour la plupart des Cyprins.

Après l'éclosion des alevins, on les conserve dans les milieux où ils sont nés. Pendant les premiers temps de leur vie, il est inutile de leur donner de la nourriture; ils se développent par leur vésicule ombilicale. Ils restent presque immobiles, et ils n'acquièrent d'agilité que lorsque cette vésicule est résorbée.

C'est le moment de rendre les poissons à leur habitat naturel, c'est-à-dire au ruisseau. A cet effet, on prépare le ruisseau en y détruisant les poissons voraces, tels que brochets, perches, etc., et en disposant des abris, à une bonne exposition et à une faible profondeur. Cette opération se fait en avril ou mai pour les Salmones; pour les Cyprins, le mieux est de la pratiquer dès l'éclosion, c'est-à-dire en juin ou en juillet.

Tel est le système pratique de l'empoissonnement par les têtes de bassins. Les jeunes poissons se développent dans le milieu où on les a placés, et ils se répandent progressivement dans les eaux plus profondes.

Une autre méthode consiste à pratiquer l'élevage artificiel, dans les eaux fermées. Il faut alors procéder à des installations spéciales, fournir leur nourriture aux poissons, faire l'exploitation des eaux par des asséchements réguliers. Pour la truite, ce système se pratique dans des réservoirs; pour les Cyprins, dans les étangs. L'habileté consiste à charger étangs et réservoirs de la quantité de poissons proportionnelle aux ressources alimentaires dont on dispose.

Sous le rapport du repeuplement général des eaux, l'empoissonnement par les têtes de bassins est le procédé pratique, applicable dans toutes les circonstances.

Ouvrages à consulter. — Koltz, *Traité de pisciculture pratique*. — Chabot-Karlen, *Conférences piscicoles*.

52ᵉ LEÇON

APPLICATIONS DE LA PISCICULTURE

Sommaire. — Repeuplement des eaux. — Espèce de poissons à propager. — Salmonides et Cyprins. — Écrevisses. — Utilisation des eaux saumâtres ou salées.

Résumé

Pour pratiquer rationnellement le repeuplement des eaux, on doit faire un choix parmi les espèces de poissons à propager. Les unes ont une chair abondante et fine et se développent rapidement, tandis que les autres ne donnent qu'une chair de valeur inférieure. On doit donner la préférence aux premières, d'autant plus que ces espèces se prêtent très bien aux procédés de la fécondation artificielle; la plupart appartiennent aux deux familles des Salmones et des Cyprins.

La plupart des espèces de bons poissons se nourrissent d'autres espèces : en en repeuplant les cours d'eau, on doit veiller à ce que ces poissons y trouvent la nourriture qui leur convient. On peut être conduit ainsi à donner ses soins à la reproduction d'espèces qui serviront d'aliments pour les poissons de choix.

Sous un autre rapport, les espèces se divisent en deux catégories, les poissons migrateurs et les poissons sédentaires. Ce n'est qu'exceptionnellement qu'on a réussi l'élevage des premiers dans les eaux fermées.

Les principales espèces de poissons à propager sont les suivantes : pour les étangs et les réservoirs, la carpe, la tanche, le barbeau ; pour les eaux vives, la truite, le saumon, l'ombre.

Pour ces espèces et pour quelques autres secondaires, les conditions les plus convenables sous le rapport de la nature des eaux et des fonds sont déterminées par M. Koltz comme il suit :

Les petits cours d'eaux limpides, froides, à fond pierreux, surtout dans les terrains granitiques et schisteux, sont favorables à la truite et à l'ombre commune.

Dans les eaux plus profondes, les étangs et les lacs d'eaux froides où la température ne dépasse pas 15 degrés en été, la truite saumonée, le saumon, la perche, le brochet prospèrent.

Les eaux moins froides, courantes, sur fond de gravier, conviennent au brochet, à la perche, au barbeau.

Les eaux à température moyenne, les étangs surtout, sont propices pour la carpe, la tanche, le brochet, l'anguille ; les eaux tranquilles et profondes, pour la carpe, la brême et les poissons blancs.

Dans les ruisseaux à fond sablonneux ou de gravier, on élève le chabot, le goujon, la loche.

Dans les eaux marécageuses et vaseuses, la tanche, la carpe, le brochet, l'anguille peuvent prospérer ; mais ces derniers poissons y contractent un goût détestable.

D'après l'époque de leur frai, les poissons sont répartis en deux catégories : les poissons d'hiver, qui frayent d'octobre à février, le saumon, la truite, la lotte, etc., et en général tous les Salmones ; — les poissons de printemps, qui frayent de mars en août, les Cyprins, dont le brochet en mars, l'ombre, la carpe, le barbeau, la perche, la tanche, en avril et en mai. Pour les premiers, la température la plus convenable pour la fécondation est celle de 4 à 6 degrés ; pour les poissons de printemps, celle de 10 à 20 degrés.

De toutes les espèces, le saumon et la truite sont celles qu'il est le plus avantageux de propager dans les eaux libres. Le saumon, essentiellement migrateur, naît dans l'eau douce, et croît dans l'eau salée, mais il tend toujours à revenir à ses cantonnements. La truite commune vit surtout dans les eaux froides des régions montagneuses ; la truite saumonée a des mœurs analogues à celles du saumon. Ces espèces sont celles dont le développement est le plus rapide.

Pour tirer un parti avantageux des eaux repeuplées, on doit les soumettre à des assolements, c'est-à-dire les diviser en régions dans lesquelles on pratique alternativement la pêche. On crée ainsi des cantonnements ou des réserves dans lesquels la reproduction naturelle se fait dans les conditions normales.

Écrevisses. — Ce crustacé, dont on connaît deux variétés, se rencontre surtout dans les ruisseaux et les rivières à eaux claires et courantes et à fond pierreux. C'est un animal très vorace et dont la croissance est assez rapide. Le poids des écrevisses varie de 1 gr. 10 à 1 gr. 50 à un an, de 3 à 4 grammes à deux ans, de 7 à 10 grammes à trois ans, de 11 à 16 grammes à quatre ans.

On ne peut pratiquer sur les écrevisses ni la fécondation ni l'incubation artificielles. Pour peupler un cours d'eau, on y met des femelles garnies de leurs œufs. Pour repeupler un cours d'eau dont la population décroît, le seul moyen consiste à s'abstenir de la pêche pendant quelques années.

Eaux saumâtres et salées. — Sur les bords de la mer, on pratique l'élevage des huîtres, des moules, et quelquefois de certains autres coquillages marins.

L'élevage de l'huître (*Ostrea edulis*) se pratique en formant des claires ou parcs à eaux, dans lesquelles le niveau de l'eau est réglé par le mouvement de la marée; on y recueille sur des collecteurs (fascines, tuiles, etc.) le naissain des huîtres, qui s'y développe. Les principaux soins consistent dans la récolte du naissain et dans la surveillance des parcs, de manière que le nombre des mollusques sur chaque collecteur soit proportionné à son étendue. Certains parcs sont plus favorables à l'engraissement des huîtres, par suite de la nature de leurs eaux.

La culture des moules se fait sur des bouchots; ceux-ci consistent en clayonnages montés sur des pieux enfoncés dans le sol. Ces bouchots, découverts à marée basse, sont couverts à marée haute. Le naissain y est déposé par le flot; on fait la récolte lorsque les moules sont assez grosses, généralement à deux ans. Les principaux soins consistent à entretenir les bouchots et à réparer les avaries qui résultent des tempêtes.

Sangsues. — Les étangs à fond tourbeux, peu profonds, alimentés par des eaux un peu chaudes, peuvent être exploités pour la production des sangsues. Le meilleur mode de nourriture est le sang défibriné des animaux abattus, qu'on répand sur des planchettes concaves et flottantes disposées sur les rives des étangs.

35ᵉ LEÇON

PRINCIPES DE L'ACCLIMATATION

Sommaire. — Dissémination des espèces sur la terre. — Conditions qui influent sur leur extension naturelle. — Différence entre l'acclimatation et la culture. — Domestication des animaux. — Conditions dans lesquelles l'acclimatation est utile.

Développement

Chaque espèce animale ou végétale est apparue sur notre globe à une époque qu'il est souvent assez difficile de déterminer. Parmi ces espèces, les unes se sont propagées sur des surfaces plus ou moins étendues, les autres sont restées à peu près confinées sur leur lieu de naissance. La cause principale de ces différences dans la dissémination des espèces est la variation qu'elles présentent sous le rapport des aptitudes vitales : les unes se montrent à peu près indifférentes soit sur la nature du sol où elles vivent, soit sur les conditions de climat; les autres, au contraire, appartenant parfois à la même famille ou au même genre, ne se meuvent que dans des conditions d'existence strictement déterminées. Les premières se répandent dans de vastes parties du monde, les autres se limitent à un petit nombre de localités; d'autres enfin, sans avoir les mœurs en quelque sorte vagabondes des premières, présentent sous ce rapport des caractères intermédiaires.

Parmi les causes qui déterminent la répartition géographique des espèces, la chaleur joue certainement un rôle prépondérant. Il suffit d'une hausse ou d'une baisse assez faible dans cet élément climatérique pour qu'un grand nombre de plantes et d'animaux disparaissent. Chacun connaît les variations que présentent, suivant les altitudes, la flore et la faune spontanées des montagnes.

La température n'est pas seule en cause dans ces résultats. Il faut tenir compte aussi de la durée et du caractère des saisons, de la rapidité ou de la lenteur dans les transitions de l'hiver à l'été ou de l'été à l'hiver.

D'autre part, certains êtres ont besoin d'une insolation énergique, tandis que d'autres périclitent sous l'action du soleil et ne prospèrent que dans l'ombre. L'humidité de l'air exerce de son côté une action non moins importante ; certaines espèces de végétaux prospèrent dans les lieux secs ou arides, d'autres exigent des sols humides ou marécageux. Ces différences se retrouvent aussi quand il s'agit des animaux.

Les conditions de la composition chimique ou physique du sol sont également prépondérantes. Tous les botanistes savent que la présence dans le sol du calcaire ou de la silice exerce la plus grande influence sur la nature des plantes qui y croissent. Cette diversité de flore entraîne une égale diversité dans la faune, puisque les animaux ne vivent que là où ils trouvent les éléments de leur existence.

De cet ensemble de circonstances, et de quelques autres peut-être dont la nature nous est encore inconnue, il résulte que, dans un pays d'une certaine étendue comme la France, on rencontre d'une part des espèces qui vivent sur toute l'étendue du pays, et d'autre part des espèces qui ne sont répandues que sur des surfaces assez circonscrites. Examinant récemment la dissémination des espèces animales et végétales en France, M. Blanchard constatait les faits suivants.

Des espèces méridionales s'avancent dans la direction du nord d'une façon très inégale. Beaucoup d'entre elles s'écartent peu de la Méditerranée ; d'autres s'étendent jusqu'au massif des Cévennes ; d'autres, trouvant leur chemin par les plaines ou les vallées des cours d'eau, se montrent dans le centre de la France ; les botanistes signalent la Loire, près d'Orléans, comme l'extrême limite au nord de plusieurs plantes. Un coléoptère, l'hoplie bleue, n'a pas dépassé cette limite depuis cent vingt ans. La perdrix rouge ne s'aventure pas au delà de nos départements du centre. La pie-grièche méridionale ne s'éloigne pas du pays des orangers, tandis que ses congénères bâtissent leurs nids aux rives de la Seine. Dans la plupart des contrées, il est des espèces des parties les plus chaudes remplacées, dans les plus froides, par d'autres espèces du même genre. Ainsi, un lépidoptère, fréquent dans le bassin de Paris, le petit sylvain, cède ses taillis de chèvrefeuilles au sylvain azuré; les deux espèces, fort distinctes l'une de l'autre, ayant le même régime, les mêmes habitudes, se rencontrent à leurs limites géographiques, mais chacune reste dans une absolue indépendance. Au pinson commun de l'Europe centrale se substitue, dans le nord, le pinson des montagnes. Certains êtres, entraînés seulement à quelque distance des localités qu'ils habitent, se montrent réfractaires à toute prise d'occupation. Pendant les mémorables débordements de l'Yonne et de la Seine, au mois de mai de l'année 1856, des bois, des touffes d'herbes arrachés par les eaux étaient charriés et en parties rejetés sur les rives. Quand les eaux vinrent à diminuer, c'était le long des berges du fleuve, surtout dans Paris, un amoncellement de débris; alors, au milieu de ces débris, on rencontrait des insectes qui n'avaient jamais été recueillis dans les environs. Ces insectes disparurent bientôt, et si de temps à autre on les revoit, c'est toujours à la suite de crues excessives. Ces espèces, amenées des parties centrales de la France, ne réussissent donc pas à se fixer un peu plus au nord. Il est un des plus beaux Coléoptères de l'Europe, un capricorne, la rosalie alpine, qui habite à une moyenne hauteur les Alpes, les Pyrénées, la Lozère, où la larve taraude le tronc des hêtres. Ces montagnes approvisionnant les chantiers, on voit souvent dans les villes de France, à Paris même, sortir des pièces de bois la rosalie alpine; jamais elle ne s'est répandue dans les forêts d'autres régions, même celles où abondent les hêtres.

'autres espèces sont comme parquées en des endroits très circonscrits, et d'ordinaire il est impossible d'expliquer par quelles circonstances ces espèces demeurent rebelles à toute dissémination. Les botanistes citent des plantes qu'on trouve dans peu de localités ou même dans une seule. Au milieu de l'Europe, où les recherches ont été actives depuis assez longtemps pour donner une certitude, combien voit-on d'espèces d'animaux, notamment parmi les insectes, qui n'ont que de rares stations.

Le plus grand nombre des espèces végétales ou animales sont donc sous la dépendance absolue d'un climat. Mais jusqu'ici c'est en vain que l'on a cherché les causes qui les placent sous cette dépendance. Tout ce que la science a pu réaliser, c'est de constater les conditions d'existence pour les diverses espèces qu'elle a étudiées.

Après ces données générales qui étaient nécessaires, il convient d'aborder l'étude spéciale de l'acclimatation.

L'acclimatation est l'action de faire vivre et de propager une race animale ou végétale transportée de son climat originaire sous un climat différent. C'est donc une opération faite par l'homme. La condition première pour qu'il y ait acclimatation est une différence de climat entre le lieu d'où la plante ou l'animal provient et celui où l'espèce est transportée.

Ce n'est pas toujours la distance qui est la cause de différence dans le climat : une race d'animaux peut être transportée très loin de son lieu d'origine, sans qu'elle ait besoin de s'acclimater ; c'est ce qui se produit quand il y a analogie entre les deux climats. Par contre, l'acclimatation est nécessaire, quand on fait passer un animal ou une plante d'un lieu dans un autre assez rapproché, mais présentant des différences notables sous le rapport de la distribution de la chaleur, des pluies, des saisons, etc.

L'acclimatation n'est pas un vain rêve ; elle a été réalisée dans un nombre de circonstances assez considérable pour qu'on puisse en affirmer l'efficacité. Pour qu'elle soit réalisée, il est nécessaire que certaines conditions soient remplies. Les deux principales sont résumées dans la définition même du mot ; il faut que les espèces vivent et qu'elles se reproduisent sous le nouveau climat où elles sont implantées. C'est en cela que l'acclimatation diffère de la domestication. Les espèces domestiquées ne sont pas toujours acclimatées ; car, en dehors des conditions de leur existence en quelque sorte artificielle, elles disparaissent souvent avec rapidité.

Les circonstances dans lesquelles l'acclimatation peut s'opérer diffèrent suivant qu'il s'agit des plantes ou des animaux.

L'acclimatation des végétaux est en quelque sorte l'histoire même de l'agriculture. Celle-ci a commencé à se développer dans les milieux où vivaient à l'état sauvage les espèces utiles qui sont devenues plus tard les principales plantes agricoles. Dans ses remarquables études sur l'origine des plantes cultivées, M. Alphonse de Candolle a constaté que, sur 247 espèces étudiées sous ce rapport, 199 sont originaires de l'ancien monde, 45 de l'Amérique et 3 ont une origine encore douteuse. Certaines parties du monde n'en ont fourni que des quantités absolument insignifiantes. Ainsi les États-Unis d'Amérique, malgré leur vaste territoire, n'ont présenté, en fait de plantes *nutritives* dignes d'être cultivées, que le topinambour et quelques espèces de courges ; c'est de l'ancien monde que leur sont venues les céréales qu'on y cultive aujourd'hui sur une si vaste échelle. Par contre, leur flore de plantes forestières et de plantes d'ornement a puissamment contribué à enrichir les forêts et les jardins de l'ancien monde.

C'est surtout depuis le perfectionnement des moyens de transport que les échanges de plantes entre les diverses parties du globe se sont multipliées. Naguère, la culture d'une plante commençait dans le pays où elle existait : on a vu récemment en Algérie, les premiers semis et les premières cultures d'eucalyptus qui est sauvage en Australie, et on a vu dans l'Asie méridionale les premières cultures des cinchonas ou arbres à quinquina, originaires de l'Amérique. Jusqu'ici les jardins botaniques avaient répandu des espèces déjà cultivées ailleurs, aujourd'hui ils provoquent des cultures absolument nouvelles ; c'est surtout pour les plantes florales que ces acquisitions se multiplient.

Une fois qu'une espèce est répandue dans les cultures, ce n'est pas une raison pour qu'elle soit acclimatée. Les plantes cultivées dans les champs ou dans les jardins répandent leurs graines sur le sol ; les vents et les autres agents du transport de ces graines les éparpillent au hasard ; mais bien souvent elles ne se développent pas sur le sol où elles sont tombées. Il arrive que des curieux se plaisent à semer dans les bois, les prairies, les landes, les fossés, des graines de plantes exotiques: ils retrouvent parfois, l'année suivante, des végétaux provenant de ces graines; mais, parmi ces plantes abandonnées à elles-mêmes, bien peu persistent. Cette disparition est fréquente surtout pour les plantes herbacées; les arbres et les arbustes paraissent plus aptes à persister et à se multiplier par graines au bout d'un certain temps.

Pour que des plantes fussent réellement acclimatées en dehors de leur lieu d'origine, il faudrait qu'elles pussent vivre au milieu des circonstances climatériques du pays dans lequel elles ont été importées. Il en est bien peu pour lesquelles ces conditions soient réalisées; quelques arbres seulement se trouvent dans ce cas; parmi ces arbres, les plus communs sont le peuplier et le robinier faux-acacia.

Les soins relatifs à l'acclimatement des plantes se rapportent au sol, à la température, à l'humidité et au mode de culture. On a vu plus haut la part qui revient à chacun de ces éléments dans le climat. On comprend dès lors facilement qu'en dehors des cultures faites par l'homme, l'acclimatation des végétaux soit bornée à un nombre très restreint d'espèces.

En ce qui concerne les espèces animales, l'homme a transporté avec lui sur tous les points du globe les animaux domestiqués dès la plus haute antiquité. Ces animaux se sont développés partout à l'état domestique : sur quelques continents où ils n'existaient pas naturellement, ils sont même revenus à l'état sauvage et ils s'y sont maintenus au milieu des conditions les plus diverses. Quant à essayer d'acclimater des races sauvages, les tentatives poursuivies jusqu'ici ont été relativement peu nombreuses, mais quelques-unes ont eu un succès éclatant. Le dindon, importé en Europe vers le seizième siècle, est devenu un des animaux les plus importants de toutes nos basses-cours. Depuis une cinquantaine d'années on a poursuivi des entreprises analogues sur un certain nombre d'espèces : le lama, le yak, la chèvre d'Angora, les races de vers à soie d'Orient, un certain nombre de poissons.

La principale difficulté que l'on rencontre dans l'acclimatation est la multiplication ou la reproduction dans l'état de captivité. C'est sous ce rapport que les animaux domestiqués l'emportent de beaucoup sur ceux qu'on veut acclimater. Dans la plupart des essais, on arrive à faire vivre des animaux isolés, mais on échoue lorsqu'il s'agit de leur reproduction.

Pour juger les tentatives d'acclimatation, on doit les considérer sous un double point de vue : celui de la curiosité scientifique et celui de l'utilité agricole.

Sous le premier rapport, on peut encourager tous les essais ; mais sous le deuxième, il y a des réserves à faire.

Dans l'état actuel des choses, on peut dire que le nombre des espèces domestiques est exactement subordonné à nos besoins et aux satisfactions qu'elles leur donnent. Nous possédons des animaux de travail remarquables soit par leur force, soit par leur rapidité d'allure, soit par leur sobriété, soit par la facilité avec laquelle ils s'adaptent à toutes les conditions d'existence. Nos animaux de boucherie nous donnent une viande tantôt abondante, tantôt délicate, tantôt d'un développement rapide ou d'un prix de revient assez bas. Leurs produits secondaires alimentent des industries d'une grande prospérité qui travaillent les laines, les poils, les plumes, les cornes, les os, etc., et les transforment en denrées d'une grande valeur.

Que l'on essaye de domestiquer certaines espèces donnant des produits différents de ceux des races domestiques, rien de mieux ; la propagation de l'autruche en Algérie, par exemple, est une tentative que l'on ne pourrait trop encourager. Mais quel avantage tirerait-on de l'acclimatation du zèbre en France pour remplacer le cheval ou du moins pour en tirer parti parallèlement ? La production du cheval restera toujours moins coûteuse, plus rapide et plus productive que celle d'animaux étrangers, qui ne se plieront jamais ou du moins qui ne se plieront qu'après des siècles aux conditions variées que les races chevalines supportent si facilement. On peut en dire autant pour les races bovines, ovines, porcines, etc. Sous le rapport de l'agriculture, l'acclimatation ne peut être utile que pour des races qui viennent en quelque sorte toutes seules et qui n'ont pas besoin d'un dressage et d'une éducation spéciaux ; la pintade et le colin, qu'on a introduits dans les basses-cours à des dates récentes, en donnent des exemples, mais ils sont rares.

54ᵉ ET 55ᵉ LEÇONS

ANIMAUX UTILES A L'AGRICULTURE

Sommaire. — Rôle des animaux utiles non agricoles. — Mammifères, Oiseaux, Reptiles. — Insectes, Crustacés. — Utilités des divers genres d'animaux.

Résumé

Parmi les innombrables espèces du règne animal, un certain nombre doivent être regardées comme utiles, en dehors des espèces domestiques ou exploitées par des industries spéciales. Ces espèces sont celles qui vivent aux dépens des animaux nuisibles aux cultures, aux produits divers, etc. ; elles interviennent pour débarrasser l'homme de ses ennemis. Ce sont donc toujours des espèces carnassières que l'on doit ranger dans cette catégorie.

Mais il peut arriver que, par suite de leur multiplication excessive, ces espèces deviennent à leur tour nuisibles ; pour un certain nombre, on peut donc les classer alternativement parmi les espèces utiles et parmi les espèces nuisibles, suivant qu'elles sont plus ou moins répandues.

Mammifères. — Dans cette classe, les principaux animaux utiles sont : les chauves-souris, le hérisson, les musaraignes, les taupes ; tous ces animaux sont insectivores.

Les musaraignes sont souvent confondues avec les campagnols et les mulots ; elles s'en distinguent par leur dentition et leur tête effilée.

Les taupes ne deviennent nuisibles que lorsqu'elles sont trop multipliées ; en construisant leurs galeries, elles attaquent les racines des plantes cultivées ; d'autre part, les taupinières sont parfois des obstacles à la régularité des travaux agricoles.

Oiseaux. — Cette classe renferme un très grand nombre d'espèces très-utiles, par l'énorme quantité d'insectes qu'elles détruisent ; quelques-unes sont utiles par la guerre acharnée qu'elles font aux mammifères rongeurs.

Les espèces d'oiseaux appartenant à cette catégorie sont : parmi les Rapaces, la cresserelle et tous les Rapaces nocturnes (surtout les chouettes et les hiboux) ; — parmi les Grimpeurs, les pics, les torcols, les coucous ; — parmi les Passereaux, les pies-grièches, les hirondelles, les martinets, l'engoulevent, le merle, les grives, le rouge-gorge, le rossignol, le rouge-queue, le traquet, les fauvettes, le troglodyte, les roitelets, la sitelle, les grimpereaux, les mésanges, les bergeronnettes, les alouettes, les loriots, le moineau (parfois nuisible), le bouvreuil, le gros-bec, le char-donneret, le pinson, le tarin, la linotte, les bruants, l'ortolan, les corneilles (parfois nuisibles), le geai, le martin, le vanneau, la cigogne.

C'est un devoir de protéger ces espèces et d'en sauvegarder les couvées contre la destruction. Dans quelques pays, des lois spéciales en défendent la destruction (Autriche, Suisse, Belgique, Angleterre).

Voici quelques exemples de l'utilité de certaines espèces d'oi-seaux : une hirondelle mange plus de mille mouches par an, une mésange donne par jour en pâture à sa couvée trois cents chenilles ou insectes, un couple de moineaux en porte à ses petits plus de quatre mille par semaine.

Reptiles. — Dans la classe des Reptiles, plusieurs espèces sont utiles : les lézards, les caméléons, l'orvet.

Batraciens. — Les animaux utiles sont : le crapaud (qui détruit de grandes quantités d'insectes et de limaces), les diverses espèces de grenouilles, les salamandres et les tritons.

Insectes. — Parmi les Insectes, les espèces carnassières sont utiles par la chasse qu'elles font aux espèces qui vivent sur les plantes cultivées.

Parmi les Coléoptères, figurent à ce titre les cicindèles, les carabes, les calosomes, l'aptine, les féronies, les harpales, les staphylins, les nécrophores (qui activent la disparition des petits cadavres), les sylphes, les scarabées, les bousiers, les aphodies, les lampyres ou vers-luisants, les téléphores, les cantharides (à raison de leur emploi en pharmacie, mais nuisibles aux frênes), les coccinelles, etc.

Dans l'ordre des Orthoptères, les espèces de mantes sont à peu près les seuls insectes utiles.

Parmi les Névroptères, on compte les libellules, les calopteryx, les agrions, les panorbes, les fourmis-lions, les ascalaphes, les hémérobes, etc.

Parmi les Hyménoptères, les cercéris, les crabrons, et un certain nombre d'autres insectes fouisseurs, parmi lesquels les ammophiles. A cet ordre appartiennent les ichneumons, qui attaquent les grandes chenilles.

Les Lépidoptères ne comptent pas d'espèces utiles, en dehors des insectes séricigènes (voy. 29e et 30e leçons).

Les Hémiptères renferment une espèce utile, la cochenille du cactus, qui n'est pas carnassière, mais dont on tire un principe colorant recherché, le carmin.

Parmi les Diptères, les espèces utiles sont les asiles, les volucelles, les syrphes, les conops, etc. Quant aux mouches, si elles sont utiles en accélérant la décomposition des matières animales, elles sont gênantes et peuvent être dangereuses par la dissémination des germes des maladies contagieuses.

Arachnides. — Les araignées sont très-carnassières, et détruisent un très grand nombre d'insectes nuisibles.

Application. — Pour chacune de ces espèces, quelques détails sont nécessaires ; en faisant ressortir leur influence dans les cultures, on doit étudier spécialement les espèces qu'on rencontre dans la région.

N. B. — Consulter le *Catalogue raisonné des animaux utiles et nuisibles* de la France, par M. Maurice Girard.

56ᵉ LEÇON

VERTÉBRÉS NUISIBLES A L'AGRICULTURE

Sommaire. — Caractères des animaux nuisibles. — Importance des dégâts qu'ils commettent. — Moyens de les combattre. — Mammifères, oiseaux, reptiles nuisibles.

Résumé

Les espèces nuisibles sont celles qui s'attaquent directement à l'homme ou aux animaux domestiques, et celles qui détruisent les produits des cultures.

On compte des espèces nuisibles dans tous les ordres d'animaux : les unes sont toujours malfaisantes, les autres ne causent des dégâts sérieux que lorsqu'elles se multiplient dans des proportions considérables.

Les dommages causés à l'agriculture par les animaux nuisibles sont énormes : le cultivateur compte les moyens de s'en débarrasser au rang de ses plus importants soucis. Certaines espèces, quand elles s'attaquent à une plante, détruisent parfois des récoltes entières; d'autres font disparaître plus ou moins des cultures ou en rendent le maintien impossible autrement qu'au prix d'une lutte constante.

Il n'y a pas de moyen général pour lutter contre les animaux nuisibles. Des procédés de destruction spéciaux s'appliquent à chaque espèce; leur adoption peut dépendre parfois des conditions locales.

Mammifères. — Les mammifères nuisibles appartiennent aux ordres des carnivores et des rongeurs.

Parmi les carnivores, les principaux sont : le loup, le renard, le blaireau, le chat sauvage, la belette, la fouine, la loutre. A l'exception de la dernière, toutes ces espèces s'attaquent aux animaux domestiques, surtout à ceux de la basse-cour; le loup s'attaque aussi à l'homme; quant à la loutre, elle détruit les poissons dans les cours d'eau et les viviers.

Les meilleurs moyens de destruction sont la chasse et l'emploi des pièges.

Des primes sont accordées par la loi du 3 août 1882 pour la destruction des loups, savoir : 100 francs par tête de loup ou de louve non pleine, 150 francs par tête de louve pleine, 40 francs par tête de louveteau (animal pesant moins de 8 kilogrammes), et 200 francs lorsque le loup s'est jeté sur des êtres humains. Un décret du 28 novembre 1882 a réglé les conditions dans lesquelles ces primes sont attribuées.

Les rongeurs nuisibles sont nombreux; il faut citer surtout les campagnols, les mulots, les rats et les souris, le lérot, le lapin.

Les campagnols, d'une fécondité prodigieuse, vivent par bandes nombreuses, et exercent des ravages souvent énormes dans les terres cultivées. Les principaux moyens de destruction adoptés sont : empoisonnement par des appâts, asphyxie dans leurs galeries souterraines par les vapeurs de soufre ou celles de sulfure de carbone, destruction par des pièges (pots vernissés et trous creusés dans la terre). Des procédés analogues sont employés contre les mulots.

Les lapins sont nuisibles tant aux arbres des forêts qu'aux champs cultivés qui en sont voisins.

On classe aussi les sangliers parmi les mammifères nuisibles.

Le droit de chasser les animaux nuisibles appartient au propriétaire ou au fermier : pour que ce droit soit licite, il faut que les dégâts soient sérieux, appréciables et actuels, ou bien que la réitération en soit imminente. Il appartient à l'autorité préfectorale de déterminer, dans chaque département, la liste des animaux nuisibles qu'on peut chasser en tout temps. On les distingue en animaux malfaisants, toujours nuisibles et impropres à la consommation, et en animaux nuisibles, qui ne deviennent tels que par la multiplicité et qui d'ailleurs peuvent servir de nourriture.

Oiseaux. — Les oiseaux nuisibles sont :

Parmi les Rapaces diurnes : l'autour, le milan, la buse, l'épervier, l'émerillon; ils détruisent des petits oiseaux utiles, et quelquefois les oiseaux de basse-cour, mais ils attaquent aussi des mammifères nuisibles.

Parmi les Échassiers, les hérons et le butor sont des destructeurs de poissons.

Parmi les Gallinacés, plusieurs espèces de pigeons ravagent les terres ensemencées.

Reptiles. — On doit détruire partout les serpents venimeux (vipères, aspics); dans quelques départements, les conseils généraux allouent des primes pour leur destruction. Les autres espèces sont indifférentes.

57ᵉ ET 58ᵉ LEÇONS

INSECTES NUISIBLES A L'AGRICULTURE

Sommaire. — Dégâts causés par les insectes. — Échenillage, alternance des cultures. — Insectes nuisibles aux céréales. — Insectes nuisibles aux autres plantes herbacés. — Insectes nuisibles aux cultures arbustives.

Résumé

La classe des insectes est celle qui compte le plus grand nombre d'espèces nuisibles à l'agriculture. Les dégâts que causent ces petits animaux sont énormes; car, depuis le jour de leur naissance jusqu'à celui de leur mort, les insectes nuisibles exercent leurs ravages, que ce soit à l'état de larve ou à celui d'insecte parfait. Pour quelques espèces seulement, les dégâts se bornent à l'une des phases de leur existence.

Deux principaux moyens sont employés pour les détruire : la chasse directe, et un procédé indirect, qui consiste dans l'alternance des cultures.

La chasse directe se pratique suivant des méthodes variées, d'après les espèces qu'il s'agit de détruire. Un procédé général est celui de l'échenillage; il consiste à détruire, avant la fin de l'hiver, les nids et bourses dans lesquels les larves, les chrysalides ou les œufs sont abrités pendant la mauvaise saison.

La loi du 18 mars 1796 a rendu l'échenillage obligatoire en France; elle prescrit aux propriétaires, fermiers, locataires ou autres faisant valoir des héritages d'écheniller ou faire écheniller, tous les ans, avant le 20 février, les arbres, arbustes, haies et buissons, et de brûler les bourses et toiles contenant les nids et les œufs dans un lieu où il n'y a aucun danger de communication du feu. Les autorités municipales sont chargées de veiller à l'exécution de cette prescription : il n'y a d'exception que pour les terrains en nature de bois. Mais une date uniforme, pour l'échenillage, ne saurait convenir à toutes les contrées de la France; il serait plus utile de provoquer des règlements locaux.

Quant à l'alternance des cultures, elle a pour effet de priver les insectes de la nourriture appropriée à leurs besoins. Chaque espèce vit exclusivement d'un certain genre de plantes, et elle se multiplie d'autant plus qu'elle trouve une nourriture qui lui convient, elle disparaît lorsqu'elle ne trouve plus cette nourriture. Par exemple, si un champ de colza est dévasté par les altises, il pourra suffire d'interrompre la culture de cette plante sur ce champ et sur les terres voisines pendant un certain nombre d'années, pour voir disparaître les altises. Cette méthode a réussi dans un grand nombre de circonstances, et dans plusieurs cas elle est la seule qui ait donné des résultats avantageux.

Parmi les insectes nuisibles aux céréales, les uns attaquent les plantes sur pied, les autres sont nuisibles aux grains dans les greniers.

A la première catégorie appartiennent les taupins, les chlorops, la noctuelle des moissons, les cécydomies, le cèphe pygmée. Les travaux de déchaumage après la moisson servent à détruire leurs nids, faits dans la terre ou au collet des racines.

A la seconde catégorie appartiennent le charançon ou calandre, l'alucite, la teigne des grains. On les combat par des pelletages énergiques; on peut aussi recourir aux vapeurs de sulfure de carbone.

Les autres plantes herbacées sont attaquées par beaucoup d'insectes. Il en est un qui cause de grands dommages à toutes les cultures; c'est le hanneton. Sa larve, appelée vulgairement ver blanc, vit sous terre pendant trois ans, et elle se nourrit des racines des plantes. On peut en détruire de grandes quantités en faisant suivre les charrues par les oiseaux de basse-cour, qui en sont très friands.

Les plantes légumineuses ont pour ennemis principaux, la bruche, l'apion, plusieurs espèces de bombyx, le colaspidème ou négril (spécial à la luzerne).

Les cultures de houblon sont souvent ravagées par l'hépiale, la pyrale et un puceron qui lui est spécial.

Les principaux ennemis de la betterave sont les altises, la casside nébuleuse, la noctuelle, les nématodes ou anguillules.

Sur les plantes crucifères de grande culture, colza, navet, chou, etc.), vivent les altises, les piérides, le charançon du colza, etc.

Les plantes potagères, les arbres fruitiers, sont attaqués par un très grand nombre d'ennemis, dont l'étude spéciale est du domaine du cours d'horticulture.

Parmi les plantes arbustives, la vigne compte un grand nombre d'ennemis indiqués précédemment (voy. 41e leçon du Cours de première année); l'olivier est souvent dévasté par une mouche spéciale (*Dacus oleæ*), qui diminue les récoltes dans de grandes proportions, enfin les arbres forestiers comptent un nombre considérable de parasites. Les principaux sont : les bostriches, la plupart des bombyciens, le hanneton, la cantharide, le cerf-volant ou lucane, les capricornes, plusieurs charançons, les scolytes, les chrysomèles, les galéruques, le cossus ou gâte-bois, la psylle, etc.

N. B. — On doit insister spécialement sur les espèces les plus répandues dans la contrée. — Consulter : *Les insectes nuisibles à l'agriculture* par V. Rendu, et le *Catalogue raisonné des animaux nuisibles*, par M. Maurice Girard.

ÉCONOMIE RURALE

59ᵉ LEÇON

PROPRIÉTÉ ET EXPLOITATION DU SOL

Sommaire. — Propriété et culture. — Modes d'exploitation. — Capital et travail. Produit brut et produit net. — Systèmes de culture.

Résumé

La propriété du sol s'acquiert par vente, donation, héritage ou prescription.

La propriété et la culture du sol ne sont pas toujours entre les mêmes mains : de là diverses méthodes d'exploitation agricole. On peut les répartir en trois catégories : exploitation directe, fermage, métayage.

L'agriculteur exploitant les terres qui lui appartiennent, est libre d'en diriger la culture comme il l'entend au mieux de ses intérêts.

Le fermier est celui qui prend un domaine en location pour un certain nombre d'années, moyennant une redevance fixe en argent ou en produits déterminés du sol. Le fermier exploite le domaine à ses risques et périls, en remplissant les clauses du bail par lequel il s'est lié. La distinction est absolue ici entre la propriété et la culture.

Le métayage est le mode d'exploitation dans lequel l'agriculteur n'est pas propriétaire du sol, mais le cultive avec l'aide du propriétaire, à la condition d'en partager les produits avec celui-ci dans une proportion déterminée. C'est une association réelle entre la propriété et la culture.

L'exploitant du sol a, le plus souvent, besoin d'agents pour les divers travaux de la ferme. Ces agents sont les ouvriers agricoles, journaliers ou domestiques, temporaires ou à de-

meure, dont le travail est rémunéré, suivant les circonstance.
en argent ou en nature.

Suivant l'étendue des domaines exploités, on distingue :
grande, la moyenne et la petite culture. Les divisions de ce
trois classes sont assez arbitraires selon les localités : dans tou
les cas, la petite culture est généralement déterminée par c
caractère que tous les travaux sont exécutés par la famille d
cultivateur.

On distingue aussi la grande, la moyenne et la petite pro
priété. Ces expressions ne sont pas synonymes des précédente.
Un grand domaine peut être réparti en plusieurs exploitation
distinctes, et réciproquement une grande exploitation peu
comprendre des terres appartenant à plusieurs propriétaires.

Le capital foncier, dans une ferme, comprend le fonds d
terre et les bâtiments qui y sont construits, les amélioration
que le travail des générations antérieures lui a apportées sou
quelque forme que ce soit, enfin les immeubles par destinatio
(fumiers, pailles et fourrages, et parfois la totalité ou un
partie de l'outillage). La part qui revient au capital foncie
dans les produits du sol s'appelle la rente. Dans le cas de loca
tion, la rente est le prix du fermage.

Le capital d'exploitation est le capital nécessaire au cultiva
teur pour mettre en œuvre le capital foncier. Il se divise géné
ralement en cinq catégories : le matériel de culture ou l'outil
lage, les animaux entretenus sur la ferme et qui en constituen
le cheptel, le mobilier du cultivateur, les produits de vente di
recte et ceux de consommation pour sa famille, la somme d'ar
gent nécessaire pour subvenir aux dépenses de l'exploitation
et qui constitue le fonds de roulement.

Le cultivateur le plus habile est celui qui obtient le plus d
profit de son capital d'exploitation. Quant à la proportion qu
doit atteindre le capital d'exploitation, elle dépend du systèm
de culture.

La création de valeurs est le but que poursuit le cultivateur
ces valeurs sont constituées par l'ensemble des produits vendu
ou livrés à la consommation humaine dans l'intérieur de l
ferme. Elles en forment le produit brut. L'ensemble de ces va
leurs peut se diviser en cinq catégories :

1° L'impôt, qui, dans les États civilisés, représente la part du capital social dans les produits de toutes les industries;

2° La rente, qui est la part afférente au capital foncier;

3° Les salaires qui constituent la part du travail;

4° L'intérêt du capital d'exploitation, qui constitue le produit de ce capital;

5° Le profit, qui est la rémunération du travail du cultivateur, de ses efforts et de sa capacité intellectuelle.

La part de chacun de ces éléments n'est jamais fixe; d'une manière générale, la proportion qui revient aux salaires tend à augmenter.

C'est en vue du profit que le cultivateur travaille; le profit constitue le produit net.

Sans l'espoir d'augmenter le produit net, le cultivateur n'aurait pas d'intérêt à accroître le produit brut. Son intérêt, comme l'intérêt social, est que ces deux natures de produits atteignent leur maximum.

En ce qui concerne le produit brut, c'est par le choix judicieux du bétail et des plantes cultivées, par l'emploi des engrais appropriés, qu'on l'accroît. Quant au produit net, il dépend de la bonne combinaison des travaux, qui permet de diminuer les frais de production et, par suite, d'abaisser le prix de revient des denrées de vente.

On appelle système de culture, l'ensemble des cultures que l'on entreprend sur une exploitation et qui sont dépendantes les unes des autres. Le choix du système de culture à adopter dépend des conditions dans lesquelles se trouve le cultivateur.

On a établi plusieurs classifications des systèmes d'après des bases différentes.

Parmi ces classifications, la plus simple est celle qui distingue la culture intensive et la culture extensive; la première met en œuvre des capitaux élevés permettant l'achat d'engrais abondants, tandis que la seconde repose uniquement sur l'alternat des récoltes.

Une autre classification distingue les systèmes de culture suivant la valeur du produit brut et la part qui y est faite aux denrées végétales et aux denrées animales.

Une classification intéressante a été proposée par Royer; elle consiste à établir les périodes par lesquelles la terre peut successivement passer ; ces périodes, au nombre de six, reçoivent les noms de périodes forestière, pacagère, fourragère, céréale, commerciale et jardinière. Certaines terres ne se trouvent jamais dans les périodes inférieures, tandis que, pour d'autres, il faut parfois beaucoup de temps pour les faire passer d'une période à une autre.

40ᵉ LEÇON

DIVISION DE LA PROPRIÉTÉ. — PARCELLEMENT

Sommaire. — Petite culture et culture morcelée. — Inconvénients du morcellement. — Dispersion des propriétés. — Remaniements collectifs, réunions territoriales.

Résumé

La petite culture est un des principaux facteurs de l'agriculture française ; mais il ne faut pas la confondre avec la culture morcelée. On dit qu'un domaine est morcelé, lorsque les terres dont il se compose sont réparties en parcelles isolées les unes des autres, et le plus souvent de faible étendue.

Le morcellement du sol présente de graves inconvénients. Les principaux sont : la perte de temps, et les frais que la culture en entraîne. Lorsque, au lieu de labourer, par exemple, un seul champ de deux hectares, on doit labourer la même surface répartie en huit à dix parcelles, on perd, pour tous les travaux de culture, un temps considérable employé à conduire les instruments d'une parcelle à l'autre. En outre, on ne peut adopter, pour ces petites parcelles, les instruments ou les machines qui permettent d'exécuter les travaux rapidement. Enfin, on ne peut les soumettre aux entreprises de drainage, d'assainissement, d'irrigation, etc., que l'on ne peut exécuter avantageusement que sur des surfaces assez étendues.

Le morcellement du sol provient surtout de l'application des prescriptions du Code civil relatives aux successions. D'après l'article 826, chacun des cohéritiers peut demander sa part en nature des meubles et immeubles; et l'article 832, tout en recommandant d'éviter, autant que possible, le morcellement des héritages et la division des exploitations, ajoute qu'il convient de faire entrer dans chaque lot, s'il se peut, la même quantité de meubles et d'immeubles de même nature et valeur.

C'est surtout sur la petite propriété que portent les inconvénients du morcellement, qui la réduit en parcelles de plus en plus restreintes.

Deux remèdes sont applicables au morcellement.

Le premier consiste dans les échanges de parcelles entre les voisins. Pendant longtemps, ces mutations ont été très onéreuses, en raison des droits fiscaux très élevés que l'on devait payer pour ces sortes d'opérations. Une loi du 3 novembre 1884 a ordonné qu'il ne serait plus perçu sur les échanges d'immeubles ruraux que 20 centimes par 100 francs pour tout droit proportionnel d'enregistrement et de transcription, lorsque les immeubles échangés sont situés dans la même commune ou dans des communes limitrophes, et en dehors de ces limites, lorsque l'un des immeubles échangés est contigu aux propriétés de celui qui les recevra.

Le second système est celui des réunions territoriales; il consiste à réunir en une seule masse une étendue de terres morcelées et à la répartir en un certain nombre de lots égal à celui des propriétaires de cette surface, les lots étant proportionnels à l'étendue possédée primitivement par chacun. Dans l'état actuel de la législation, une réunion territoriale ne peut être exécutée que d'un commun accord entre les propriétaires. Lorsque le travail est achevé, chacun prend possession du terrain qui lui revient suivant les nouvelles limites.

Voici un exemple de réunion territoriale. Le territoire entier de la commune de Laumont (Meuse) a été complètement et régulièrement délimité; cette opération a permis de transformer en champs réguliers 5348 parcelles de terres labourables et de prés, d'une contenance totale de 832 hectares, appartenant à 270 propriétaires. Cette réunion a permis de supprimer les enclaves, toujours nuisibles à la culture, et de créer 43 chemins ruraux, d'une longueur totale supérieure à 15 kilomètres, pour le service des nouvelles parcelles.

Les remaniements collectifs augmentent la valeur vénale du sol. A Canly (Oise), 495 parcelles, variant de 40 centiares à 5 ares, et formant ensemble une vingtaine d'hectares, ont été réunis par leurs 182 propriétaires, et vendues par pièces de 15 à 50 ares, avec une plus-value notable.

Ces opérations, qu'on ne peut exécuter qu'à l'amiable en France, ont été rendues obligatoires dans quelques autres pays. Des lois spéciales sur les réunions territoriales ont été promulguées, à diverses époques, en Suisse, en Bavière, en Danemark, en Suède, en Angleterre, et dans plusieurs pays de l'Allemagne.

Le principe général de ces lois est de rendre le remaniement du sol obligatoire dans un périmètre déterminé, lorsqu'il est demandé par la majorité des propriétaires; dans d'autres cas, on exige la majorité des deux tiers ou des trois quarts. Ce système d'expropriation forcée paraît avoir produit de bons résultats dans quelques cas, mais on peut objecter à son application qu'il n'est pas en harmonie avec les droits de la propriété.

41ᵉ LEÇON

FERMAGE

Sommaire. — Caractères du fermage et des baux. — Utilité des baux de longue durée. — Devoirs du propriétaire et du fermier. — Indemnités aux fermiers à fin de bail.

Résumé

Le fermage est le mode d'exploitation dans lequel la propriété et la culture du sol sont entre des mains différentes. Il résulte d'un contrat par lequel le propriétaire donne au fermier la jouissance de la terre, pendant un temps déterminé, moyennant une redevance annuelle fixe, consistant soit en argent, soit en denrées, soit partie en argent et partie en denrées.

Toute personne majeure et jouissant de ses droits civils peut prendre un domaine à ferme; il n'y a d'exception que pour le tuteur relativement aux biens d'un mineur.

Lorsque la durée du bail n'est pas expressément fixée entre

le fermier et le bailleur, ce bail est censé fait pour le temps qui est nécessaire, afin que le bailleur recueille tous les fruits du domaine.

Si, à la fin du bail, le fermier reste et est laissé en possession de la ferme, le bail est renouvelé par tacite réconduction. Dans ce cas, les conditions et la durée du nouveau bail sont les mêmes que celles du bail précédent.

Les baux à ferme sont verbaux ou écrits; cette dernière forme est la plus régulière. On dresse les baux écrits sous seing privé ou devant notaire. Tous les baux, sous quelque forme qu'on les rédige, sont soumis à l'enregistrement. Le bail devant notaire, ou authentique, est le seul qui soit exécutoire par sa nature même.

La durée des baux est très variable : les baux de longue durée, c'est-à-dire supérieurs à quinze ou dix-huit ans, sont les plus avantageux sous le rapport des progrès agricoles. Seuls, en effet, ces baux permettent aux fermiers de réaliser les opérations à long terme qui assurent à la fois un accroissement sérieux dans les produits et une augmentation de la fertilité du sol. Grâce à l'espoir légitime d'amortir les avances qu'il aura faites, le fermier peut exécuter des travaux d'amélioration qui, en fin de compte, sont utiles au propriétaire du sol.

La première obligation du propriétaire est de délivrer au fermier l'immeuble rural avec tous ses accessoires, après avoir fait exécuter les réparations nécessaires, et de lui en garantir la jouissance; il est important pour le fermier de veiller à l'exécution de cette clause et de faire dresser un état des lieux. Pendant le bail, le propriétaire doit entretenir le fonds rural en état de servir à l'usage pour lequel il a été affermé; conséquemment, il doit exécuter les grosses réparations et les réparations d'entretien devenues nécessaires; ces réparations s'appliquent à tous les immeubles sans exception. Le droit de chasse et celui de pêche font l'objet de stipulations spéciales. A moins de conventions contraires, la réparation des clôtures et des chemins d'exploitation détruits ou endommagés par des accidents naturels, incombe au propriétaire; enfin, pendant toute la durée du bail, il n'a pas le droit de modifier l'état des lieux sans le consentement du fermier.

Quant au fermier, son devoir strict est de jouir du fonds affermé suivant la destination qui lui a été donnée par le bail, et d'en jouir en bon père de famille. Cette expression, qui est légale, signifie, dans ses termes généraux, qu'il doit cultiver selon les règles de la science agricole, garnir l'immeuble des bestiaux et des ustensiles aratoires qui sont nécessaires pour l'exploitation, faire consommer dans la ferme toutes les pailles et les fourrages, entretenir les terres de fumier et d'engrais, exécuter les réparations locatives, veiller à la conservation de l'immeuble, le restituer à fin de bail dans l'état où il l'a reçu.

Toutes ces clauses ne sont pas également précises; c'est pourquoi il est important d'en stipuler le sens dans les baux, et d'expliquer, par des expressions très nettes, les principaux points de l'obligation du fermier.

La transmission d'une ferme par un fermier qui la quitte à un autre fermier qui y entre est réglée, dans ses termes généraux, par les articles 1777 et 1778 du Code civil. Pour cette transmission, le mieux est de fixer, dans les baux, les conditions dans lesquelles doit s'opérer la remise du fonds, ainsi que les droits réciproques du fermier entrant et du fermier sortant en ce qui concerne les pailles, fourrages, semences, récoltes en terre, fruits, etc.

Le payement du fermage est garanti au propriétaire par l'article 2102 du Code civil, qui a créé, en sa faveur, un privilège sur tous les objets qui garnissent la ferme, sur ceux qui servent à son exploitation (bétail et matériel de culture), et enfin sur les fruits de la récolte de l'année. Toutefois, dans le cas où le fermier deviendrait insolvable, les sommes qu'il devrait pour les semences et pour les frais de la récolte de l'année sont payés d'abord à ses créanciers sur cette récolte, et celles dues pour les ustensiles, sur le prix de ces ustensiles, de préférence au propriétaire.

Le fermier qui, pendant le cours de son bail, a exécuté des améliorations dont le fonds profite, a-t-il droit à une indemnité au moment de sa sortie? S'il s'agit d'améliorations nécessaires, c'est-à-dire de celles que le propriétaire eût dû exécuter pour empêcher la détérioration du fonds, la réponse affirmative n'est pas douteuse. S'il s'agit d'améliorations utiles, la jurisprudence établit une distinction. Dans le cas où les objets qui constituent l'amélioration peuvent être enlevés de la ferme, le propriétaire peut, ou bien obliger le fermier à enlever ces objets, ou bien les garder en lui en payant la valeur. Dans le cas où l'amélioration est incorporée au fonds, le propriétaire n'est obligé de payer au fermier que la valeur du profit réel qu'il en retire. La fixation de cette valeur donne souvent lieu à des contestations ; pour les éviter, il est prudent de prévoir ces améliorations dans le bail et de déterminer les conditions dans lesquelles des indemnités peuvent être attribuées au fermier. En Angleterre, des lois spéciales ont fixé les rapports des propriétaires et des fermiers relativement aux indemnités qui sont dues aux fermiers sortants, et les règles à suivre pour en apprécier la valeur.

42ᵉ LEÇON

MÉTAYAGE

Sommaire. — Nature du métayage. — Modes du partage des fruits. — Apports du propriétaire et du métayer. — Résultats du métayage. — Closeries et borderies. — Bail à cheptel.

Résumé

Le métayage est le mode d'exploitation dans lequel le sol est cultivé par une association entre le propriétaire et le cultivateur ou métayer. Le propriétaire apporte à l'association la terre même, les bâtiments, et le capital d'exploitation en totalité ou en partie ; le métayer apporte la main-d'œuvre. Les produits sont partagés entre l'un et l'autre.

Ce mode d'exploitation peut être considéré comme réalisant l'association du capital et du travail ; le propriétaire conserve la direction de l'entreprise, mais le métayer a sa part d'initiative pour l'exécution des travaux de culture, le choix des engrais, l'élevage du bétail, etc.

Le plus souvent, le métayage est pratiqué sur les grands domaines, qui sont divisés en un certain nombre de métairies placées entre les mains d'autant de métayers. Les conditions les plus favorables, sous le rapport de l'étendue des métairies, sont celles dans lesquelles tout le travail peut être exécuté par le métayer et sa famille : en général, 30 à 40 hectares.

La règle ordinaire est le partage des produits par moitié, entre le propriétaire et le métayer. Toutefois, cette règle subit quelques exceptions : par exemple, en ce qui concerne les céréales, lorsque l'un ou l'autre fournissent directement les semences. Autrefois, avant le partage, le propriétaire prélevait une certaine quantité de produits, ou une somme fixe en argent sous le nom de dîme, impôt, redevance, etc.; cette ancienne habitude tend à disparaître.

Le partage se fait en nature pour les produits végétaux : grains, fruits, etc. En ce qui concerne les produits animaux, il se fait le plus souvent en argent, le métayer étant chargé de la vente. Les partages en nature se pratiquent généralement dès la récolte des produits.

La durée des baux de métayage est le plus souvent annuelle; mais la plupart des baux se prolongent quelquefois indéfiniment par tacite réconduction. Il serait préférable, ne fût-ce que pour encourager les améliorations de longue durée, que les baux fussent faits pour une durée de plusieurs années : le métayer aurait ainsi la certitude absolue de pouvoir récupérer le fruit de ses efforts.

Outre l'apport du fonds, le propriétaire apporte à l'association le capital d'exploitation qui se compose de trois parties : le matériel de culture, le bétail de travail et de rente, la somme d'argent nécessaire aux dépenses courantes. L'estimation exacte de ce capital est faite au moment de l'entrée du métayer; celui-ci en est responsable, et à la sortie il doit en représenter la valeur. Le plus ou le moins résultant de cette estimation finale est partagé ou supporté par moitié entre le propriétaire et le métayer. Le capital d'exploitation se partage, en fait, en deux parties : l'une fixe, qui doit se retrouver à la fin de chaque année; l'autre mobile, provenant du bétail d'entretien, et dont les produits sont partagés par moitié au fur et à mesure des ventes.

Le plus souvent, le métayer n'apporte que son travail; parfois cependant, il possède une partie du capital d'exploitation.

Le cas se présente, par exemple, lorsque la valeur du capital d'exploitation ayant été portée à un certain taux dans le bail, elle se trouve supérieure à ce taux par le fait de l'estimation; alors le métayer donne la différence au propriétaire, et cette partie du capital lui appartient.

Le métayer est toujours tenu de faire, à ses frais, tout le travail exigé par la culture du domaine, de quelque nature qu'il soit. S'il ne suffit pas à l'exécuter avec sa famille, il paye les ouvriers auxiliaires qu'il doit employer. Dans tous les cas, il est important que toutes les questions relatives aux assolements, à l'entretien des étables, aux achats d'engrais ou d'amendement, aux travaux spéciaux de défrichements, etc., soient bien élucidées dans les baux; car si le propriétaire conserve la direction de l'entreprise, le soin de l'exécution incombe au métayer.

Les résultats du métayage sont multiples. Premièrement, ce mode d'exploitation donne la solution du travail agricole dans les contrées où les capitaux libres pour le fermage sont rares. Deuxièmement, en associant le travailleur aux bénéfices qui résultent de la culture, il lui permet de constituer plus facilement les épargnes nécessaires pour entreprendre à son tour l'exploitation directe du sol. Troisièmement, il atténue pour l'exploitant les résultats des crises qui proviennent soit de la hausse des salaires, soit de la baisse dans la valeur des produits du sol, puisque, pour la plus grande partie des produits, le partage se fait en nature. Dans les contrées où le métayage est pratiqué régulièrement, la condition des métayers laborieux s'améliore rapidement.

Closeries, borderies. — On désigne sous ces noms de petites exploitations, le plus souvent accompagnées d'une habitation : ce sont, en réalité, presque toujours de petites métairies. Le caractère principal des borderies ou closeries est que les travaux de culture sont exécutés à bras, sans animaux de labour. La valeur du capital d'exploitation est très faible. Les conditions générales de location sont les mêmes que pour les métairies ordinaires.

Bail à cheptel. — Le cheptel de métayage est réglé par les articles 1827 à 1830 du Code civil. Les conditions sont celles qui régissent la plupart des baux de métairies.

On appelle cheptel de fer (art. 1821 à 1826 du Code civil) le contrat par lequel le propriétaire d'une ferme la donne à bail, à la charge qu'à l'expiration de ce bail le fermier y laissera des bestiaux d'une valeur égale au prix de l'estimation de ceux qu'il aura reçus. Le cheptel est aux risques du preneur, et le prix de fermage est élevé proportionnellement à la valeur des bestiaux qui le composent. Ce système revient à un intérêt annuel payé par le fermier pour le capital représenté par le cheptel.

45ᵉ LEÇON

PRINCIPES DE LA COMPTABILITÉ

Sommaire. — Nécessité de la comptabilité. — Comptabilité en partie double et en partie simple. — Application aux opérations agricoles. — Comptes de culture et prix de revient.

Résumé

Dans son sens général, la comptabilité s'entend de la manière de tenir des comptes, et dans son sens particulier, de l'ensemble des règles qui président à l'organisation des registres ou livres de comptes. Son objet est de renseigner chacun sur les résultats des opérations auxquelles il se livre. Elle est donc nécessaire toutes les fois qu'on fait acte d'industrie ou de commerce.

La comptabilité permet aux cultivateurs de se rendre compte de leurs opérations culturales, d'établir avec précision les bénéfices ou les pertes qui en résultent; en un mot, de connaître, à la fin de chaque année, leur situation financière exacte.

Pendant longtemps, ils n'ont pas connu d'autre comptabilité que celle qui consiste à inscrire sur un registre unique ou sur deux registres les recettes et les dépenses au fur et à mesure qu'elles se produisaient. Lorsqu'on commença à dégager les lois qui régissent la production agricole, on chercha à établir des méthodes plus complètes de comptabilité. On essaya, dès lors, d'adapter aux opérations agricoles la comptabilité en partie double, en usage dans le commerce et dans l'industrie.

Cette application consiste à ouvrir des comptes à chacune des parties d'une ferme, en supposant des transactions effectuées entre elles, et à déterminer la valeur relative de ces parties d'après la perte ou le gain résultant de ces transactions. Malheureusement, pour convertir en argent ces opérations, il est nécessaire d'attribuer aux opérations supposées des évaluations arbitraires; il en résulte que l'on ne peut pas obtenir de comptes réellement exacts.

On doit donc renoncer à cette sorte de comptabilité dans toute sa rigueur; car l'ouverture de comptes créditeurs ou débiteurs suppose des opérations réelles qui n'existent pas dans les fermes.

La comptabilité en partie simple est donc celle qui convient le mieux aux opérations agricoles, toutes les fois que la ferme n'est pas réunie à une industrie spéciale qui en transforme les produits. Les principes qui servent de base à l'établissement des livres de comptes sont les suivants (Dubost).

Pour être exact, la comptabilité ne doit enregistrer que des faits, c'est-à-dire des opérations effectuées, et elle doit les enregistrer dans leur ordre et sous leur date.

Dans chaque exploitation, on compte deux ordres de faits à enregistrer : faits intérieurs et faits extérieurs. Les faits intérieurs se rapportent aux matières premières, aux denrées et aux produits manipulés, déplacés, transformés ou consommés dans la ferme : pailles, engrais, fourrages, provisions de bouche, etc. Les faits extérieurs sont relatifs à l'achat de bétail, d'outils, d'engrais, de semences, etc., à la main-d'œuvre, et à la vente des produits de la culture. Les premiers sont des déplacements de matières et de denrées; ils donnent lieu à la comptabilité-matières qui les enregistre. Les seconds, au contraire, sont des faits financiers, parce qu'ils entraînent toujours, avec les déplacements de denrées, des déplacements d'argent qui entre dans la bourse du cultivateur ou qui en sort; ils sont enregistrés par la comptabilité-argent.

La comptabilité-matières, qui s'occupe des faits intérieurs du domaine, enregistre par quotités les déplacements de denrées; la comptabilité-argent, ou comptabilité-espèces, enregistre, par francs et centimes, les déplacements de numéraire.

En tenant compte de ces principes, on n'enregistre dans les

livres de compte que des faits tangibles et réels. Comme on ne retrouve dans la comptabilité que ce qu'on y a mis, on y retrouve ces faits seuls, et de l'examen des chiffres qu'elle renferme on peut tirer des déductions certaines. Mais, si au lieu de ne faire entrer dans la comptabilité-matières que des quotités, on se laisse aller à des évaluations conventionnelles, en d'autres termes, si l'on introduit sur les registres des valeurs arbitraires, la comptabilité est dénaturée, et les résultats que l'on obtient en compulsant les livres de comptes, deviennent eux-mêmes absolument arbitraires.

Pour enregistrer avec précision les faits qui servent de base aux calculs de la comptabilité, il faut avoir recours à la balance et à la bascule. Ces instruments sont absolument nécessaires dans une exploitation agricole bien organisée. Tout ce qui entre dans la ferme doit être pesé rigoureusement, de même que tout ce qui en sort.

L'examen de ses livres de compte permet au cultivateur de déterminer les dépenses qu'il a faites pour exécuter tels travaux, pour obtenir telle ou telle denrée qu'il doit vendre. Grâce à cet examen, il peut faire ressortir le prix de revient de ces denrées ; dès lors, il peut déduire, par la comparaison avec les prix de vente, les bénéfices qu'il a réalisés ou les pertes qu'il a subies. C'est dans ces limites que la comptabilité bien organisée permet d'apprécier les résultats d'un système de culture.

De ces explications il ressort qu'il n'y a pas de comptabilité agricole spéciale, et qu'il ne peut y avoir qu'une application aux travaux de la culture, des règles générales de la comptabilité. Quant à la forme même des registres, elle importe beaucoup moins que l'obéissance à ces principes : les registres les plus simples, pourvu qu'ils soient complets, sont toujours les meilleurs.

44ᵉ LEÇON

LIVRES DE COMPTES

Sommaire. — Inventaire, sa nécessité. — Livre de caisse. — Livres de magasin. — Livres de mouvement du bétail. — Carnets auxiliaires.

Résumé

Les livres de comptes sont les registres sur lesquels le cultivateur inscrit les opérations que sa comptabilité doit enregistrer. Les uns s'appliquent à la comptabilité-espèces, les autres à la comptabilité-matières. En dehors de ces registres, il doit posséder un livre d'inventaire.

L'inventaire est la base de la comptabilité. C'est l'inscription sur un registre spécial de tout ce que possède le cultivateur à une date déterminée. L'inventaire se fait annuellement à une époque fixe. La date choisie communément est la fin de l'année, parce qu'à ce moment les travaux de la ferme sont peu nombreux. Pour les fermiers, une bonne date est celle qui correspond chaque année à la prise de possession de la ferme.

L'inventaire se divise en deux parties : l'actif et le passif. L'actif comporte le capital du cultivateur sous ses diverses formes et les produits qu'il a en magasin. Les principaux articles de l'actif de l'inventaire comprennent donc : le mobilier de ménage, le mobilier de culture, le bétail, les engrais en magasin, les récoltes en magasin, l'argent en caisse, les créances, c'est-à-dire les sommes dues au cultivateur.

Pour établir la valeur du mobilier de ménage et du mobilier de culture, on ne doit porter le prix d'achat que l'année même de l'acquisition ; chaque année, on amortit ce prix d'achat, c'est-à-dire on le diminue dans une proportion d'autant plus grande que l'usure en est plus rapide ; l'amortissement doit être complet quand arrive le moment de remplacer ces objets. La valeur du bétail et des récoltes en magasin s'établit d'après les cours actuels des marchés voisins ; il est toujours prudent de faire des estimations plus 'faibles, à raison des variations que subisssent ces cours.

Le passif est formé par les dettes que le cultivateur peut contracter.

La différence entre l'actif et le passif constitue le bilan de l'inventaire. La comparaison des inventaires successifs indique le résultat définitif des opérations de la culture.

Le livre de caisse est le registre de la comptabilité-espèces. Sur ce registre, on inscrit les recettes et les dépenses sur des pages distinctes.

Trois colonnes sont toujours indispensables sur chaque page pour noter la date, le motif de la recette ou de la dépense, son montant.

Toutefois, il est utile d'établir des subdivisions dans les recettes ou dans les dépenses. En ce qui concerne les recettes, elles ont pour origine la vente des produits végétaux ou celle du bétail et de ses produits; en les séparant dans des colonnes différentes, on classe les recettes dans des catégories distinctes qui facilitent les recherches subséquentes, et on a un moyen de contrôle pour la colonne générale dans laquelle tous les nombres sont inscrits une deuxième fois. Il en est de même pour les dépenses, que l'on peut diviser comme il suit : salaires et main-d'œuvre, mobilier et entretien des bâtiments, achat de bétail et de nourriture, achats de semences et d'engrais, dépenses diverses. Le livre de caisse est vérifié chaque semaine ou chaque mois; la comparaison de cette vérification avec l'argent en caisse en constate l'exactitude ou les erreurs.

A la comptabilité-matières se rapportent les livres de magasin et de mouvement du bétail.

Le livre de magasin sert à enregistrer l'entrée et la sortie des denrées produites dans la ferme et de celles que le cultivateur achète. On n'y inscrit que des quotités en poids ou en volume, sans faire intervenir les évaluations de caisse, qui ont leur place ailleurs.

Les divisions du livre de magasin sont des plus simples; elles correspondent aux natures de produits qu'on obtient dans la ferme; lorsque ces denrées y subissent des transformations, des articles spéciaux se rapportent aux différentes phases de ces transformations. Pour chaque division, deux colonnes indiquent les quantités entrées et les quantités sorties, avec la date correspondant à l'entrée et à la sortie. En même temps que la sortie, une courte indication constate la destination de ces denrées, qu'elles aient été vendues ou consommées dans la ferme. Un relevé fait de temps en temps permet de se rendre compte facilement, par l'examen de ces indications, des denrées consommées par l'étable, l'écurie, la bergerie, etc.

Le livre des mouvements du bétail est tracé suivant les mêmes errements que le livre de magasin; il sert surtout à indiquer les entrées, avec leur date, par achat ou par naissance. les sorties par vente ou par abatage. Les saillies y sont notées à leur date, ainsi que tous les produits donnés par les animaux, lait, laine, etc.

Les carnets auxiliaires les plus utiles sont de deux sortes. Sur les uns, on porte la nomenclature des pièces de terre de la ferme, avec l'indication des cultures qu'on y entreprend, des travaux qu'on y exécute, des récoltes qu'on y prend. Les autres sont consacrés à la main-d'œuvre; ils servent à inscrire la nature des travaux exécutés jour par jour par les divers ouvriers de la ferme, les salaires qu'on leur paye, dont on peut ne porter que le total sur le livre de caisse.

Aux carnets auxiliaires se rapporte aussi le livre de la ménagère, sur lequel sont inscrites les dépenses de maison, les recettes et les dépenses de la partie de la ferme (basse-cour, laiterie) dont elle est spécialement chargée.

C'est en compulsant ces registres, pour lesquels il ne faut que quelques minutes de travail journalier, que le cultivateur peut se rendre compte de la marche de ses opérations, qu'il peut constater les bénéfices qu'il retire de telle ou telle culture, ou les pertes qu'elle lui fait subir. Les prix de revient ressortant des dépenses réelles qu'il a effectuées, se comparent sans peine aux prix de vente qu'il a réalisés.

45ᵉ LEÇON

INSTITUTIONS AGRICOLES

Sommaire. — Comices et Sociétés d'agriculture. — Chambres d'agriculture. — Assurances, crédit agricole. — Syndicats professionnels. — Stations agronomiques. — Enseignement. — Service météorologique agricole.

Résumé

Des institutions de plusieurs genres servent à propager ou provoquer les progrès de l'agriculture. Ces institutions sont de trois sortes : les unes servent à faire connaître et à récompenser les améliorations réalisées, d'autres permettent au cultivateur de les réaliser, d'autres enfin provoquent le progrès soit par des recherches d'ordre scientifique, soit en éclairant le cultivateur par l'enseignement.

A la première catégorie appartiennent les Comices et les Sociétés d'agriculture. Ce sont des associations formées entre les agriculteurs appartenant à un périmètre déterminé, pour encourager le progrès par des concours dans lesquels des récompenses plus ou moins importantes sont décernées aux meilleures cultures ou aux produits les plus remarquables. Les Comices sont très nombreux; leur activité varie avec leurs ressources, qui consistent principalement dans les cotisations de leurs membres et dans les subventions qui leur sont allouées. Un bon cultivateur doit toujours s'affilier au Comice ou à la Société d'agriculture de sa circonscription.

L'État organise aussi des concours qui sont naturellement plus importants que ceux des Comices. C'est surtout par les concours régionaux et par les concours généraux périodiques qu'il manifeste son action. Chaque année ont lieu un certain nombre de concours régionaux, dans lesquels des récompenses sont attribuées pour les meilleures cultures, pour les animaux reproducteurs, pour les produits de toutes sortes, pour les machines et instruments agricoles. Des primes spéciales sont réservées aux petites comme aux grandes exploitations rurales.

Parmi les institutions propres à permettre aux cultivateurs de réaliser des progrès, figurent les Chambres d'agriculture, les syndicats professionnels, les entreprises de crédit agricole. On peut y rattacher les assurances, qui mettent à l'abri des risques que les intempéries font courir dans les fermes.

Les Chambres d'agriculture sont des corps constitués pour étudier et soutenir les intérêts agricoles, principalement dans leurs rapports avec l'administration générale du pays. D'après le programme de leur organisation, chaque arrondissement devrait psoséder une Chambre d'agriculture; mais ce programme est loin d'être réalisé. Le rôle des Chambres d'agriculture est presque nul. — Le Conseil supérieur d'agriculture est une institution de même ordre, créée auprès du ministère de l'agriculture pour l'étude des réformes et des lois à édicter en faveur des intérêts agricoles.

Les Syndicats professionnels sont des réunions de cultivateurs formées pour la défense mutuelle de leurs intérêts. La loi du 21 mars 1884 a été très utile au développement de cette institution. Les Syndicats agricoles affectent diverses formes. Les uns sont des Syndicats formés dans un but de travail en commun; tels sont les Syndicats d'irrigation, de traitement des vignes, etc. D'autres sont des Syndicats commerciaux, ayant pour objet l'achat en commun d'engrais, de semences, de machines, etc., afin de les trouver dans des conditions plus avantageuses. D'autres sont des Syndicats professionnels proprement dits, comprenant dans leur programme la défense de tous les intérêts agricoles. Quelques-uns, enfin, joignent à ces objets le caractère de tribunaux arbitraires. Sous ces diverses formes, les Syndicats rendent des services nombreux. La condition primordiale du Syndicat est qu'il soit formé exclusivement de personnes exerçant la profession agricole.

Les institutions de crédit agricole sont créées pour fournir aux agriculteurs des capitaux qui peuvent leur manquer pour l'exercice de leur industrie. Le crédit, qui est très large pour le commerce et l'industrie, comme pour la propriété foncière, n'existe presque pas pour l'agriculture en France. Dans d'autres pays, au contraire, le crédit agricole fonctionne sous diverses formes : banques, crédit mutuel, etc. La principale cause de cette inégalité tient aux dispositions législatives qui ne donnent pas aux engagements que les cultivateurs peuvent prendre, les mêmes caractères qu'aux engagements pris par les commerçants ou industriels. Quelques Syndicats agricoles ont organisé des tentatives de crédit mutuel.

L'objet des assurances est de garantir par le payement d'une prime annuelle contre les pertes éventuelles provenant des sinistres ou des maladies. L'assurance est à prime fixe, quand la prime est invariable; elle est mutuelle, lorsque le taux de la prime est déterminé d'après le nombre et l'importance des sinistres. Parmi les assurances spéciales aux cultivateurs, figurent surtout les assurances contre la grêle et celles contre la mortalité du bétail. S'il est important de contracter de bonnes assurances, il est prudent d'étudier avec soin le fonctionnement de celles dans lesquelles on s'engage.

Les institutions propres à provoquer le progrès agricole sont les stations agronomiques et les établissements d'enseignement agricole.

Les stations agronomiques ou laboratoires de recherches sont des établissements créés pour l'étude des applications des sciences physiques et naturelles à la production agricole. Les essais dans le laboratoire et les expériences de culture sont leurs principaux modes d'action pour dégager les lois auxquelles l'agriculteur doit obéir. Ces laboratoires rendent aussi de grands services en contrôlant le commerce des engrais, des semences, etc., et en signalant les fraudes dont les cultivateurs peuvent être victimes.

L'enseignement agricole propage les principes scientifiques de l'agriculture et leurs méthodes d'application. En France, l'enseignement est donné, à des degrés divers, par l'Institut national agronomique, les écoles nationales d'agriculture, les écoles pratiques d'agriculture, dont quelques-unes sont spéciales à la viticulture, aux irrigations, etc., par les fermes-écoles, des écoles de laiterie, de bergers, l'école nationale d'horticulture, quelques écoles primaires supérieures agricoles pour les garçons et pour les filles. Enfin, l'enseignement agricole est donné dans les écoles primaires. C'est seulement par les applications de la science que l'agriculture peut être profitable.

A l'enseignement agricole se rattache l'organisation des

champs de démonstration, dont le ministère de l'agriculture a entrepris, à la fin de 1885, de provoquer la création dans toutes les parties de la France. Ces champs sont destinés à faire connaître et à rendre accessibles à tous les yeux les résultats que l'on peut obtenir par l'application des découvertes de la science moderne. La pratique proprement dite, c'est-à-dire le maniement des outils et des animaux, ne s'apprend pas par l'enseignement; mais le travail se raisonne, et c'est pour apprendre à l'exécuter rationnellement que cette organisation a été conçue. Les jardins des maisons d'école peuvent jouer un rôle analogue à celui des champs de démonstration.

Une autre institution peut exercer une influence heureuse sur la direction des travaux des cultures. C'est l'organisation du service des avertissements agricoles. Chaque jour, le bureau central météorologique de Paris transmet, par le télégraphe, les dépêches faisant connaître l'état général de l'atmosphère et les prévisions du temps probable. Ces prévisions sont utiles aux agriculteurs, en leur permettant de prendre les mesures nécessaires pour parer aux inconvénients qui peuvent résulter, dans un grand nombre de circonstances, des brusques changements de temps.

TABLE DES MATIÈRES

PREMIÈRE ANNÉE

ÉTUDE DU SOL. — PRODUCTION VÉGÉTALE

DEUXIÈME ANNÉE

PRODUCTION ANIMALE. — ÉCONOMIE RURALE

13 759. — Imp. Générale A. Lahure, 9, rue de Fleurus, à Paris.